上海市职业教育“十四五”规划教材

钳工基础

主　编　金玉林
副主编　李同义
参　编　顾　娟　刘忠燕
　　　　秦之泰　田志亮

机 械 工 业 出 版 社

本书是上海市职业教育“十四五”规划教材，依据《上海市中等职业学校机电类专业教学标准》编写而成。

本书共九个工作任务，包括安全防护、钳工常用量仪的选用、零件划线、锯割加工、錾削加工、锉削加工、钻削加工、螺纹加工和钳工综合零件加工，涵盖27个职业能力。每个职业能力均围绕“核心概念”“学习目标”“基本知识”“能力训练”和“课后作业”等环节展开，设置问题情境，通过解决企业实训关联问题，巩固、强化知识技能。本书图文并茂，形象直观，叙述文字简明扼要，通俗易懂。

本书可作为中等职业学校机电类专业及相关专业教学用书。

为方便教学，本书配有动画及视频二维码，关联数字化教学资源，精确解析教学中的重点、难点。同时本书配套PPT课件，选择本书作为授课教材的教师可登录www.cmpedu.com注册并免费下载。

图书在版编目（CIP）数据

钳工基础 / 金玉林主编 . —北京：机械工业出版社，2023.1
上海市职业教育“十四五”规划教材
ISBN 978-7-111-72464-3

Ⅰ . ①钳…　Ⅱ . ①金…　Ⅲ . ①钳工 – 中等专业学校 – 教材
Ⅳ . ① TG9

中国版本图书馆CIP数据核字（2022）第255714号

机械工业出版社（北京市百万庄大街22号　邮政编码100037）
策划编辑：赵红梅　　　　责任编辑：赵红梅
责任校对：陈　越　李　杉　　封面设计：马若濛
责任印制：刘　媛
中煤（北京）印务有限公司印刷
2024年3月第1版第1次印刷
184mm×260mm・15印张・360千字
标准书号：ISBN 978-7-111-72464-3
定价：49.80元

电话服务　　　　　　　　网络服务
客服电话：010-88361066　机　工　官　网：www.cmpbook.com
　　　　　010-88379833　机　工　官　博：weibo.com/cmp1952
　　　　　010-68326294　金　书　网：www.golden-book.com
封底无防伪标均为盗版　机工教育服务网：www.cmpedu.com

前言

本书主要适用于中等职业学校机电类专业，是上海市职业教育“十四五”规划教材，依据《上海市中等职业学校机电类专业教学标准》编写而成，通过钳工的基础知识学习与基本操作技能训练，以提高学生手动零件加工的操作技能水平，充分体现以服务为宗旨、以能力为本位、以学生为中心的职业教育思想。

本书具有以下特点：

1）本书以钳工所需的职业能力为本位，构建经过梳理和教学化处理的钳工实训职业能力，并依据与职业能力相匹配的核心概念、学习目标和基本知识，明确职业能力在课程与教学中的主导地位。

2）本书强调“做中学”，紧密围绕钳工的职业能力点，构建职业能力实训所需操作条件、安全注意事项以及详细操作过程，并通过质量标准规范学生操作，确保学生能够从全局层面清晰地浏览和认识各个操作步骤及其顺序关系，并能够依托该讲解的步骤独立进行操作。

3）强调课程与生产实际的结合，针对钳工在企业岗位操作过程中遇到的常见、典型、真实问题，创设问题情境，将理论与实践有机融合，一体化设计，以此拓展学生钳工技能操作应用场景，并引导学生进行问题解答，进而培养学生解决问题的能力。

4）本书注重技能训练实效性的考核与过程性的考评，对每一个职业能力都针对性地设计了训练成果考评的技术参数，让教师和学生清晰地了解本条评价内容应该达到的效果，使技能训练过程具有极强的灵活性、实用性和可控制性。

5）为了便于学习，针对中职学生的特点，本书以图解和图例的方式解析基本知识及技能操作，激发学生的学习兴趣，提升教学实效。

6）针对教学中的重点和难点，数字化教学资源以二维码形式展现，精确解析教学重点和难点，提升教学效率。

本书参考学时为64学时。

本书由金玉林（上海市大众工业学校）担任主编，李同义（上海市大众工业学校）担任副主编，顾娟（上海市大众工业学校）、刘忠燕（上海市大众工业学校）、秦之泰（上海巴伐利亚职业培训咨询有限公司）、田志亮（上海睿弈信息技术有限公司）参与教材编写及资源制作任务。本书由卢红（上海市大众工业学校）主审。在本书的编写过程中，借鉴了国内外同行的最新及优秀资料，并得到了兄弟院校的大力支持，在此一并致以衷心的感谢！

由于编者水平有限，书中如有不足之处，敬请读者和专家指正。

编　者

二维码索引

页码	二维码及名称	页码	二维码及名称	页码	二维码及名称
12	游标万能角度尺使用方法	27	内径千分尺使用方法	51	划针划线方法
18	游标深度卡尺使用方法	33	磁座百分表使用方法	51	划规划线方法
18	游标高度卡尺使用方法	33	杠杆百分表使用方法	51	游标高度卡尺划线方法
19	游标卡尺使用方法	42	公称尺寸和偏差	53	直角尺使用方法
26	外径千分尺使用方法	46	几何公差	69	样冲使用方法

（续）

页码	二维码及名称	页码	二维码及名称	页码	二维码及名称
70	锤子的组成	97	錾削操作	152	锪孔操作
76	手锯的组成	114	锉削操作	157	机用虎钳夹持工件
82	台虎钳夹持工件	127	锉削内圆弧面	178	铰刀结构
86	锯削方法	140	钻孔操作	179	铰削操作
94	錾削角度	140	钻床的结构	186	攻螺纹操作
95	錾子的种类	142	安装钻头	200	套螺纹操作

目　录

前言
二维码索引

工作任务A　钳工加工准备

工作任务 A-1　安全防护 …… 2
职业能力 A-1-1　能正确选用并穿戴安全防护用品 …… 2
工作任务 A-2　钳工常用量仪的选用 …… 10
职业能力 A-2-1　能根据精度检测要求正确选用钳工常用量具 …… 10
职业能力 A-2-2　能用游标卡尺进行工件测量 …… 18
职业能力 A-2-3　能用千分尺进行工件测量 …… 25
职业能力 A-2-4　能用百分表进行工件测量 …… 32

工作任务B　钳工加工工艺与操作

工作任务 B-1　零件划线 …… 40
职业能力 B-1-1　能正确识读零件图 …… 40
职业能力 B-1-2　能根据加工要求选择划线工具 …… 50
职业能力 B-1-3　能对零件进行清理及表面涂色 …… 57
职业能力 B-1-4　能根据加工要求对零件进行划线 …… 61
职业能力 B-1-5　能使用样冲、锤子等工具打样冲眼 …… 69
工作任务 B-2　锯割加工 …… 76
职业能力 B-2-1　能正确安装锯条 …… 76
职业能力 B-2-2　能根据要求正确操作台虎钳进行装夹 …… 81
职业能力 B-2-3　能根据加工要求锯削工件 …… 86
工作任务 B-3　錾削加工 …… 94
职业能力 B-3-1　能正确选择錾子 …… 94
职业能力 B-3-2　能完成錾削操作 …… 100

工作任务 B-4 锉削加工 …… 106
职业能力 B-4-1 能合理选用并拆装锉刀 …… 106
职业能力 B-4-2 能根据加工要求锉削六面体 …… 113
职业能力 B-4-3 能根据加工要求锉削内外圆弧面 …… 126
职业能力 B-4-4 能选用合适工量具对锉削工件进行质量检查 …… 134
工作任务 B-5 钻削加工 …… 140
职业能力 B-5-1 能根据加工要求规范操作钻床 …… 140
职业能力 B-5-2 能根据加工要求合理选用孔加工刀具 …… 148
职业能力 B-5-3 能根据孔加工要求装夹工件 …… 157
职业能力 B-5-4 能完成钻孔操作 …… 162
职业能力 B-5-5 能完成扩孔、锪孔操作 …… 169
职业能力 B-5-6 能根据加工要求完成铰孔操作 …… 177
工作任务 B-6 螺纹加工 …… 186
职业能力 B-6-1 能根据加工要求合理选择攻螺纹工具 …… 186
职业能力 B-6-2 能完成攻螺纹操作 …… 192
职业能力 B-6-3 能完成套螺纹操作 …… 199
工作任务 B-7 钳工综合零件加工 …… 205
职业能力 B-7-1 能根据加工图样合理制定加工工艺并进行配合件加工 …… 205
附录 …… 224
参考文献 …… 232

工作任务 A

钳工加工准备

工作任务 A-1　安全防护

工作任务 A-2　钳工常用量仪的选用

工作任务 A-1
安全防护

职业能力 A-1-1　能正确选用并穿戴安全防护用品

一、核心概念

安全防护　　劳动防护用品

二、学习目标

1. 能简述钳工安全防护基本要求。
2. 能简述常用劳动防护用品的名称、用途及使用方法。
3. 能规范穿戴劳动防护用品。
4. 增强安全意识，养成良好的安全文明防护行为习惯。

三、基本知识

1. 钳工实训安全操作规程

1）进入实训场地（生产车间），必须按规定穿戴防护用品。

工作服：要求不得缺扣，穿戴要“三紧”，即领口紧、袖口紧和衣襟紧。

防护鞋：穿耐油、防滑和鞋面耐砸的劳动保护鞋。

工作帽：工作帽的帽衬与帽衣要有空间，头发长的人员必须戴工作帽，且将长发纳入帽内。

防护眼镜：镜面要擦净。

2）毛坯、半成品、成品、废料应分类摆放，通道上严禁堆放任何物品，油污、积水、垃圾应及时清除。

3）整个工作过程中，工具、夹具、量具摆放井然有序，严禁互相重叠，随手乱放。

4）使用锉刀、刮刀、锤子、台虎钳等工具时，应仔细检查其是否牢固可靠、有无损裂，不合格的不准使用。

5）凿、铲工件及清理毛刺时，严禁正对他人工作，戴好防护眼镜，以防止铁屑飞溅伤人。

6）不得使用扳手、锉刀等工具代替锤子敲打物件。

7）清除铁屑时应使用刷子，不要直接用手擦或嘴吹方式清除。

8）用台虎钳装夹工件时，钳口不允许张得过大（不准超过最大行程的 2/3）。装夹精密工件时应用铜垫，以防止损伤工件。

9）钻孔操作时，工件必须用夹具固定，不准用手拿着工件钻孔。使用钻床加工工件时，禁止戴手套操作。

10）使用砂轮机须遵守砂轮机的安全操作规程。

11）工、夹、量、刃具应分类依次排列整齐。

12）精密量具要轻取轻放，工、夹、量具在工具箱内应放在固定位置并整齐安放，并将其清理、清洁、上油。

13）清洁用的废油及脏油、棉纱，要定点堆放，不能随意乱扔，消除火灾隐患。

2. 劳动防护用品介绍

劳动防护用品是指在生产过程中保护劳动者的人身安全与健康所必备的一种防御性装备，对于减少职业危害起着相当重要的作用。

（1）工作手套

工作手套是用以保护手部不受伤害的用具，如图 A-1-1 所示。

1）工作手套的作用。

① 搬运钳工零件，保护双手不被毛刺划伤。

② 防护有害物质对手部皮肤的刺激和伤害。

2）工作手套使用注意事项。

① 工作手套使用时，应检查其有无小孔、破损或磨蚀的地方，尤其是指缝部位。

② 注意工作手套的使用场合，如果一副工作手套用在不同的场所，则可能会大大降低工作手套的使用寿命。

③ 摘除工作手套时，要避免将手套上沾染的有害物质接触到皮肤，造成伤害。

3）工作手套的保养和维护要求。

① 清洗时用力应轻柔均匀，不可用力猛刷，以免断线。

② 避免和锋利尖锐的物品接触，以防划伤、划破。

③ 不要和酸、碱、盐等化学物质接触，以免受腐蚀变形。

（2）防护鞋

防护鞋是指因工作需要为足底提供保护而特制的工作鞋，根据不同的需要有防油、防刺、防砸、防滑等特殊功效，如图 A-1-2 所示。

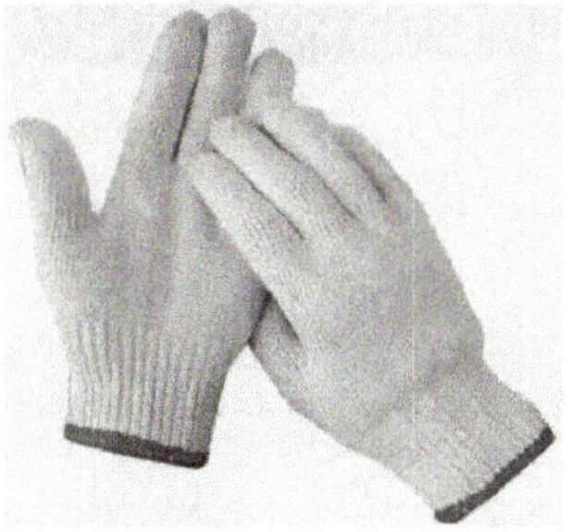

图 A-1-1　工作手套实物图

图 A-1-2　防护鞋实物图

1）防护鞋的作用。

① 防止物体砸伤或刺割。

② 防止高、低温伤害。

③ 防止化学性伤害。

④ 防止触电伤害。
⑤ 防止静电。
2）防护鞋的使用和保养。
① 不得擅自修改防护鞋的构造。
② 穿着合适尺码的防护鞋。
③ 注意个人卫生，保持脚部及鞋履清洁干爽。
④ 定期清理防护鞋。
⑤ 防护鞋贮存于阴凉、干爽和通风良好的地方。
（3）防护眼镜
防护眼镜是指为保护眼睛免遭伤害而制成的眼镜，如图 A-1-3 所示。
1）防护眼镜作用。
① 防冲击。
② 防灰尘。
③ 防飞屑。
④ 防飞溅。
2）防护眼镜使用前检查要求。
① 检查镜片是否容易脱落。
② 透镜表面不得有以肉眼可看出的伤痕、纹理、气泡、异物等 。
③ 戴上眼镜观看到的影像应清晰。
④ 宽窄和大小要适合使用者的脸型。
⑤ 镜片磨损、镜架损坏应及时调换。
（4）工作帽
工作帽是指对人头部受特定因素引起的伤害起防护作用的帽子，如图 A-1-4 所示。

图 A-1-3　防护眼镜实物图

图 A-1-4　工作帽实物图

1）工作帽防护作用为防止污染伤害毛发。
2）工作帽使用注意事项。
① 保持清洁。
② 经常检查，确保无损坏。
3）工作帽的维护和保养要求。
① 不随意摆放。
② 洗刷掉帽子沾上的油垢、污物。
③ 存放于通风、干燥的地方。

四、能力训练

1. 任务描述

按照钳工实训常用劳动防护用品要求，正确规范穿戴工作手套、防护鞋、防护眼镜和工作帽。

2. 操作条件

材料：工作手套、防护鞋、防护眼镜、工作帽。

3. 注意事项

1）劳动防护用品检查需全面、仔细。
2）劳动防护用品穿戴需正确、规范。

4. 劳动防护用品穿戴

（1）工作手套穿戴

工作手套穿戴要求见表 A-1-1。

表 A-1-1　工作手套穿戴要求

序号	步骤	操作方法及使用说明	质量标准
1	检查工作手套	每次使用前检查工作手套是否有损坏	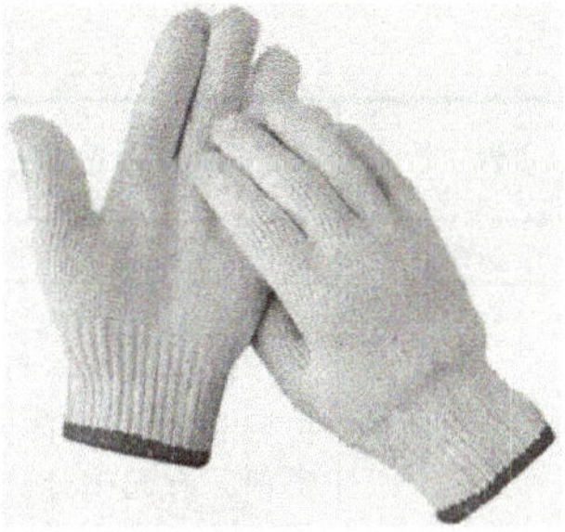 指缝无小孔、破损或磨蚀的地方

（2）防护鞋穿戴

防护鞋穿戴要求见表 A-1-2。

表 A-1-2　防护鞋穿戴要求

序号	步骤	操作方法及使用说明	质量标准
1	检查防护鞋	穿戴前要检查有无破损、裂缝，鞋带是否完好，鞋跟是否完好	 无破损、裂缝，鞋带、鞋跟完好

（续）

序号	步骤	操作方法及使用说明	质量标准
2	穿防护鞋	防护鞋带必须系牢，后跟部位要提好，不准拖拉	 鞋带系紧，不拖拉

（3）防护眼镜佩戴

防护眼镜佩戴要求见表 A-1-3。

表 A-1-3　防护眼镜佩戴要求

序号	步骤	操作方法及使用说明	质量标准
1	检查、挑选防护眼镜	选择一副适合自己的防护眼镜，检查有无裂纹、磨损，有无镜片，框架是否完好	 防护眼镜适合自己脸型，无裂纹、磨损，框架完好
2	佩戴防护眼镜	佩戴后舒适不滑落，转动眼珠时，确认视野没有被镜框遮住	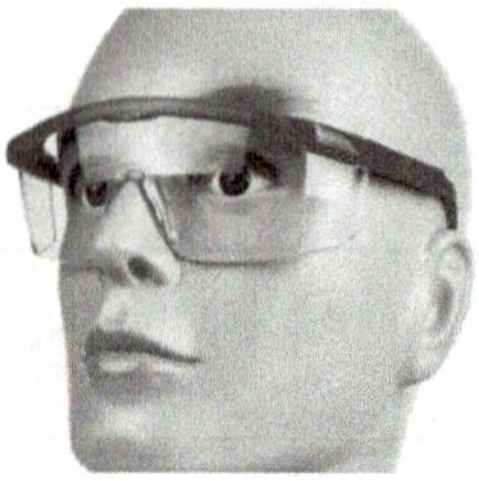 佩戴舒适，视野不被镜框遮住

（4）工作帽穿戴

工作帽穿戴要求见表 A-1-4。

表 A-1-4　工作帽穿戴要求

序号	步骤	操作方法及使用说明	质量标准
1	检查工作帽	检查工作帽，确保无损坏	 工作帽大小适合佩戴者头型并且无损坏
2	穿戴	戴上头部稍有约束感，女生长发盘起，放入帽中	  工作帽戴正，视野无遮挡

（5）工作服穿戴

工作服穿戴要求见表 A-1-5。

表 A-1-5　工作服穿戴要求

序号	步骤	操作方法及使用说明	质量标准
1	穿戴	袖口扣紧，上衣下摆不能敞开	 工作服穿戴舒适，袖口扣紧，上衣下摆不能敞开

5. 问题情境

小明在工厂实习时，在车间发现机床有漏油现象，为起到警示作用，请指出图 A-1-5 所示的不安全文明生产行为现象。

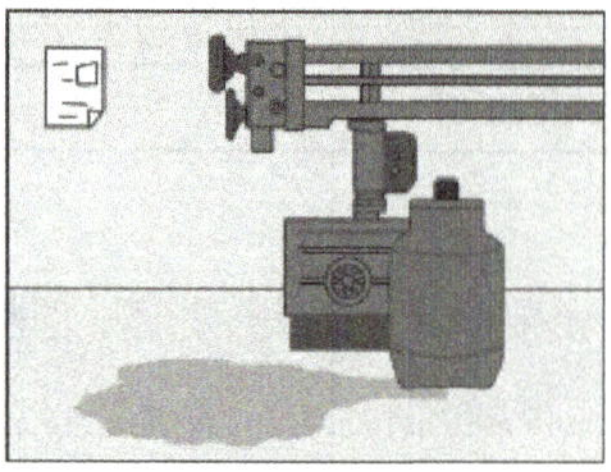

图 A-1-5　不安全文明生产行为现象

提示：在车间生产过程中，设备使用较长时间后，密封老化会发生漏油现象，若是地面没有密封固化处理，油污和其他液体就会渗入地面内部，长此以往，地面将会受到严重的腐蚀，清洗也很困难，整个车间都被油污围绕，车间环境和企业形象受到影响。因此，出现油污渗漏造成地面湿滑情况，应及时清洗，避免人员滑倒受伤。

6. 学习结果评价

安全防护评价表见表 A-1-6。

表 A-1-6　安全防护评价表

班级：________　姓名：________　学号：________　成绩：________

序号	评价内容	评价标准	评价结果（优、良、合格、不合格）
1	安全防护要求	能概述钳工安全防护基本内容及重要性	
2	工作手套穿戴	能熟记工作手套作用及使用注意事项，并正确进行工作手套外观检查和穿戴	
3	防护鞋穿戴	能熟记防护鞋作用及使用注意事项，并正确进行防护鞋外观检查和穿戴	
4	防护眼镜穿戴	能熟记防护眼镜作用及使用注意事项，并正确进行防护眼镜外观检查和穿戴	
5	工作帽穿戴	能熟记工作帽作用及注意事项，并正确进行工作帽外观检查和穿戴	

五、课后作业

1. 识图题

下列安全防护用品在什么状态下是可以投入使用的。

	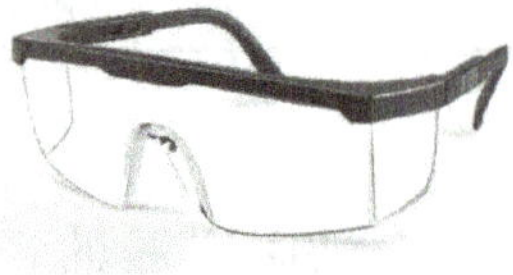	
防护鞋外观检查 □良好　□破损	防护眼镜外观检查 □良好　□破损	工作帽外观检查 □良好　□破损

2. 选择题

（1）我国安全生产方针是“(　　)第一，预防为主”。

A. 管理　　B. 效益　　C. 安全　　D. 质量

（2）钳工上岗时只允许穿（　　）。

A. 凉鞋　　B. 拖鞋　　C. 高跟鞋　　D. 防护鞋

（3）钳工车间设备较少，工件摆放时要（　　）。

A. 堆放　　B. 大压小　　C. 重压轻　　D. 放在工件架上

（4）使用（　　）时应戴橡皮手套。

A. 电钻　　B. 钻床　　C. 电剪刀　　D. 镗床

（5）工作完毕后，所用过的工具要（　　）。

A. 检修　　B. 堆放　　C. 清理、涂油　　D. 交接

（6）操作钻床时不能戴（　　）。

A. 帽子　　B. 手套　　C. 眼镜　　D. 口罩

（7）钻床钻孔时，车未停稳不准（　　）。

A. 捏停钻夹头　　B. 断电　　C. 离开太远　　D. 做其他工作

（8）生产过程的“三废”是指（　　）。

A. 废水、废气、废设备　　B. 废管道、废水、废气

C. 废管道、废设备、废气　　D. 废水、废气、废渣

工作任务 A-2
钳工常用量仪的选用

职业能力 A-2-1　能根据精度检测要求正确选用钳工常用量具

一、核心概念

物理量　　钳工常用量具

二、学习目标

1. 能概述机械工程中常用的物理量及单位。
2. 能简述钳工常用量具的种类。
3. 能简述钳工常用量具适合场合，并能根据任务要求选用合适的量具。
4. 培养学生严谨细致、精益求精的工匠精神，养成爱护量具的意识和习惯。

三、基本知识

1. 机械工程中常用物理量和单位

物理学中所描述的现象、物体或物质可定性区别和定量确定的属性称为物理量。

（1）长度

长度是七个基本物理量之一。在机械工程专业中长度的主单位是毫米（mm），机械工程图样上的单位默认是毫米（mm），因此图样上只写数字而不再给出单位。

$1mm=10^3\mu m=10^6nm$。

（2）质量、力和压强

1）质量。质量是度量物体平动惯性大小的物理量。在国际单位制中，质量的基本单位是千克（kg）。

常用换算关系：$1kg=10^3g$（克）。

2）力。力是物体对物体的作用，力不能脱离物体而单独存在。两个不直接接触的物体之间也可能产生力的作用。在国际单位制中，力的单位是牛顿，简称牛（N）。$1N=1kg\cdot m/s^2$。

3）压强。物体所受的压力与受力面积之比称为压强，压强用来比较压力产生的效果，压强越大，压力的作用效果越明显。压强的单位是帕斯卡（Pa）。$1Pa=1N/m^2$（1 牛 / 平方米）。

$1MPa=10bar$（巴）$=10^6Pa$。

4）时间、速度和转速。

① 时间。在国际单位制中，时间的基本单位是秒（s）。

换算关系：1s（秒）=1000ms（毫秒）。

② 速度。速度是用来表示物体运动快慢的物理量。速度在数值上等于单位时间内通过的路程。速度的计算公式为 $v=s/t$。速度的单位是 m/s（米 / 秒）。

③ 转速。转速是做圆周运动的物体单位时间内沿圆周绕圆心转过的圈数（n），其国际标准单位为 r/s（转 / 秒）或 r/min（转 / 分）。

2. 钳工实训检测常用量具

（1）长度检测量具

长度检测量具包括钢卷尺、钢直尺、游标卡尺和千分尺等。

1）钢卷尺和钢直尺。如图 A-2-1 所示，工业生产中常用的钢卷尺又称卷尺，由金属材料制成，长为 3 ～ 5m 不等，能承受一定程度的弯曲。钢直尺一般是合金钢制成，规格有 50mm、150mm、600mm 和 1000mm。

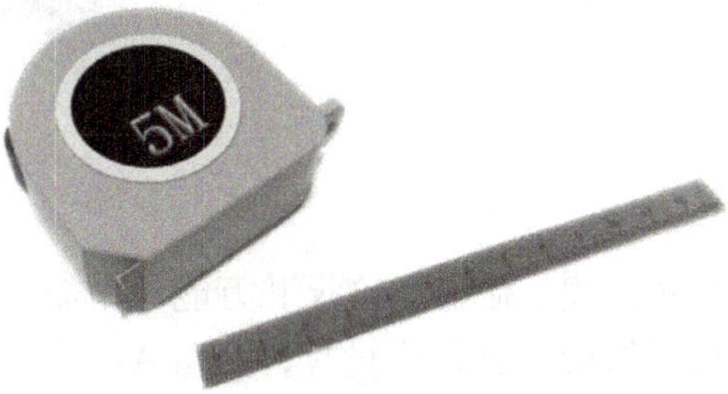

图 A-2-1　钢卷尺和钢直尺

2）游标卡尺。游标卡尺通常用来测量内外表面尺寸、孔距、壁厚、沟槽及深度等，如图 A-2-2 ～ 图 A-2-5 所示。

图 A-2-2　游标卡尺

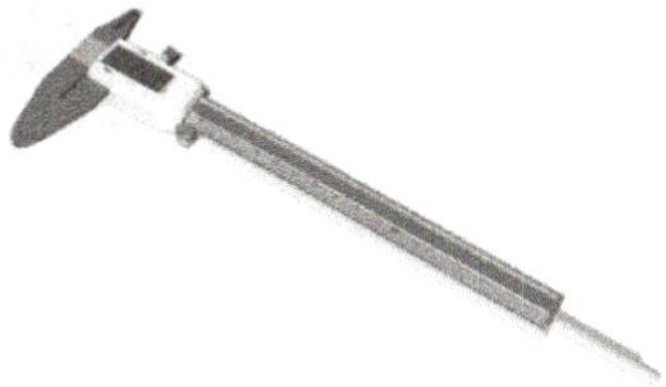

图 A-2-3　数显游标卡尺

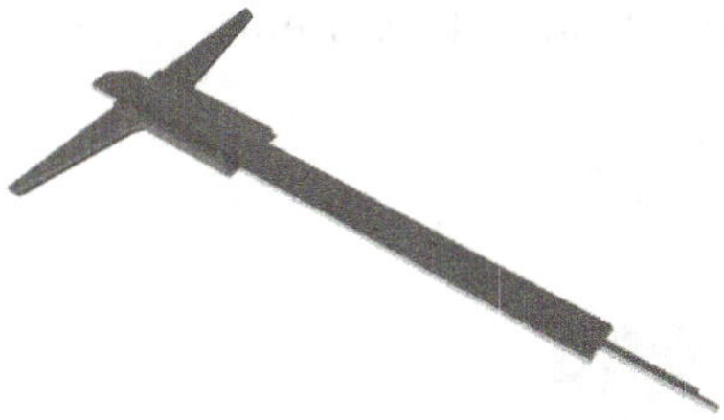

图 A-2-4　游标深度卡尺

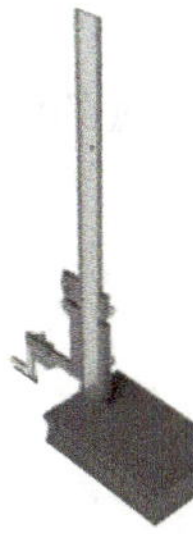

图 A-2-5　游标高度卡尺

3）千分尺。千分尺是利用螺旋副的运动原理进行测量和读数的一种测微量具。按用途可分为外径千分尺、内径千分尺等，如图 A-2-6 ～ 图 A-2-9 所示。

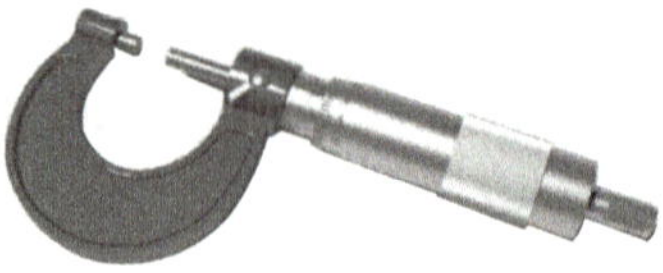

图 A-2-6　外径千分尺

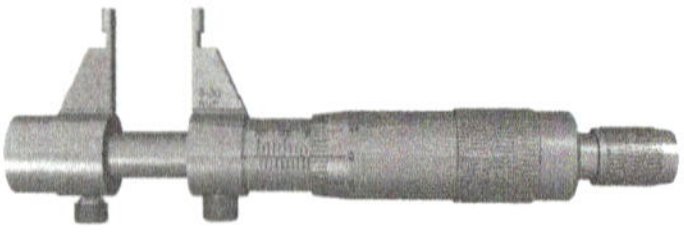

图 A-2-7　内径千分尺

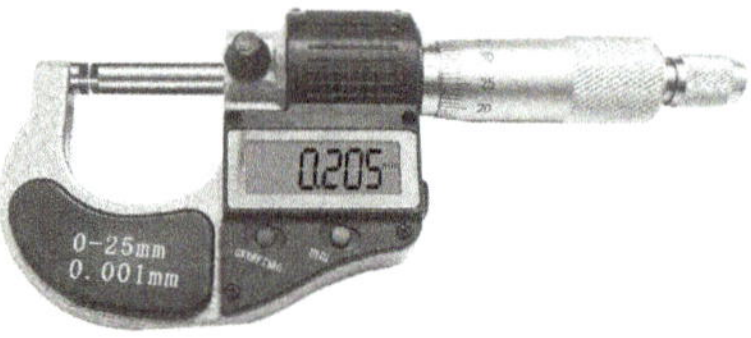

图 A-2-8　数显外径千分尺

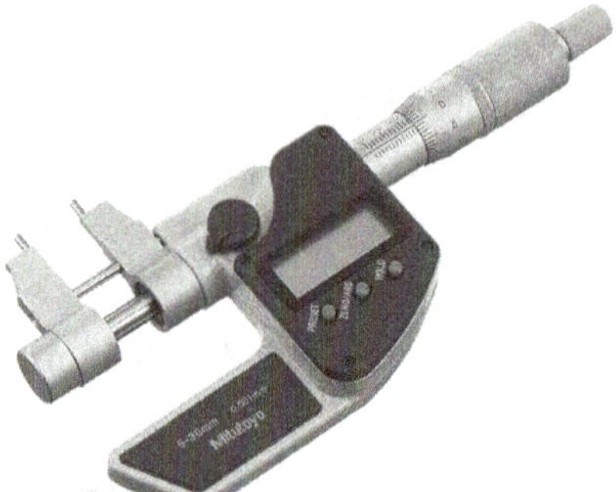

图 A-2-9　数显内径千分尺

（2）角度检测量具

游标万能角度尺又称为角度规、游标角度尺和万能量角器，是利用游标卡尺读数原理来直接测量工件角度或进行划线的一种角度量具，如图 A-2-10 所示。

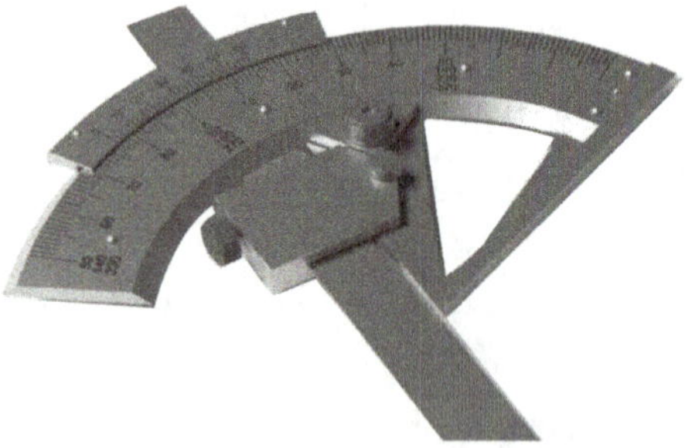

图 A-2-10　游标万能角度尺

游标万能角度尺使用方法

（3）圆弧、半径检测量具

半径样板又称 R 规，是利用光隙法测量圆弧半径的工具，如图 A-2-11 所示。两端分别有测量内圆弧和外圆弧的测量片，根据国标制作为系列规格，单位为 mm。

图 A-2-11　半径样板

（4）螺纹检测量具

螺纹量规有环规和塞规，环规检测外螺纹尺寸，塞规检测内螺纹尺寸。不论是环规或是塞规都由检测最大极限尺寸和最小极限尺寸的检验量具构成，如图 A-2-12 所示。

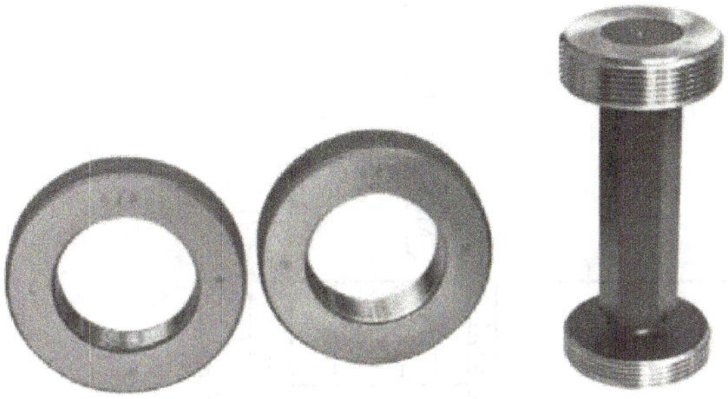

图 A-2-12 螺纹量规

（5）间隙检测量具

塞尺又称测微片或厚薄规，由若干片不同厚度的薄钢片组成，主要用来检查两结合面之间的缝隙，如图 A-2-13 所示。在每片塞尺上都标注有其厚度。

（6）直角、垂直度和直线度误差检测量具

刀口形角尺是测量面呈刃口状的角尺，用于测量工件直角、垂直度和直线度误差，如图 A-2-14 所示。

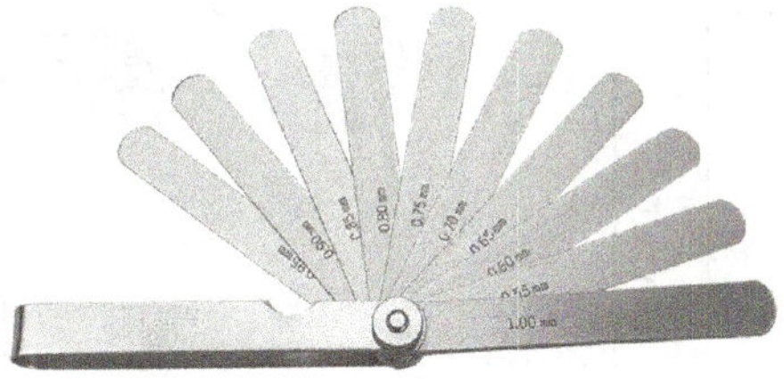

图 A-2-13 塞尺

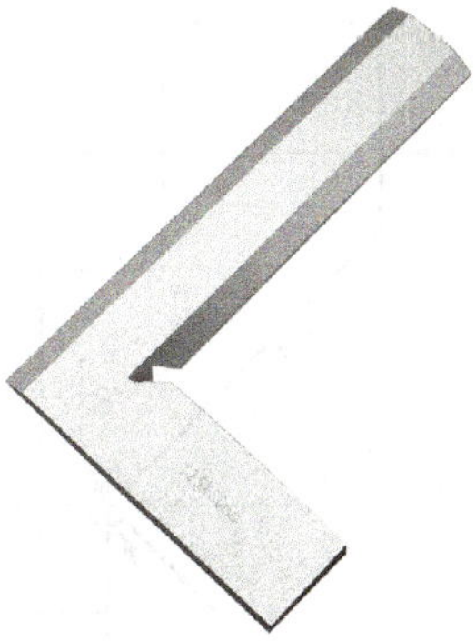

图 A-2-14 刀口形角尺

四、能力训练

1. 任务描述

选取图 A-2-15 所示零件图中 4 个尺寸（如：18 ± 0.1、18 ± 0.03、50 ± 0.03 和 90° ± 5′），选择可用于检测的量具。

2. 操作条件

可选用量具见表 A-2-1。

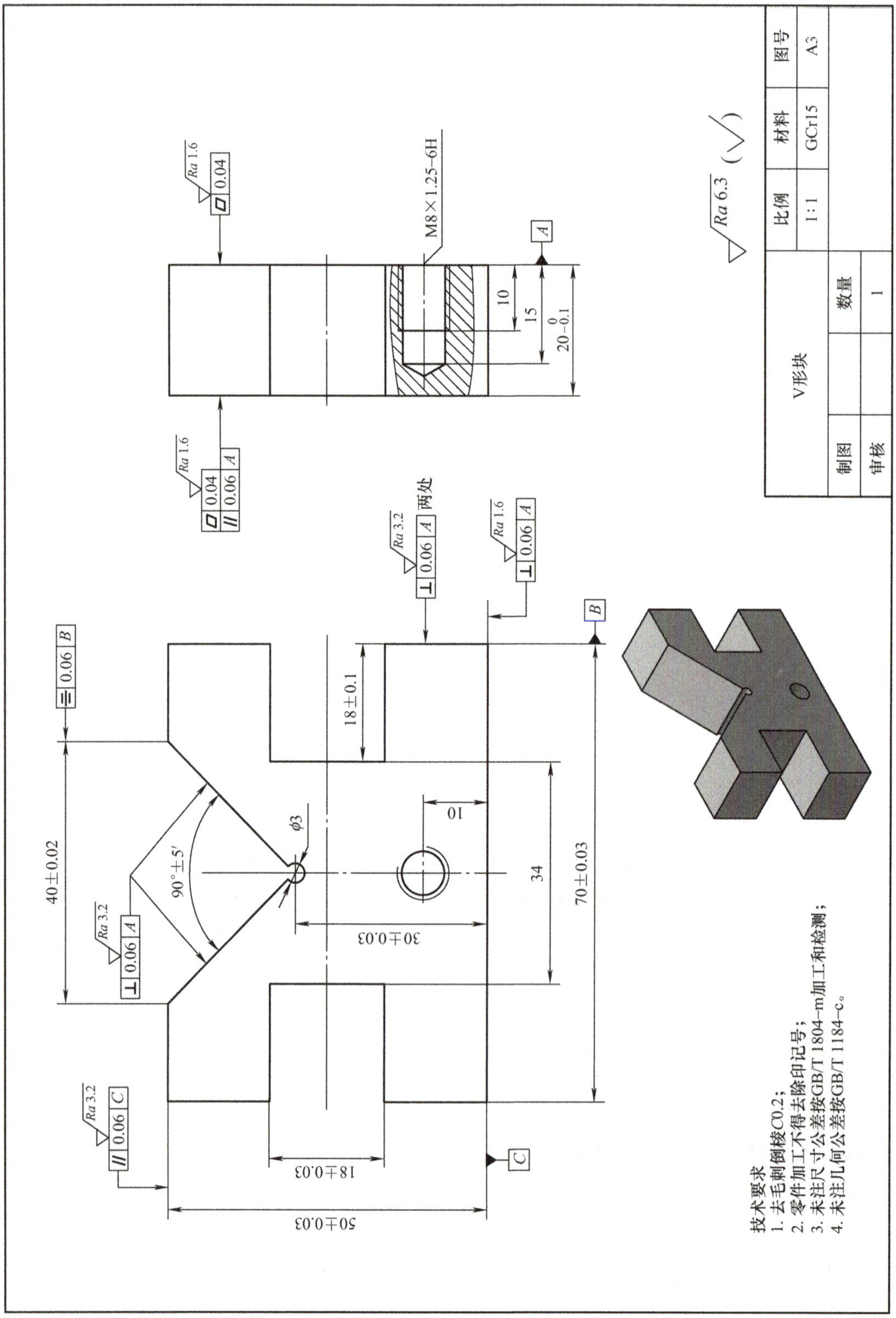

图 A-2-15 V 形块零件图

表 A-2-1　可选用量具

测量工具		
	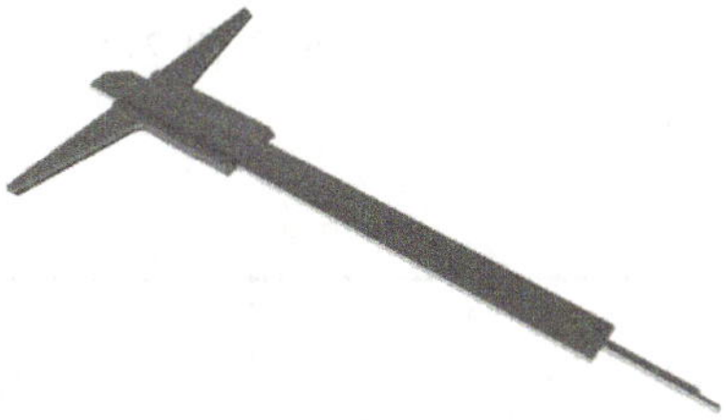	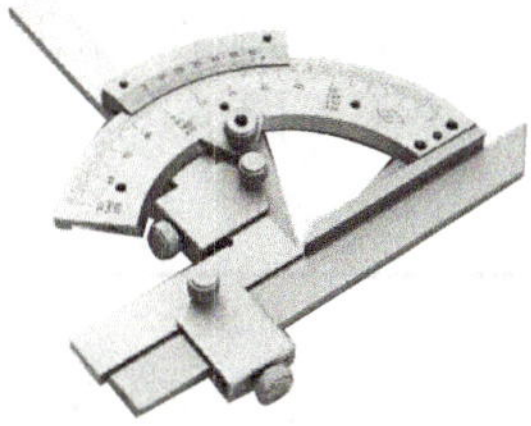
游标卡尺	游标深度卡尺	游标万能角度尺

3. 注意事项

1）游标卡尺不要放在强磁场附近（如磨床的磁性工作台上），以免使游标卡尺磁化而影响使用。

2）游标卡尺使用后，应当平放，尤其是大尺寸的游标卡尺，否则会使其弯曲变形。

3）游标深度卡尺测量时，先将尺框的测量面贴合在工件被测孔的端面上，注意不得倾斜，然后推动尺身，直至尺身测量面与被测孔底面接触，此时即可读数。

4）游标万能角度尺使用前应擦拭干净，再检查各部件的移动是否平稳可靠、止动后的读数是否稳定，然后对零位。

5）量具用完后，仔细擦净，抹上防护油，平放在盒内，以防生锈或弯曲。

4. 量具的选用

量具的选用见表 A-2-2。

表 A-2-2　量具的选用

序号	步骤	选用量具	质量标准
1	测量尺寸 18 ± 0.1	深度游标卡尺	 量具（规格为 150mm，分度值为 0.02mm）选用正确
2	测量尺寸 18 ± 0.03	游标卡尺	 量具（规格为 150mm，分度值为 0.02mm）选用正确
3	测量尺寸 50 ± 0.03	游标卡尺	 量具（规格为 150mm，分度值为 0.02mm）选用正确
4	测量尺寸 90° ± 5′	游标万能角度尺	 量具（规格为 0° ～ 360°，分度值为 2′）选用正确

5. 问题情境

问题情境一：游标万能角度尺组尺方式见表 A-2-3，在使用游标万能角度尺测量工件角度时，被测量外角度分别为 25°、75°、155° 和 245°，现游标万能角度尺已组尺完成，分析一下不同组尺方式的测量范围。

表 A-2-3　游标万能角度尺组尺方式

图示				
组尺方式	主尺 + 直尺 + 直角尺	主尺 + 直尺	主尺 + 直角尺	主尺
测量范围	0° ～ 50°	50° ～ 140°	140° ～ 230°	230° ～ 320°

问题情境二：小明偶然获取了一把分度值为 0.1mm 的游标卡尺，请同学们帮他分析一下此游标卡尺读数原理。

提示：分度值为 0.1mm 的游标卡尺，其尺身上每小格为 1mm，当两量爪合并时，尺身上 9mm 等于游标尺上 10 格，如图 A-2-16 所示。

游标尺每格宽度为 9mm ÷ 10=0.9mm。

尺身与游标尺每格相差数值为 1mm−0.9mm=0.1mm。

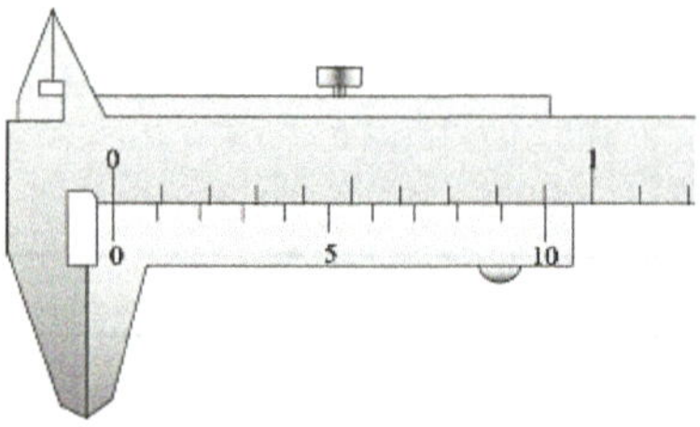

图 A-2-16　游标读数为 0.1mm 的游标卡尺刻线原理

6. 学习结果评价

量具选用评价表见表 A-2-4。

表 A-2-4　量具选用评价表

班级：________　姓名：________　学号：________　成绩：________

序号	评价内容	评价标准	评价结果（优、良、合格、不合格）
1	物理量与单位	能概述机械工程中常用的物理量及单位	
2	测量尺寸 18 ± 0.1	能根据零件检测要求正确选用钳工常用量具	
3	测量尺寸 18 ± 0.03	能根据零件检测要求正确选用钳工常用量具	
4	测量尺寸 50 ± 0.03	能根据零件检测要求正确选用钳工常用量具	
5	测量尺寸 90° ± 5′	能根据零件检测要求正确选用钳工常用量具	
6	安全文明	无安全隐患，无违章操作	

五、课后作业

1. 识图题

识别下列量具，并写出名称。

	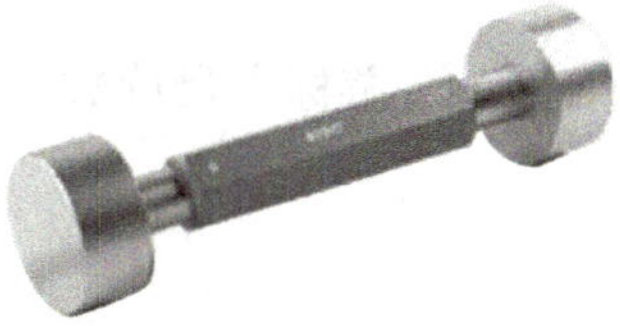	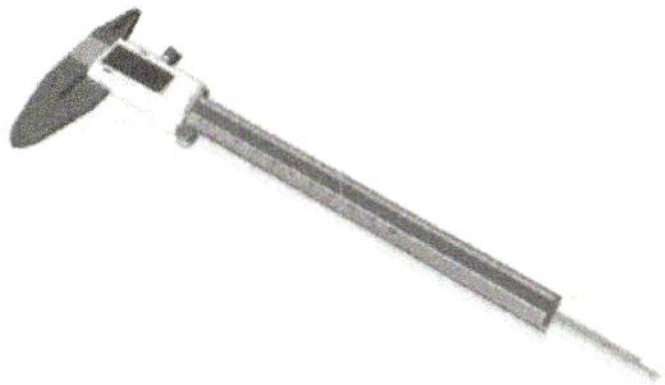
名称：	名称：	名称：

2. 选择题

（1）分度值为（　　）mm 的游标卡尺，其刻线原理是使主尺上的 49mm 等于游标卡尺上 50 格刻线的长度。

A. 0.01　　B. 0.02　　C. 0.05　　D. 0.1

（2）外径千分尺的测量范围在 500mm 以内时，每（　　）mm 为一种规格。

A. 25　　B. 50　　C. 100　　D. 200

（3）游标万能角度尺能够测量（　　）的外角和 40° ～ 180° 的内角。

A. 0° ～ 90°　　B. 0 ° ～ 320°　　C. 90° ～ 180°　　D. 0° ～ 360°

职业能力 A-2-2　能用游标卡尺进行工件测量

一、核心概念

游标卡尺用途　　游标卡尺结构　　游标卡尺读数

二、学习目标

1. 能简述游标卡尺结构，并掌握游标卡尺的使用方法。
2. 能理解游标卡尺刻线原理及读数方法。
3. 能熟练而准确地使用游标卡尺测量工件并进行读数。
4. 培养学生科学、严谨、细致的学习态度，提高测量效率，增强对测量工作的兴趣和责任感。

三、基本知识

1. 游标卡尺的用途

游标卡尺通常用于测量内外表面尺寸、孔距、壁厚、沟槽及深度等。游标卡尺按分度值分为 0.02mm 和 0.05mm；按显示方式不同分为刻度式和数显式；按用途不同分为游标深度卡尺和游标高度卡尺，如图 A-2-17 和图 A-2-18 所示。

游标深度卡尺使用方法

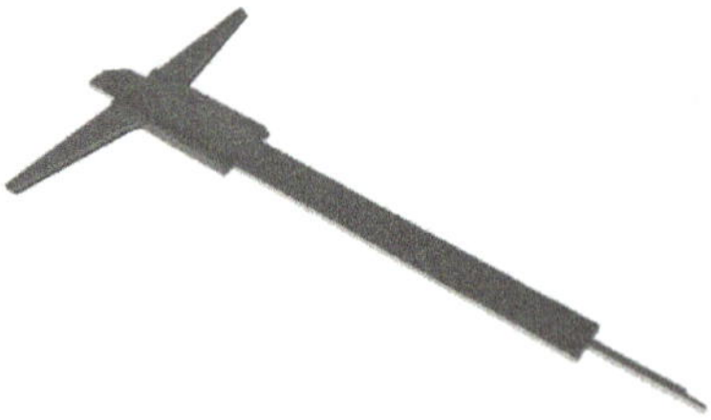

图 A-2-17　游标深度卡尺

图 A-2-18　游标高度卡尺

2. 游标卡尺的结构

如图 A-2-19 所示，游标卡尺的结构分为：

1）外测量爪。可以检测零件的外轮廓尺寸。

2）尺身。是游标卡尺的骨架，游标尺带动活动卡爪沿着尺身滑动。

3）刀口内测量爪。可以检测零件的沟槽及孔径等尺寸。

4）尺框。游标尺上与尺身连接部分，可以沿尺身滑动。

5）紧固螺钉。固定游标尺，保证读数准确。

6）游标尺。与尺身上的主标尺配合，读取被测零件的尺寸。

游标高度卡尺使用方法

7）深度尺。可以检测零件的深度尺寸。

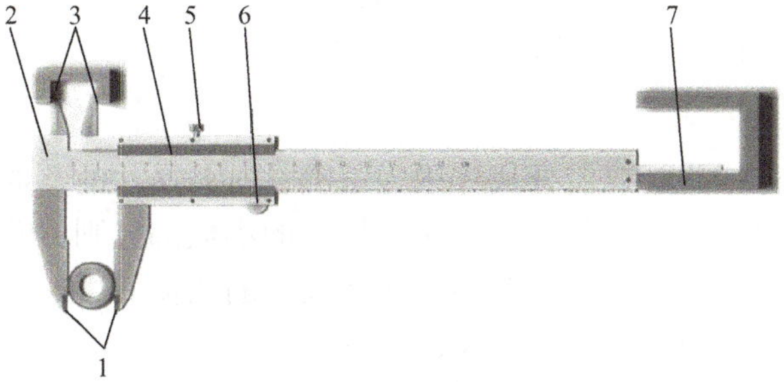

图 A-2-19　游标卡尺的结构

1—外测量爪　2—尺身　3—刀口内测量爪　4—尺框　5—紧固螺钉　6—游标尺　7—深度尺

3. 游标卡尺的使用要求与测量方法

（1）使用前的检查要求

1）量具表面不应有锈蚀、磕碰、断裂、划伤或其他影响使用性能的缺陷。

2）用手指轻推或轻拉尺框，尺框应平稳移动，不应有阻滞或松动的现象，锁紧螺钉作用可靠。

3）卡尺表面若有毛刺或其他附着物，需用干净的布蘸少许酒精擦拭干净。

游标卡尺使用方法

4）校对零位。推动尺框，使外测量爪两侧紧密接触后，观察游标尺与尺身的零线是否对齐。（若数显游标卡尺显示值为“00.00”，说明对准零位。若显示值不为“000.00”，则按“RESET”按钮归零）。

（2）测量类型

1）外尺寸测量方法。测量外尺寸时，先将两个外测量爪之间的距离调整到大于被测尺寸，放入被测零件后轻推尺框，待两个测量爪接触到测量面后，拇指稍稍用力推动尺框，同时轻轻摆动卡尺找到最小尺寸点，再读取数值，如图 A-2-20 所示。

2）内尺寸测量方法。测量内尺寸时，先将两个刀口内测量爪之间的距离调整到小于被测尺寸，放入被测零件后轻拉尺框，待两个测量爪接触到测量面后，拇指稍稍用力拉动尺框，同时轻轻摆动卡尺找到最大尺寸点，再读取数值。测量内径时轻轻摆动卡尺找到最大尺寸点，再读取数值，如图 A-2-21 所示。

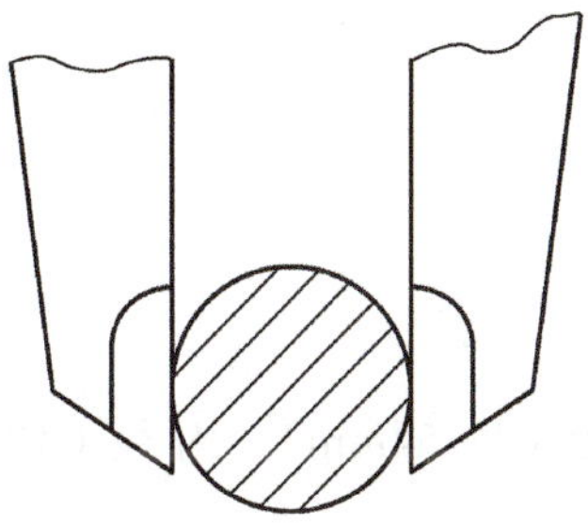

图 A-2-20　外尺寸测量

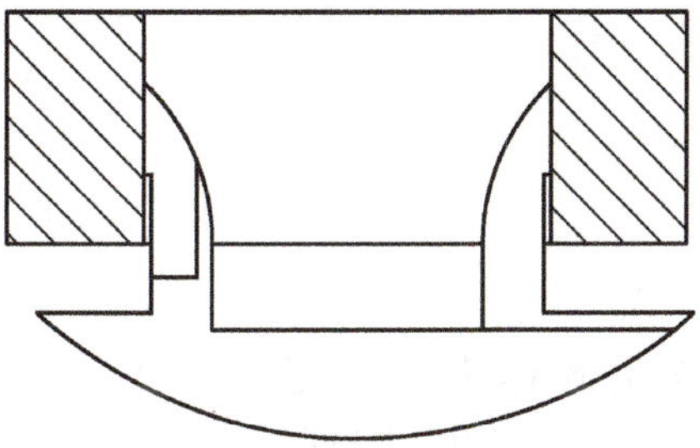

图 A-2-21　内尺寸测量

3）深度测量方法。测量深度时（只能用作公差要求不高的尺寸的测量），先将深度尺拉长到大于被测零件的尺寸，放入被测零件后再平稳压入零件，使深度测量面靠紧零件表面，再读取数值，如图 A-2-22 所示。

4. 游标卡尺的读数方法

游标卡尺的读数方法为：以游标尺零线为基准，所测尺寸的整数部分由主标尺上对应的游标尺零线左侧的刻度数值直接读出，所测尺寸的小数部分则由游标尺上与主标尺刻线重合的刻度数值为准读出，整数加小数即为所测尺寸的数值。

如图 A-2-23 所示，游标卡尺读数方法如下：

1）整数部分：读取游标尺零线左侧的数值，单位为 mm。

2）小数部分：读取游标尺上与主标尺刻度线重合的刻线，以图 A-2-23 为例，游标卡尺的分度值为 0.02mm，因此，小数部分的读数为游标尺上重合刻线的条数 ×0.02mm。

3）求和：被测尺寸 = 整数部分的读数 + 小数部分的读数。图 A-2-23 所示游标卡尺读数为 61.52mm。

注：游标卡尺的分度值是 1mm 除以游标尺上的格数，10 格的分度值是 0.1mm，20 格的分度值是 0.05mm，50 格的分度值是 0.02mm。

5. 游标卡尺的保养

1）平时使用时小心拿好，千万不要摔落，一摔很容易碰断卡爪，从而不能测内孔。

2）使用完务必拿布擦去卡尺表面的油污、铁屑等，否则会划伤游标卡尺，影响使用性能。

3）使用完要放在卡尺盒里，一定要平放。

4）按时到质检部门校验。

5）长时间不用需要上油，并用塑料袋包好放在盒里。

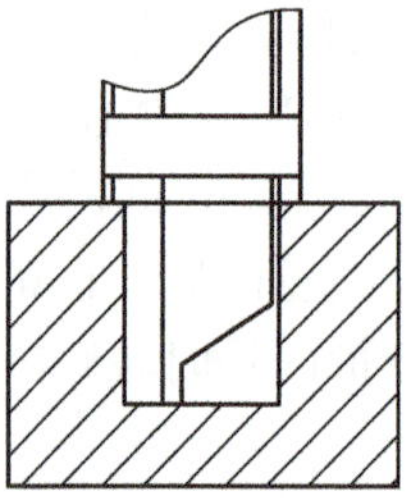

图 A-2-22　深度测量

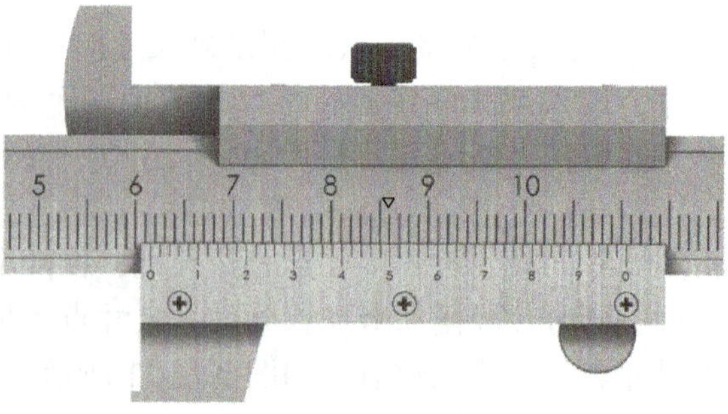

图 A-2-23　游标卡尺读数方法

四、能力训练

1. 任务描述

选用游标卡尺，完成图 A-2-24 所示套筒外径（14.54mm）、内径（12mm）、高（25.84mm）三个尺寸测量。

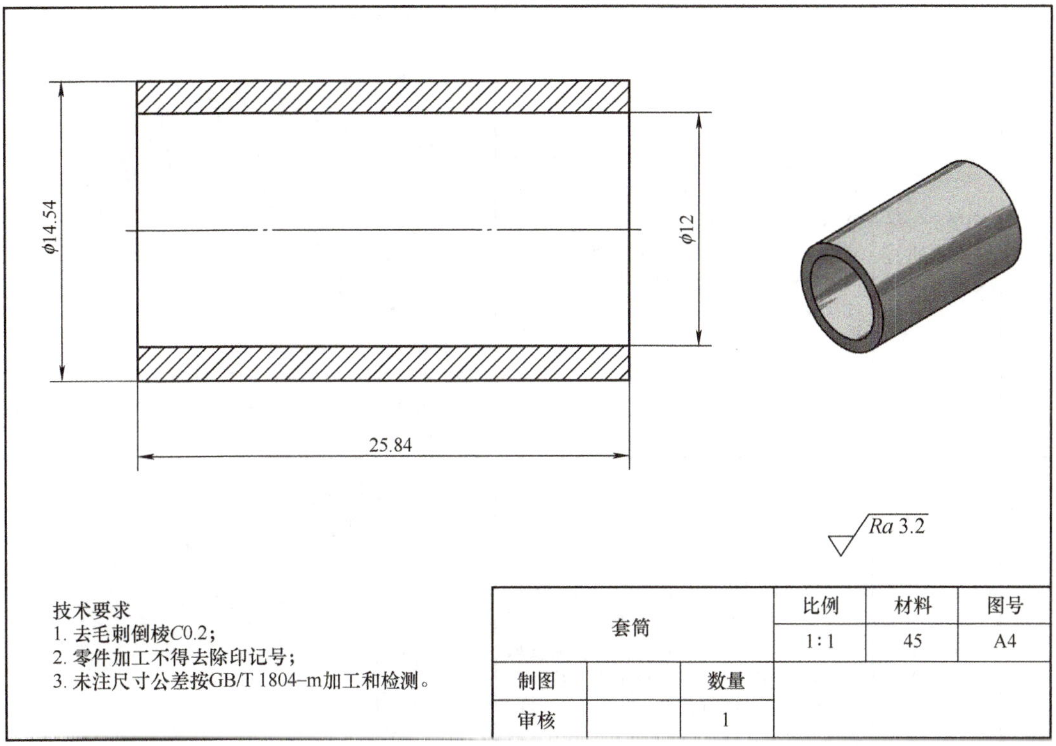

图 A-2-24　套筒零件图

2. 操作条件

量具：游标卡尺（规格为 150mm，分度值为 0.02mm）。

3. 注意事项

游标卡尺是比较精密的量具，使用时应注意：

1）使用前，应先擦干净两外测量面，合拢两外测量爪，检查游标尺零线与主标尺零线是否对齐，若未对齐，应根据原始误差修正测量读数。

2）测量工件时，测量面必须与工件的表面平行或垂直，不得歪斜，且用力不能过大，以免测量爪变形或磨损，影响测量精度。

3）读数时，视线要垂直于尺身，否则测量值不准确。

4）测量内径尺寸时，应轻轻摆动，以便找出最大值。

5）游标卡尺使用后，仔细擦净，抹上防护油，平放在盒内，以防生锈或弯曲。

4. 工件尺寸测量

工件尺寸测量操作见表 A-2-5。

表 A-2-5　工件尺寸测量

序号	步骤	操作方法及使用说明	质量标准
1	测量工件外径尺寸	测量外尺寸时，先将两个外测量爪之间的距离调整到大于被测尺寸，放入被测零件后轻推尺框，待两个测量爪接触到测量面后，拇指稍稍用力推动尺框，同时轻轻摆动卡尺找到最小尺寸点，再读取数值	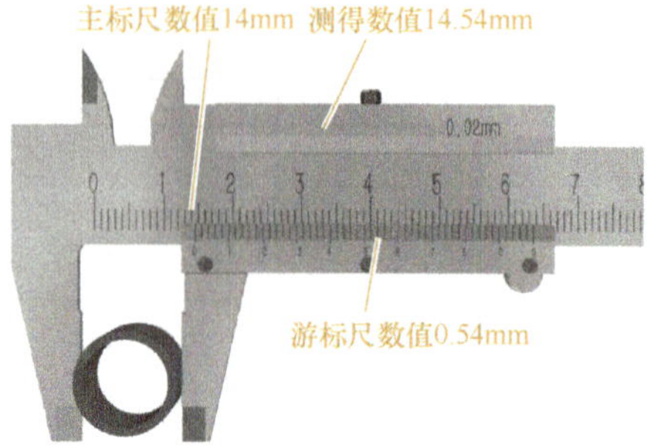 1）整数部分：14mm 2）小数部分：0.02mm × 27=0.54mm 3）求和：被测尺寸 = 整数部分 + 小数部分 =14mm+0.54mm=14.54mm
2	测量工件内径尺寸	测量内尺寸时，先将两个刀口内测量爪之间的距离调整到小于被测尺寸，放入被测零件后轻拉尺框，待两个测量爪接触到测量面后，拇指稍稍用力拉动尺框，同时轻轻摆动卡尺找到最大尺寸点，再读取数值	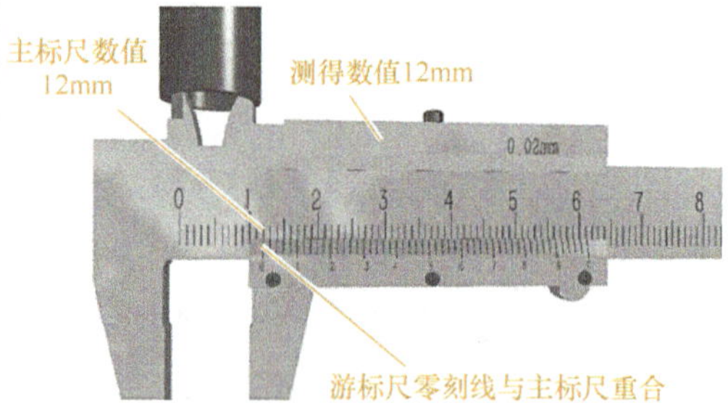 1）整数部分：12mm 2）小数部分：0.02mm × 0=0mm 3）求和：被测尺寸 = 整数部分 + 小数部分 =12mm+0mm=12mm
3	测量工件高度尺寸	测量圆柱体的高度时（只能用作公差要求不高的尺寸的测量），先将外测量爪拉长到大于被测零件的尺寸，放入被测零件后轻推尺框，待两个测量爪接触到测量面后，再读取数值	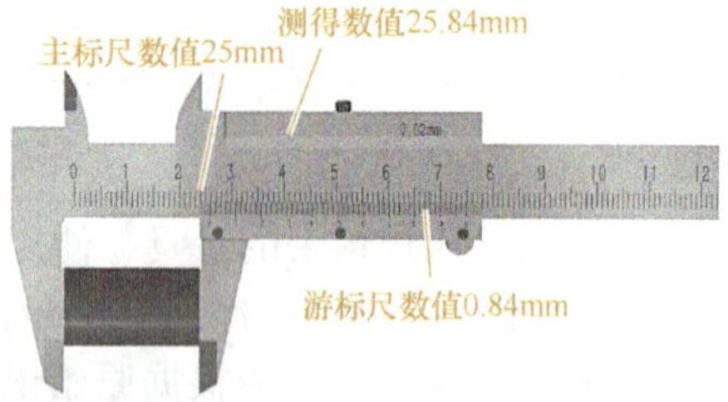 1）整数部分：25mm 2）小数部分：0.02mm × 42=0.84mm 3）求和：被测尺寸 = 整数部分 + 小数部分 =25mm+0.84mm=25.84mm

5. 问题情境

问题情境一：如图 A-2-25 所示为专门用于测量齿轮的游标齿厚卡尺，请查阅资料分析其如何对齿轮进行测量。

提示：如图 A-2-25 所示，游标齿厚卡尺是用来测量齿轮和蜗杆的齿厚和齿高的。它由两个互相垂直的尺身和两个游标尺组成。*A* 尺寸由垂直卡尺调整测量，*B* 尺寸由水平卡尺调整测量，其刻线原理和读数方法与普通游标卡尺相同。

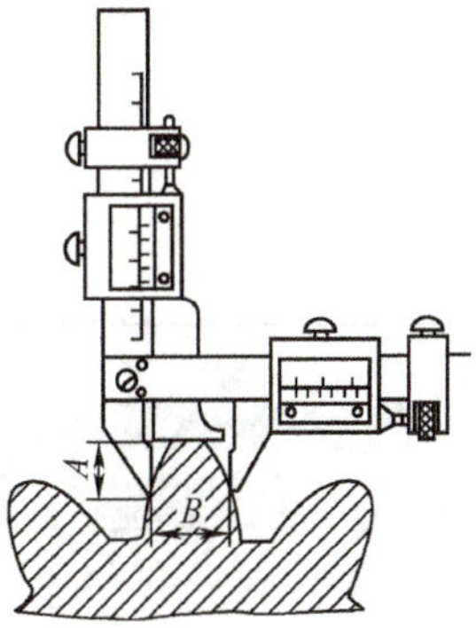

图 A-2-25　游标齿厚卡尺

问题情境二：如图 A-2-26 和图 A-2-27 所示为游标卡尺测量零件尺寸时常见的错误操作，请指出其中的错误操作。

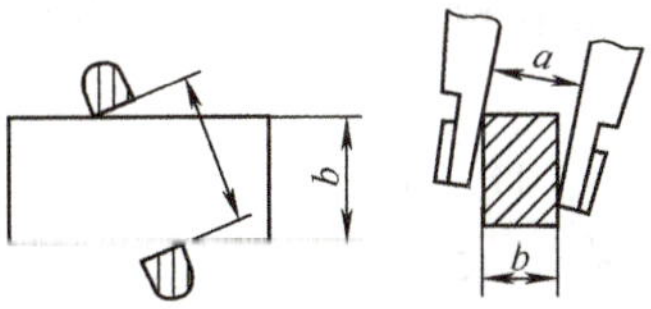

图 A-2-26　游标卡尺错误操作 1

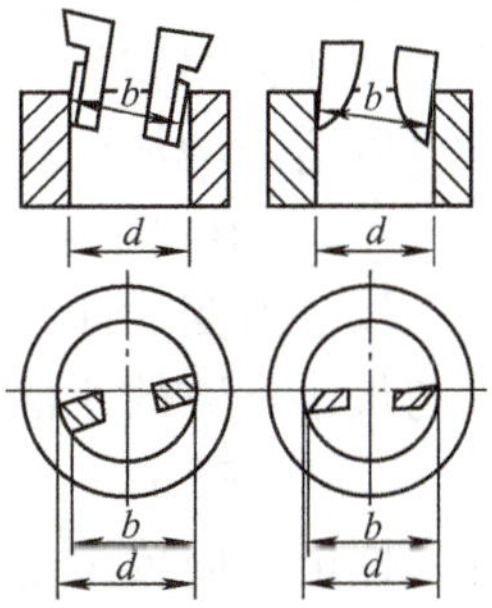

图 A-2-27　游标卡尺错误操作 2

提示：测量外尺寸时，两外测量爪应张开到略大于被测尺寸，使工件自由进入外测量爪之间，先将固定量爪贴住工件，然后用轻微的压力把活动量爪推向工件，卡尺外测量面的连线应垂直于被测表面，不能歪斜。

测量内尺寸时，两内测量爪应张开到略小于被测尺寸，使内测量爪自由进入孔内，再慢慢张开内测量爪并轻轻地接触零件的内表面，两内测量爪应在孔的直径上，不能偏歪。

6. 学习结果评价

工件尺寸测量评价表见表 A-2-6。

表 A-2-6　工件尺寸测量评价表

班级：________　姓名：________　学号：________　成绩：________

序号	评价内容	评价标准	评价结果（优、良、合格、不合格）
1	游标卡尺用途及结构	能概述游标卡尺用途及结构组成	
2	游标卡尺操作过程	能正确测量工件外径尺寸并读数	
		能正确测量工件内径尺寸并读数	
		能正确测量工件内孔高度尺寸并读数	
3	安全文明	无安全隐患，无违章操作	

五、课后作业

1. 识图题

完成下列游标卡尺读数练习。

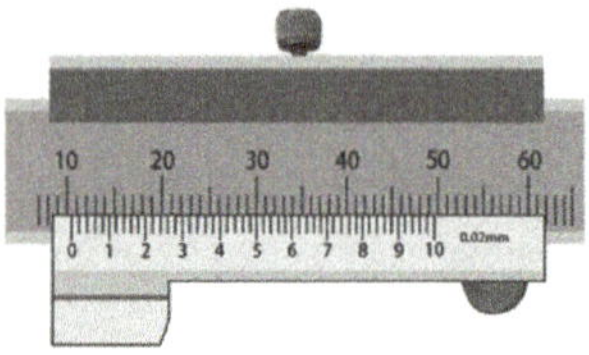	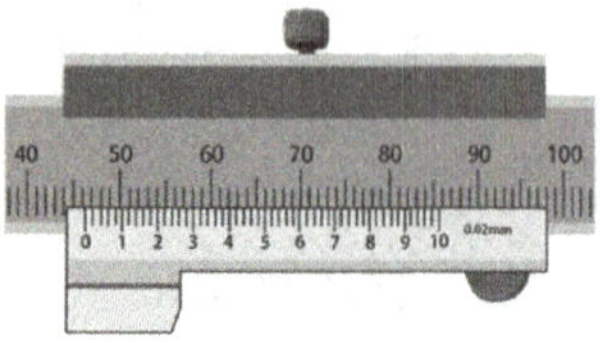	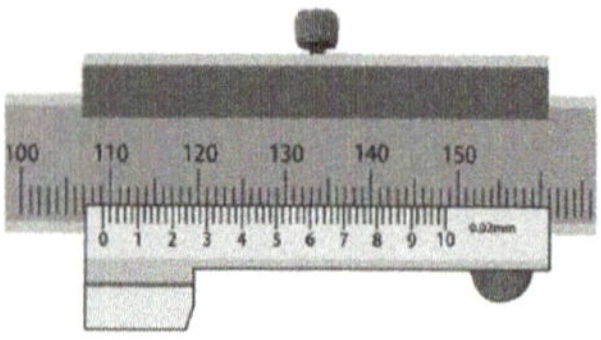
读数：	读数：	读数：

2. 选择题

（1）通用卡尺示值误差的检定，对于测量范围在 300mm 内的卡尺，受检点不少于均匀分布____点；对于测量范围大于 300mm 的卡尺，受检点不少于均匀分布____点，根据实际使用情况可以适当增加受检点位。(　　)

A. 3 ； 6　　B. 2 ； 4　　C. 5 ； 7　　D. 4 ； 5

（2）关于卡尺示值变动性的检定，在相同条件下，重复测量（　　）次并读数，示值变动性以最大与最小读数的差值确定。

A. 4　　B. 6　　C. 8　　D. 10

（3）游标尺标记表面棱边至主标尺标记表面的距离应不大于（　　）。

A. 0.10mm　　B. 0 .2mm　　C. 0.30mm　　D. 0.40mm

（4）检定卡尺刀口外测量爪示值误差时，量块应处于刀口外测量爪的（　　）。

A. 中间位置　　B. 里端位置　　C. 外端位置

职业能力 A-2-3 能用千分尺进行工件测量

一、核心概念

外径千分尺 内径千分尺

二、学习目标

1. 能简述千分尺的结构，并掌握千分尺的使用方法。
2. 能理解千分尺刻线原理及读数方法。
3. 能熟练而准确地使用千分尺测量工件并进行读数。
4. 培养学生科学、严谨、细致的学习态度，提高测量效率，增强对测量工作的兴趣和责任感。

三、基本知识

1. 千分尺概述

千分尺又称螺旋测微器，是利用螺旋副的运动原理进行测量和读数的一种测微量具，如图 A-2-28 和图 A-2-29 所示。

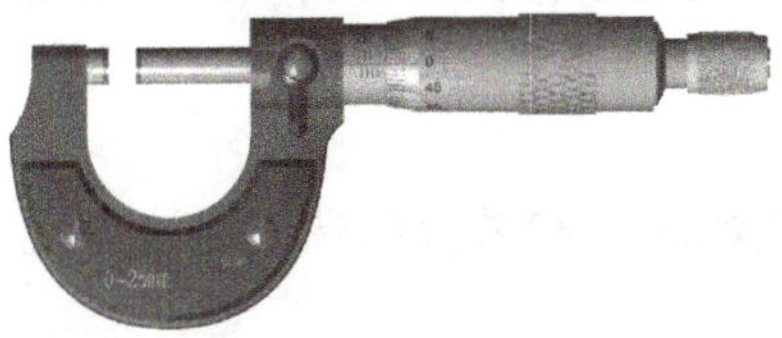

图 A-2-28 外径千分尺

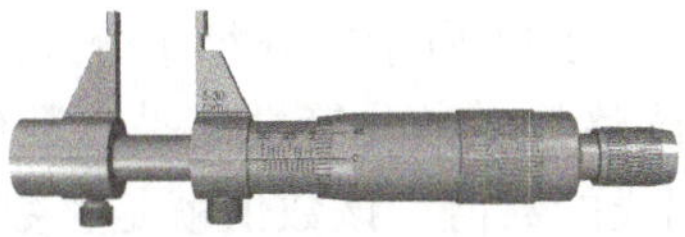

图 A-2-29 内径千分尺

2. 外径千分尺

（1）外径千分尺的结构

如图 A-2-30 所示，千分尺又称螺旋测微器，是比游标卡尺更精密的测量长度的工具，其分度值可以精确到 0.01mm。测量范围有 0 ～ 25mm、25 ～ 50mm、50 ～ 75mm、75 ～ 100mm 等。其结构由砧座、测微螺杆、锁紧装置、固定套筒、微分筒和棘轮组成。

（2）外径千分尺工作原理

千分尺测微螺杆的螺距为 0.5mm，固定套筒上的主标尺每格为 0.5mm。当微分筒转一周时，测微螺杆就移动 0.5mm。微分筒的圆周上共刻有 50 个等间隔标尺分度，因此，当微分筒转一格时，测微螺杆移动距离为 0.5mm/50=0.01mm，所以千分尺的分度值为 0.01mm。大于 0.5mm 的部分由主标尺直接读出，不足 0.5mm 的部分由微分筒上的副标尺读出。

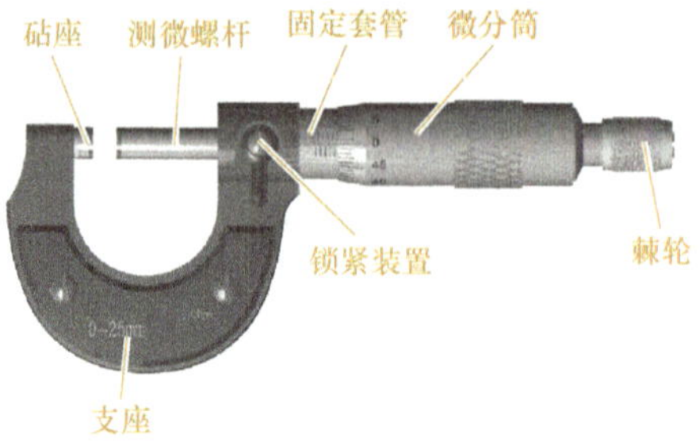

图 A-2-30 外径千分尺的结构

（3）外径千分尺的操作方法

1）按被测工件直径尺寸的大小选择千分尺的规格。

2）对千分尺进行校零。

3）转动微分筒，使测微螺杆张开的距离略大于被测工件直径或厚度。

4）左手握住尺架，右手大拇指和食指握住测力装置，并使测砧和测微螺杆伸入工件所测部位。

5）顺时针转动测力装置中的棘轮，同时测微螺杆做轻微的轴向窜动和径向摆动，以对准工件的直径，当棘轮发出“哒哒”声响时，就可以读出工件尺寸，锁紧螺杆，将千分尺轻轻地从被测工件表面上拉出再读取测量值。

外径千分尺使用方法

（4）外径千分尺的读数方法

用千分尺测量工件尺寸时，读数分为两步，即根据微分筒的端面棱边在固定套筒的位置，读出主标尺数（注意 0.5mm 的短线是否露出）；其次根据固定套筒横线所对的副标尺的分格数，读出不到 0.5mm 的小数，二者相加就是测量值。

如图 A-2-31 所示，外径千分尺的读数方法如下：

1）读整数：微分筒端面是整数值的基准。读整数时，看微分筒端面左边固定套筒上露出的刻线的数值，该数值就是整数值。

2）读小数：固定套筒上的基线是小数值的基准。读小数时，看微分筒上哪一条刻线与基线重合。如果固定套筒上的 0.5mm 刻线没露出来，那么微分筒上与基线重合的那条线代表的数即是所求的小数。如果 0.5mm 刻线已露出来，那么从微分筒上读得的数还要加上 0.5mm 后，才是小数。当微分筒上没有任何一条刻线与基线恰好重合时，应该进行估读，估到小数点第三位数。

3）整合读数：将上面两次读数值相加，就是被测件的读数值。

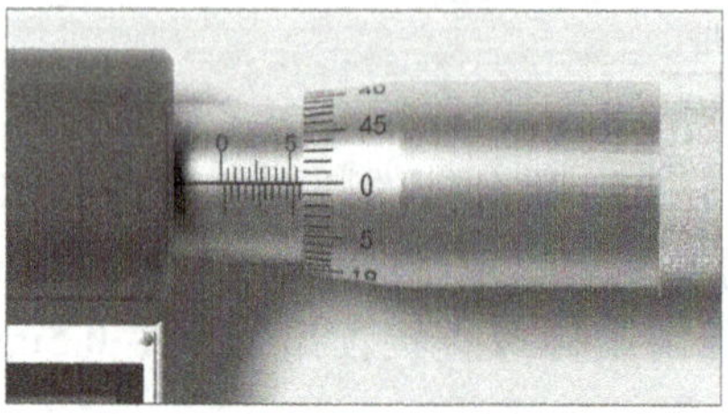

图 A-2-31 外径千分尺的读数方法

3. 内径千分尺

（1）内径千分尺的结构

内径千分尺用于测量中小尺寸的孔径、槽宽及键槽宽度等。测量范围分为 5 ～ 30mm，25 ～ 50mm、50 ～ 75mm、75 ～ 100mm 四种，分度值为 0.01mm，由固定量爪、活动量爪、固定套筒、微分筒、棘轮和锁紧螺钉组成，内径千分尺的结构如图 A-2-32 所示。

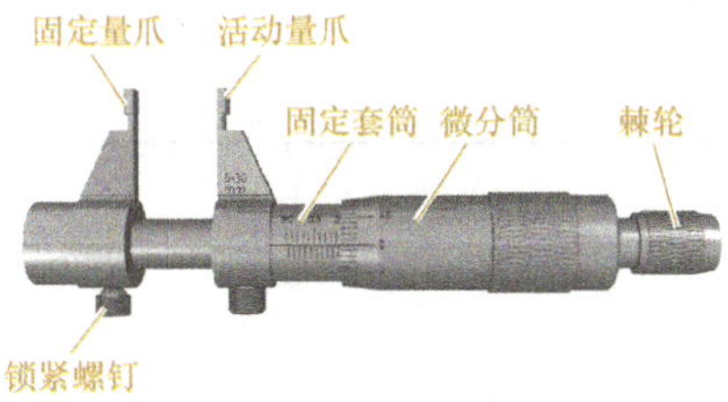

图 A-2-32　内径千分尺的结构

（2）内径千分尺的读数方法

用于测量内径尺寸的千分尺称为内径千分尺，如图 A-2-33 所示。

在目前非数显的内径千分尺有两点内径千分尺（GB/T 8177—2004）、三爪内径千分尺（GB/T 6314—2018）和内测千分尺（JB/T 10006—2018）三个标准规定。内径千分尺的读数方法如下：

1）读整数：读取微分筒端线左侧固定套筒中线之上的刻度，单位是 mm。

2）读小数：注意两种情形：若是半刻度线已露出，整数位加 0.5mm；若半刻度线未露出，记为整数位。

微分筒上的刻线是指在微分筒上与固定套筒的中线重合的刻度乘以 0.01mm，即为微分筒的读数。被测尺寸的小数值为 0.5mm（半刻度线露出）或 0（半刻度线未露出）+ 微分筒的刻线 ×0.01mm。

3）相加：被测尺寸的数值 = 整数 +0.5mm（半刻度线露出）/0（半刻度线未露出）+ 微分筒的刻线 ×0.01mm。

内径千分尺使用方法

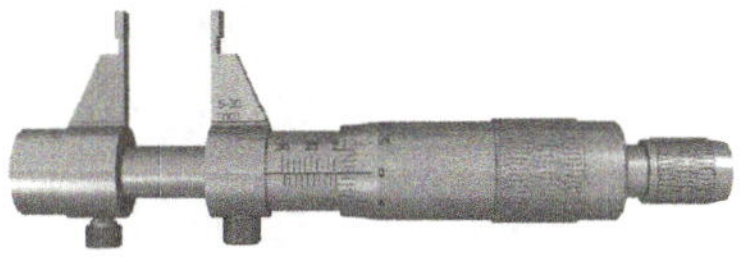

图 A-2-33　内径千分尺

（3）内径千分尺的使用与保养

1）测量前检查零线位置是否准确。

2）测量时需把工件被测量面擦干净。

3）工件较大时应放在 V 形块或平板上测量。

4）测量前将量爪擦干净。

5）拧微分筒时需用棘轮。

6）不要拧松后盖，以免造成零线位置改变。

7）不要在固定套筒和微分筒间加入普通机油。

8）使用后擦净上油，放入专用盒内，置于干燥处。

四、能力训练

1. 任务描述

选用外径千分尺，完成如图 A-2-34 所示销轴外径尺寸的测量。

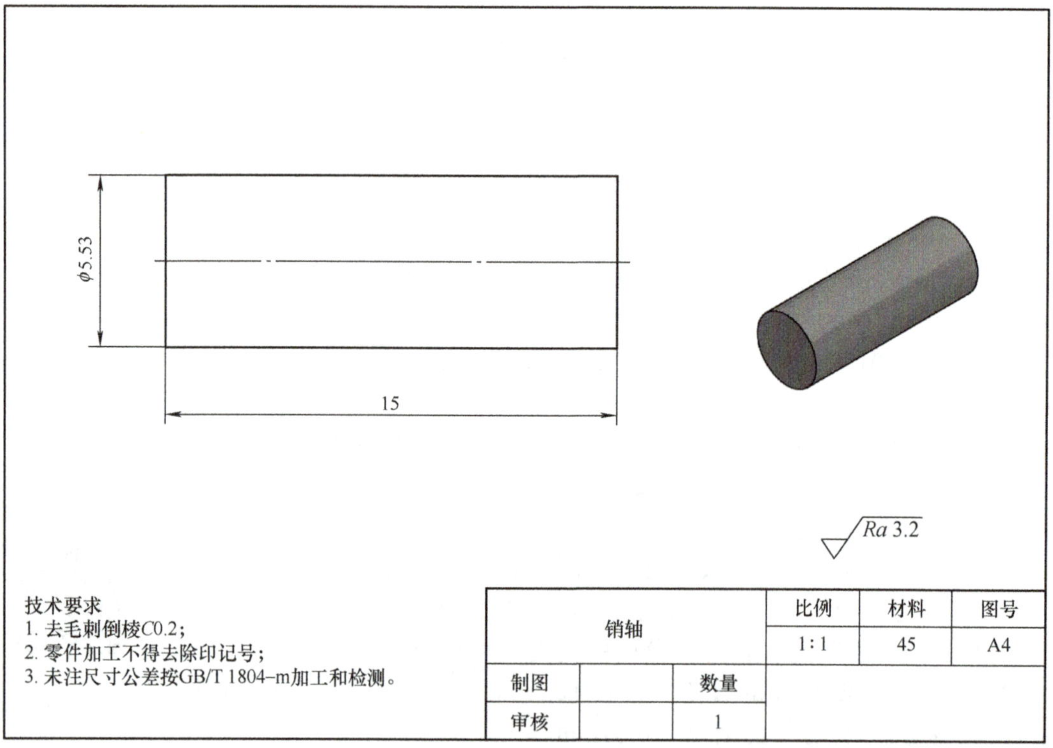

图 A-2-34　销轴零件图

2. 操作条件

量具：外径千分尺。

3. 注意事项

1）测量时，当测微螺杆即将靠近被测物体时，应使用测力装置，避免产生过大的压力，既可使测量结果精确，又能保护千分尺。

2）在读数时，要注意固定套筒主标尺上表示 0.5mm 的刻线是否已经露出。

3）当砧座和测微螺杆并拢时，若副标尺的零线与主标尺的基准线不对齐，将出现误差，应加以修正。

4. 工件尺寸测量

工件尺寸测量步骤见表 A-2-7。

表 A-2-7　工件尺寸测量步骤

序号	步骤	操作方法及使用说明	质量标准
1	检查外径千分尺	对外径千分尺的外观、刻度、锁紧装置、微分筒等进行基本检查	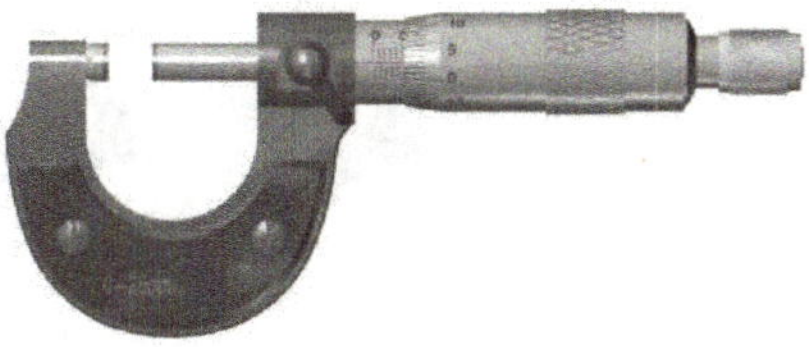 检测全面
2	清洁外径千分尺	对外径千分尺的表面、测砧、测微螺杆进行清洁	操作规范
3	校零外径千分尺	使用前应先检查零线位置。缓缓转动测力装置，使测微螺杆和测砧接触，到棘轮发出声音为止，此时微分筒上的零线应当和固定套筒上的基准线（长横线）对齐，否则有误差	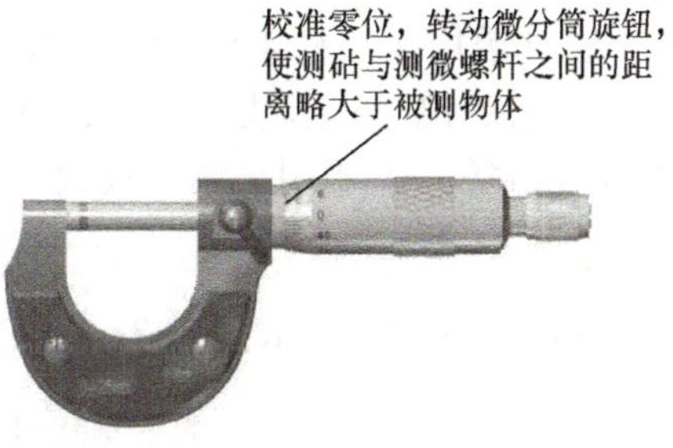 操作方法规范
4	测量	左手持尺架，右手转动粗调旋钮使测微螺杆与砧座间距稍大于被测物，放入被测物，转动保护旋钮到夹住被测物，直到棘轮发出声音为止，拨动固定旋钮使测微螺杆固定后读数	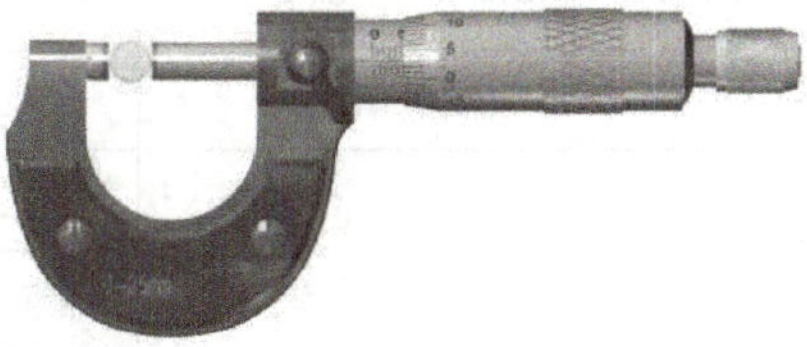 操作方法规范
5	读数	① 固定套筒读数：5.5mm ② 微分筒读数：3 × 0.01mm=0.03mm ③ 相加：被测尺寸 =5.5mm+0.03mm=5.53mm	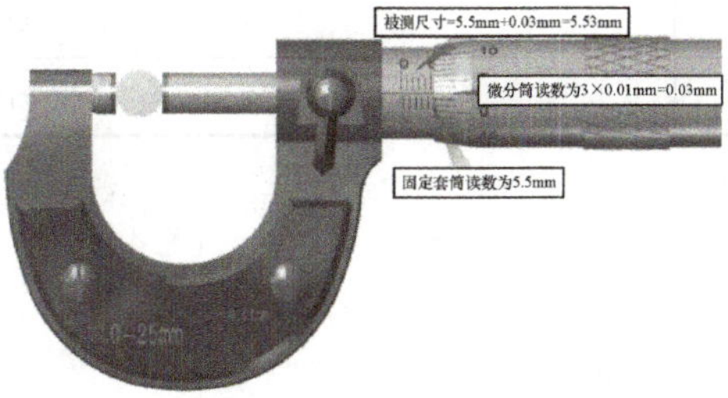 读数正确

5. 问题情境

问题情境：小明在测量工件时，所测量工件内径尺寸较大，请帮忙分析如何进行测量。

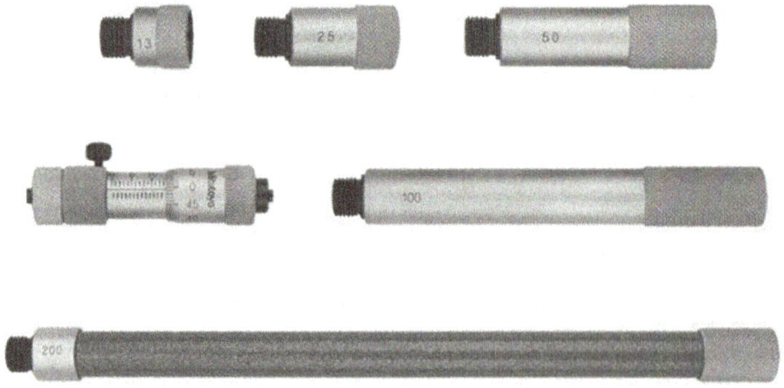

图 A-2-35 微分头和接长杆

提示：通过增加接长杆来测量较大尺寸的内径。图 A-2-35 所示为内径千分尺的微分头和接长杆，它的测量范围是由 50mm 起始分段，有 50 ～ 250mm、50 ～ 600mm、…、1000 ～ 5000mm 等。主要用来测量较大尺寸的孔径，它的测量头的微动量为 13mm。

6. 学习结果评价

工件尺寸测量评价表见表 A-2-8。

表 A-2-8 工件尺寸测量评价表

班级：________ 姓名：________ 学号：________ 成绩：________

序号	评价内容	评价标准	评价结果（优、良、合格、不合格）
1	千分尺用途及结构	能概述千分尺用途及结构组成	
2	千分尺操作步骤	能正确检查外径千分尺	
		能正确清洁外径千分尺	
		能正确校零外径千分尺	
		能正确使用外径千分尺测量工件外径	
		能正确读出外径千分尺数值	
3	安全文明	无安全隐患，无违章操作	

五、课后作业

1. 识图题

完成下列千分尺读数练习。

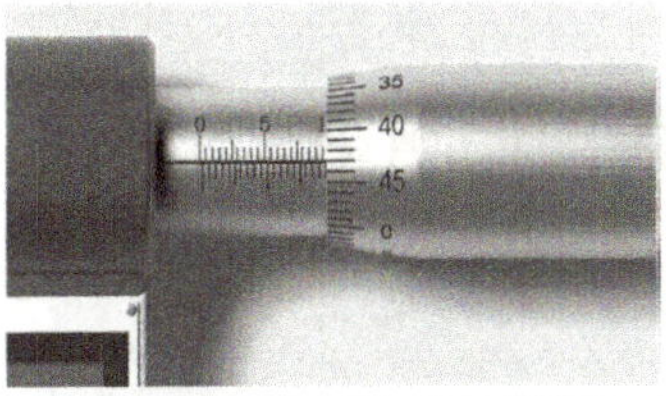	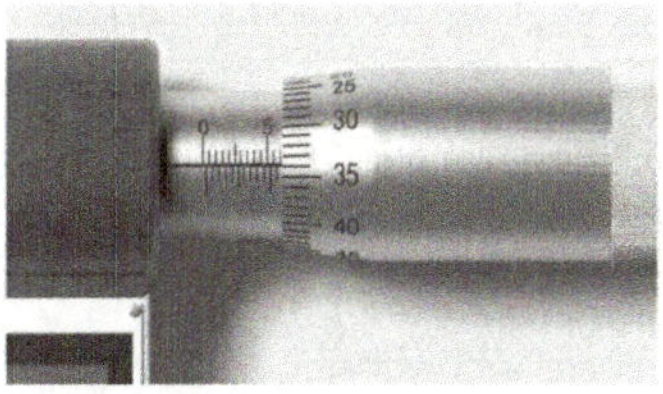	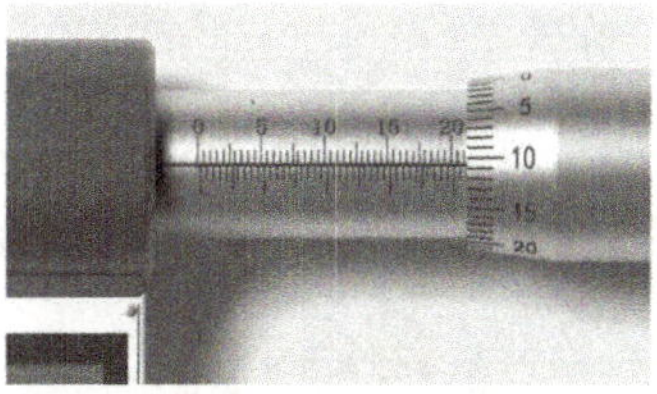
读数：	读数：	读数：

2. 选择题

（1）检定千分尺时，测微螺杆的轴向窜动和径向摆动用（　　）来测量。

A. 杠杆千分表　　B. 塞尺　　C. 工具显微镜　　D. 杠杆千分尺

（2）测量前，对好零位，正确的零位是：当千分尺两测量面接触时，微分筒的端面棱边接触固定套管零线，固定套管上的（　　）对准微分筒上零线。

A. 纵刻线　　B. 零位　　C. 横刻线　　D. 刻线

（3）千分尺两测量面将与工件接触时，要使用（　　），不要直接转动微分筒。

A. 螺杆　　B. 千分尺　　C. 测力装置　　D. 固定套管

职业能力 A-2-4　能用百分表进行工件测量

一、核心概念

百分表结构　　百分表工作原理　　百分表读数方法

二、学习目标

1. 能简述百分表的结构，并掌握百分表的使用方法。

2. 能理解百分表的工作原理。

3. 能熟练而准确地使用百分表测量工件并进行读数。

4. 培养学生科学、严谨、细致的学习态度，提高测量效率，增强对测量工作的兴趣和责任感。

三、基本知识

1. 百分表概述

如图 A-2-36 所示，百分表是一种指示式量仪，主要用于测量工件的尺寸和几何公差（如圆度、平面度、垂直度、跳动等），也可用于检验机床的几何精度或调整工件的装夹位置偏差。

百分表的示值范围有 0 ～ 3mm、0 ～ 5mm、0 ～ 10mm 等多种，分度值为 0.01mm。

2. 百分表的结构

如图 A-2-37 所示，百分表是利用精密齿条齿轮机构制成的表式通用长度测量工具，通常由测头、测杆、轴套、表圈、表盘、指针、转数指针、转数指示盘和挡帽等组成。

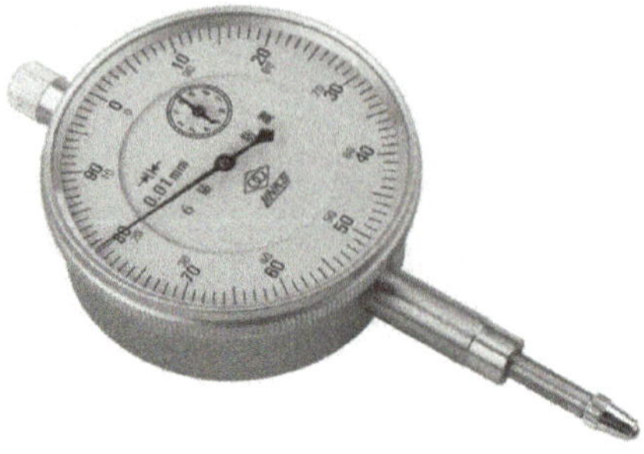

图 A-2-36　百分表

图 A-2-37　百分表的结构

1—测头　2—测杆　3—轴套　4—表圈　5—表盘
6—指针　7—转数指示盘　8—转数指针　9—挡帽

3. 百分表的工作原理

如图 A-2-38 所示，当测杆 1 向上或向下移动 1mm 时，通过齿轮传动系统带动指针 5 转一圈，转数指针 7 转一格。表盘在圆周上有 100 个等分格，每格的分度值为 0.01mm，转数指针每格读数为 1mm。测量时指针读数的变动量即为尺寸变化量。表圈可以转动，以便测量时指针对准零线。

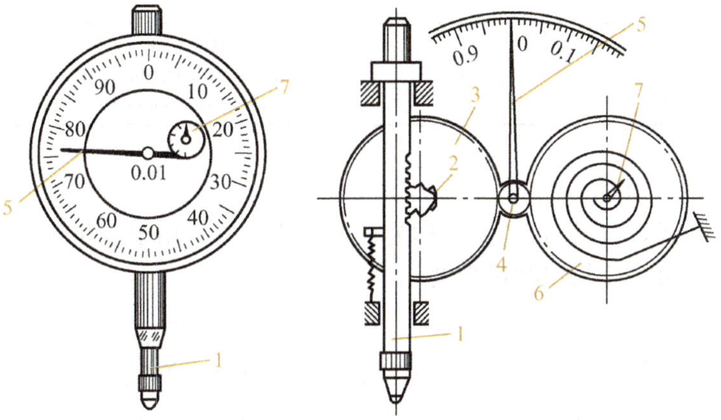

a) 百分表　　b) 传动原理

图 A-2-38　百分表的工作原理

1—测杆　2～4、6—齿轮　5—指针　7—转数指针

4. 百分表的使用方法

（1）百分表检查要求

1）将百分表安装在专用表架上。

2）将测头和被测工件表面擦拭干净。

3）轻推测头，检查其活动是否灵活，指针是否能归位。

（2）百分表测量方法

1）使测杆垂直于工件被测表面并使测头与被测表面接触。

2）转动表圈，使表盘的零线对准指针。

3）以零线为基准，转数指针与指针转动的刻度值之和即为测量数值。

磁座百分表使用方法

杠杆百分表使用方法

5. 百分表的读数方法

先读转数指针转过的刻度数（即毫米整数），再读指针转过的刻度数，并乘以 0.01（即小数部分），然后两者相加，即得到所测量的数值，见表 A-2-9。

表 A-2-9　百分表的读数方法

	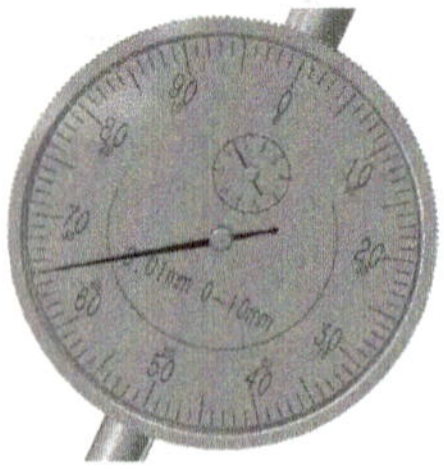
转数指针刻度：0mm 指针刻度：87 × 0.01mm=0.87mm 测量数值：0mm+0.87mm=0.87mm	转数指针刻度：1mm 指针刻度：65 × 0.01mm=0.65mm 测量数值：1mm+0.65mm=1.65mm

6. 杠杆百分表概述

如图 A-2-39 所示，杠杆百分表又称为杠杆表或靠表，用于测量工件几何公差和相互位置的正确性，并可用比较法测量长度。

7. 杠杆百分表的结构

如图 A-2-40 所示，杠杆百分表是利用杠杆－齿轮传动机构或者杠杆－螺旋传动机构，将直线尺寸变化为指针角位移，并指示出长度尺寸数值的计量器具。通常由测头、测杆、表体、表圈、表盘、指针、夹持柄等组成。

图 A-2-39　杠杆百分表

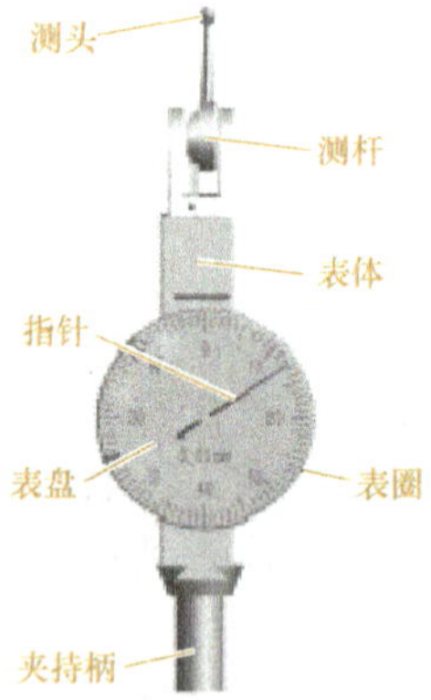

图 A-2-40　杠杆百分表的结构

8. 杠杆百分表使用

（1）使用前检查

1）检查相互作用：轻轻移动测杆，指针应有较大位移，指针与表盘应无摩擦，测杆、指针无卡阻或跳动。

2）检查测头：测头应为光洁圆弧面。

3）检查稳定性：轻轻拨动几次测头，松开后指针均应回到原位。

4）沿测杆安装轴的轴线方向拨动测杆，测杆无明显晃动，指针位移应不大于 0.5 个分度。

（2）正确使用方法

1）将百分表固定在表座或表架上，稳定可靠。

2）调整百分表的测杆轴线，使其垂直于被测尺寸线。对于平面工件，测杆轴线应平行于被测平面；对圆柱形工件，测杆的轴线要与过被测母线的相切面平行，否则会产生很大的误差。

3）测量前调零位。比较测量用对比物（量块）做零位基准。几何公差测量用工件做零位基准。

4）调零位时，先使测头与基准面接触，轻压测头到量程的中间位置，转动刻度盘，使零线与指针对齐，然后反复测量同一位置 2 ～ 3 次后，检查指针是否仍与零线对齐，如不齐则重调。

5）测量时，用手轻轻抬起测杆，将工件放入测头下测量，不可把工件强行推入测头下。显著凹凸的工件不用杠杆百分表测量。

6）不要使杠杆百分表突然撞击到工件上，也不可强烈振动、敲打杠杆百分表。

7）测量时注意百分表的测量范围，不要使测头位移超出量程。

8）不使测杆做过多无效的运动，否则会加快零件磨损，使百分表失去应有精度。

9）当测杆移动发生阻滞时，须送计量室处理。

四、能力训练

1. 任务描述

通过百分表完成如图 A-2-41 所示传动轴的圆度测量。

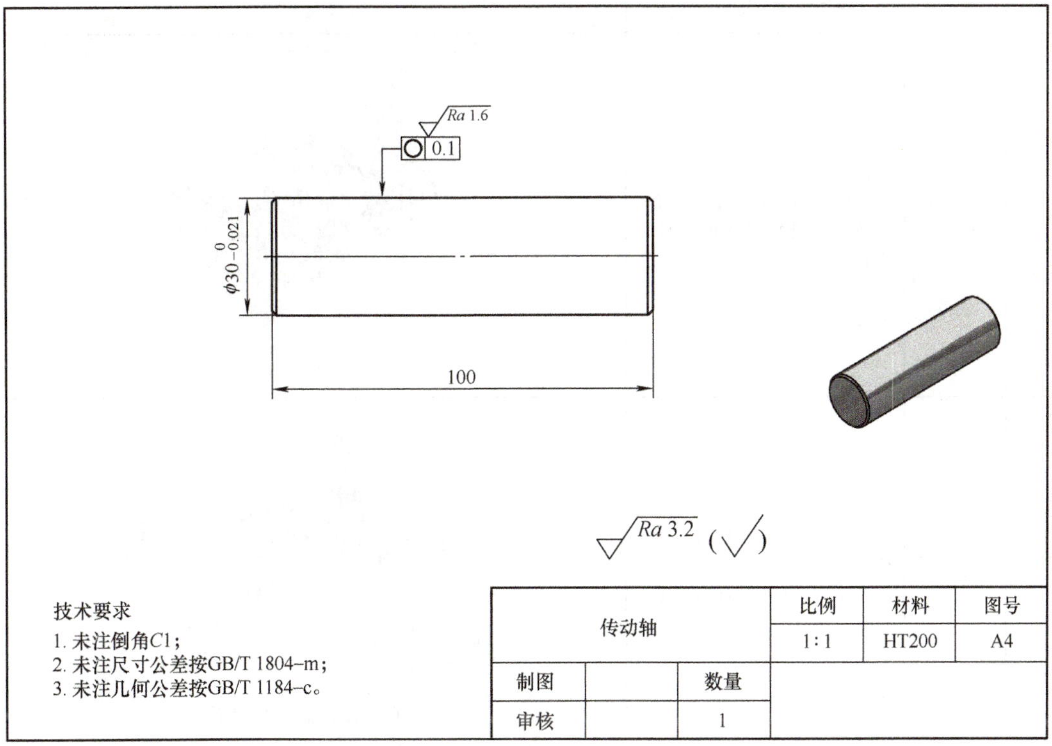

图 A-2-41　传动轴零件图

2. 操作条件

使用设备及工量具如下。

1）磁性表座：安装百分表。

2）百分表：测量工件。

3）工件夹具：固定轴。

3. 注意事项

1）使用前，应检查测杆活动的灵活性。即轻轻推动测杆时，测杆在轴套内的移动要灵活，没有卡顿现象，手松开后，指针能回到原来的刻度位置。

2）使用时，必须把百分表固定在可靠的夹持架上。

3）测量时，不要使测杆的行程超过它的测量范围，不要使测头突然撞到工件上，也不要测量表面粗糙度值较大或有显著凹凸不平的表面。

4）测量平面时，百分表的测杆要与被测平面垂直，测量圆柱形工件时，测杆要在工件中心平面上并垂直中心线，否则，将使测杆活动不灵活或测量结果不准确。

5）为方便读数，在测量前一般都让指针对准度盘的零线。

6）百分表不用时，应使测杆处于自由状态，以免使表内弹簧失效。

4. 工件圆度测量

圆度测量步骤见表 A-2-10。

表 A-2-10　圆度测量步骤

序号	步骤	操作方法及使用说明	质量标准
1	安装测量工件	将被测轴放在偏摆仪支架上，使被测轴处于水平状态，或者把被测轴以两顶尖的形式装夹	 工件放置处于水平状态
2	安装百分表	安装磁性表座与百分表，使百分表测头与工件被测表面接触并垂直于工件轴心线	 百分表垂直于测量工件

（续）

序号	步骤	操作方法及使用说明	质量标准
3	测量第一组数值	缓慢转动工件，用百分表测量被测轴同一截面内轮廓圆周上的八个位置，并记录数据的最大值与最小值	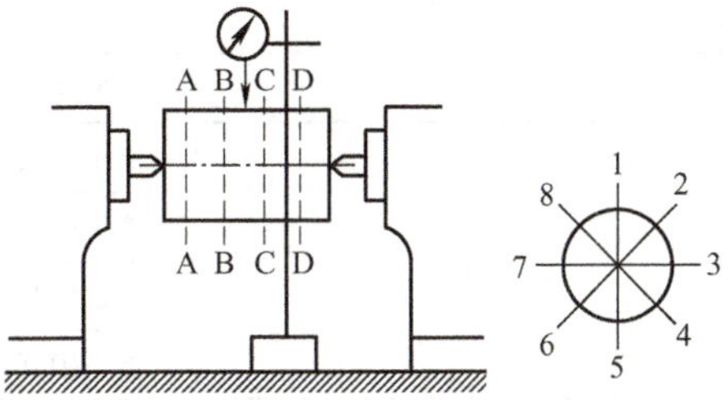 准确、如实记录测量数据
4	测量其他数值	按上述同样方法，分别测量四个不同截面并记录数据（根据被测部位的长度来定）	准确、如实记录测量数据
5	计算圆度数值	汇总记录每一组最大值与最小值的差值，取平均值，即为圆度公差值	计算准确无误

5. 问题情境

问题情境：小明在用百分表测量工件时，百分表操作如图 A-2-42 所示，分析百分表操作错误的地方。

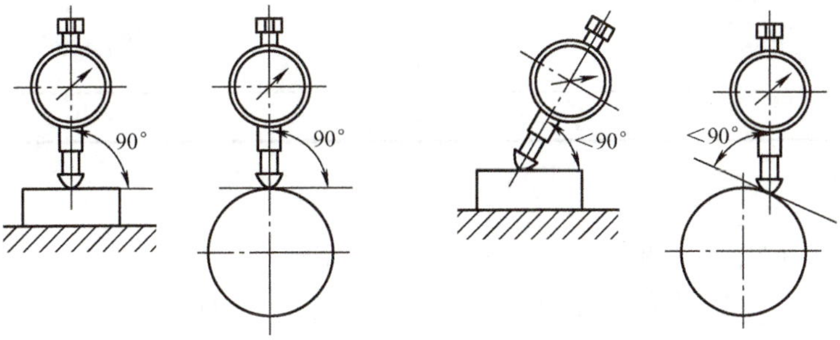

图 A-2-42　百分表操作

提示：测量时测头和被测量表面的接触尽量垂直，这样能减少误差，保证测量准确。

6. 学习结果评价

圆度测量评价表见表 A-2-11。

表 A-2-11 圆度测量评价表

班级：________ 姓名：________ 学号：________ 成绩：________

序号	评价内容	评价标准	评价结果（优、良、合格、不合格）
1	百分表用途与结构	能概述百分表用途及结构组成	
2	百分表操作过程	能正确安装测量工件	
		能正确安装百分表	
		能正确测量工件圆度公差数值	
		能正确读出百分表数值	
3	安全文明	无安全隐患，无违章操作	

五、课后作业

1. 识图题

完成下列百分表读数练习。

读数：

读数：

2. 选择题

（1）百分表一般用来检测（　　）。

A. 尺寸公差　　B. 形状公差　　C. 位置公差　　D. 几何公差

（2）百分表表盘刻度为 100 格，指针转动一格为（　　）mm。

A. 0.01　　B. 0 .02　　C. 0.05　　D. 0.1

（3）百分表应（　　）才能测试数据准确。

A. 用手拿住表盘直接测试产品

B. 应牢固地装夹在表座夹具上，用手拿住产品测试

C. 应牢固地装夹在表座夹具上，将产品放置在测试平台上测试

（4）使用百分表测量操作时，（　　）从而确保测试准确。

A. 应轻轻提起测杆，把工件移动至测头下面，缓慢下降测杆

B. 测试工件偏小时，必须把工件推入测头内测试

C. 测试时可以急骤下降，这样可以提高测试准确度

工作任务 B

钳工加工工艺与操作

工作任务 B-1　零件划线

工作任务 B-2　锯割加工

工作任务 B-3　錾削加工

工作任务 B-4　锉削加工

工作任务 B-5　钻削加工

工作任务 B-6　螺纹加工

工作任务 B-7　钳工综合零件加工

工作任务 B-1

零件划线

职业能力 B-1-1　能正确识读零件图

一、核心概念

零件图　　尺寸公差　　公差带　　几何公差

二、学习目标

1. 能看懂标题栏，知道零件的名称、材料、数量、质量、比例等。
2. 能概述常用几何公差术语。
3. 能识读零件图几何公差。
4. 培养学生科学、严谨、细致的学习态度，提高识读零件图的准确性和效率，增强对机械工程的兴趣和责任感。

三、基础知识

1. 识读零件图的方法和步骤

零件图是制造和检验零件的依据，识读零件图的目的就是根据零件图想象零件的结构形状，了解零件的尺寸和技术要求。识读零件图时应联系零件在机器或部件中的位置、作用以及与其他零件的关系。识读零件图的一般方法和步骤如下：

（1）看标题栏

看标题栏可以了解零件的名称、材料和图样比例等。通过名称可以判断该零件所属于哪一类零件，通过材料可大致了解其加工方法，通过图样比例可估计零件的大小，然后对照装配图，了解该零件在机器或部件中与其他零件的装配关系等，从而对零件有初步的了解。

（2）视图表示和结构的分析

分析零件各视图的配置方法以及视图之间的关系。运用形体分析法和线面分析法读懂零件各部分结构，想象零件形状。零件的结构形状是识读零件图的重点。识图的一般顺序是先整体、后局部，先主体结构、后局部结构，先读懂简单部分、再分析复杂部分，逐步解决难点。

（3）尺寸和技术要求分析

分析零件长、宽、高三个方面的尺寸基准，从基准出发查找各部分的定形和定位尺寸。分析尺寸的加工精度要求及其作用，必要时还要将与该零件有关的零件一起分析，以便深入理解尺寸之间的关系，以及所标注的尺寸公差、几何公差和表面粗糙度等技术要求。

（4）综合归纳

零件图表达了零件的结构形状、尺寸及其精度要求等内容，它们之间是相互联系的。识图时应将视图、尺寸和技术要求综合考虑，才能对所识读零件图形成完整的认识。

2. 零件表面结构（GB/T 131—2006）

（1）表面结构的概念

表面结构（表面粗糙度）反映的是零件被加工表面上的微观几何形状误差。

（2）表面结构图形符号的意义

表面结构图形符号的意义见表 B-1-1。

表 B-1-1　表面结构图形符号的意义

符号	意义及说明
	基本图形符号。表示表面可用任何方法获得，仅适用于简化代号标注，当基本符号与补充的或辅助的说明一起使用时，则不需要进一步说明表面是否去除材料
	扩展图形符号。在基本符号上加一短横，表示指定表面是用去除材料的方法获得，如车、铣、钻、磨、抛光、腐蚀、电火花加工、气割等
	扩展图形符号。在基本符号上加一圆圈，表示指定表面是用不去除材料的方法获得，如锻、铸、冲压变形、热轧、冷轧、粉末冶金等；或是用于保持原供应状况的表面（包括保持上道工序的状况）
	完整图形符号。上述三个符号的长边上均可加一横线，用于标注有关说明和参数
	当在图样某个视图上构成封闭轮廓的各表面有相同的表面结构要求时，应在上述三个符号的 长边上加一圆圈，标注在图样中工件的封闭轮廓线上，当标注会引起分歧时，各表面应分别标注

3. 零件图上的技术要求

零件图上的技术要求主要包括尺寸公差、几何公差、表面粗糙度、热处理及表面处理四部分内容。

一般技术要求有两种表达形式：用符号、代号或文字标注在图样上；用简练的文字标注在标题栏附近。

（1）一般技术要求

1）去除氧化皮。

2）零件加工表面上，避免出现划痕、擦伤等损伤零件表面的缺陷。

3）去除毛刺飞边。

（2）热处理要求

1）经调质处理：25 ～ 30HRC（如碳钢或合金钢）。

2）零件进行高频淬火：350 ～ 370℃回火，40 ～ 50HRC（如碳钢或合金钢）。

3）渗碳深度为 0.3mm（如低碳钢或中碳钢）。

4）进行高温时效处理（如钢、铝、铜、镁、钛等及其合金也都可以热处理）。

（3）公差要求

1）未注几何公差应符合 GB/T 1184—1996 的要求。

2）未注尺寸公差应符合 GB/T 1804—2000 的要求。

（4）零件棱角

1）未注圆角为 *R*××（数值视情况而定）。

2）未注倒角为 *C*××（数值视情况而定）。

3）锐角倒钝。

（5）铸件要求

1）铸件表面上不允许出现冷隔、裂纹、缩孔和穿透性缺陷等严重缺陷。

2）铸件整体在完工后要进行清理，避免出现毛刺、裂纹，非加工表明上的浇冒口应清理与铸件表面齐平。

3）铸字和标记要清晰、易辨别，其位置和字体需要符合图样要求。

4）铸件的表面应该消除浇冒口、飞刺，非加工表面上的浇冒口残留量要铲平、磨光。

（6）涂装要求

1）所有需要进行涂装的钢铁制件表面在涂漆前，必须将铁锈、氧化皮、油脂、灰尘、泥土、盐和污物等除去。

2）除锈前，先用有机溶剂、碱液、乳化剂、蒸汽等除去钢铁制件表面的油脂、污垢。

4. 材料种类

钢的性能见表 B-1-2。

表 B-1-2　钢的性能

分类	牌号	性能
碳素结构钢（GB/T 700—2006）	Q235（A3）	屈服强度为 235MPa，Q235 的含碳量分为 A、B、C、D 四级：A 级含碳量为 0.14% ~ 0.22%；B 级含碳量为 0.12% ~ 0.20%；C 级含碳量为小于等于 0.18%；D 级含碳量为小于等于 0.17%，其塑性较好，仅保证机械性能，不保证化学性能
优质碳素结构钢（GB/T 699—2015）	45	屈服强度为 355MPa，含碳量为 0.45%，既保证机械性能，又保证化学性能
碳素工具钢（GB/T 3278—2001）	T10	硬度高，HRC 可达 62，含碳量为 1%，硬而脆
高速工具钢（GB/T 9943—2008）	W18Cr4V	硬度高，HRC 可达 62，含碳量为 0.75%，另含有钨、铬、钒等合金元素，故能耐磨和耐高温

5. 尺寸公差（GB/T 1800.1—2020）

尺寸公差是上极限尺寸减下极限尺寸之差的绝对值，即允许尺寸的变动量，简称公差。公差是设计时根据零件要求的精度并考虑加工时的经济性能，对尺寸的变动范围给定的允许值。

在图样上和技术文件上标注极限偏差数值时，上极限偏差标在公称

公称尺寸和偏差

尺寸的右上角，下极限偏差标在公称尺寸的右下角。特别要注意的是，当偏差为零时，必须在相应位置上标“0”而不能省略，如图 B-1-1 所示。

尺寸公差的表达式——公称尺寸 $^{上极限偏差}_{下极限偏差}$

示例：

$\phi45^{+0.104}_{+0.020}$　　$\phi50^{\ 0}_{-0.025}$　　85±0.027

图 B-1-1　尺寸公差表达式

例：求孔 $\phi50^{\ 0}_{-0.25}$ 的公差。

解：孔的上极限尺寸：50+0=50（mm）　孔的下极限尺寸：50+（−0.025）=49.975（mm）

公差 =| 上极限尺寸 − 下极限尺寸 |=50−49.975=0.025（mm）

（1）标准公差系列

公差值的大小反映了尺寸允许的变动量。标准中所规定的任一公差称为标准公差，标准公差系列见表 B-1-3。

表 B-1-3　标准公差系列

公称尺寸		公差值														
		IT4	IT5	IT6	IT7	IT8	IT9	IT10	IT11	IT12	IT13	IT14	IT15	IT16	IT17	IT18
大于	到	μm								mm						
−	3	3	4	6	10	14	25	40	60	0.1	0.14	0.25	0.4	0.6	1	1.4
3	6	4	5	8	12	18	30	48	75	0.12	0.18	0.3	0.48	0.75	1.2	1.8
6	10	4	6	9	15	22	36	58	90	0.15	0.22	0.36	0.58	0.9	1.5	2.2
10	18	5	8	11	18	27	43	70	110	0.18	0.27	0.43	0.7	1.1	1.8	2.7
18	30	6	9	13	21	33	52	84	130	0.21	0.33	0.52	0.84	1.3	2.1	3.3
30	50	7	11	16	25	39	62	100	160	0.25	0.39	0.62	1	1.6	2.5	3.9
50	80	8	13	19	30	46	74	120	190	0.3	0.46	0.74	1.2	1.9	3	4.6
80	120	10	15	22	35	54	87	140	220	0.35	0.54	0.87	1.4	2.2	3.5	5.4
120	180	12	18	25	40	63	100	160	250	0.4	0.63	1	1.6	2.5	4	6.3
180	250	14	20	29	46	72	115	185	290	0.46	0.72	1.15	1.85	2.9	4.6	7.2
250	315	16	23	32	52	81	130	210	320	0.52	0.81	1.3	2.1	3.2	5.2	8.1
315	400	18	25	36	57	89	140	230	360	0.57	0.89	1.4	2.3	3.6	5.7	8.9
400	500	20	27	40	63	97	155	250	400	0.63	0.97	1.55	2.5	4	6.3	9.7

注：公称尺寸小于或等于 1mm 时，无 IT4 至 IT18。

（2）标准公差等级

1）国家标准设置了 20 个公差等级，分别用 IT01、IT0、IT1、…、IT18 表示。从 IT01 到 IT18，相应的公差数值依次加大、精度依次降低。

2）尺寸精度越高，零件的工艺过程越复杂，加工成本也越高。因此在设计零件时，应在保证零件的使用性能的前提下，尽量选用较低的尺寸精度。

6. 基本偏差系列（GB/T 1800.1—2020）

1）基本偏差是指用来确定公差带相对于零线位置的上极限偏差或下极限偏差，一般是指靠近零线的那个偏差。基本偏差用拉丁字母表示，大写字母代表孔，小写字母代表轴。

2）为了满足各种不同配合的需要，并满足生产标准化的要求，国际上对孔和轴各设定了 28 个基本偏差，见表 B-1-4。

表 B-1-4　孔和轴的基本偏差代号

孔和轴的基本偏差代号																								
孔	A	B	C	D	E	F	G	H	J	K	M	N	P	R	S	T	U	V	X	Y	Z			
				CD		EF	FG		JS													ZA	ZB	ZC
轴	a	b	c	d	e	f	g	h	j	k	m	n	p	r	s	t	u	v	x	y	z			
				cd		ef	fg		js													za	zb	zc

7. 公差带（GB/T 1800.1—2020）

如图 B-1-2 和图 B-1-3 所示，公差带是指在公差带图中，由代表上极限偏差和下极限偏差或上极限尺寸和下极限尺寸的两条直线所限定的一个区域。公差带包括公差带大小与公差带位置两个要素，前者由标准公差确定，后者由基本公差确定（ES、es 代表上极限偏差，EI、ei 代表下极限偏差）。

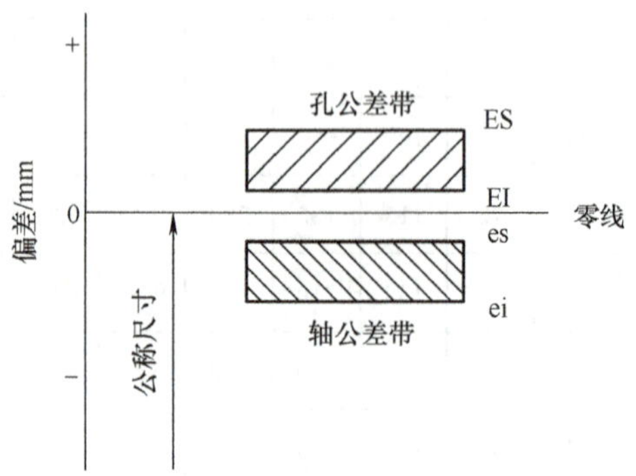

图 B-1-2　公差带图

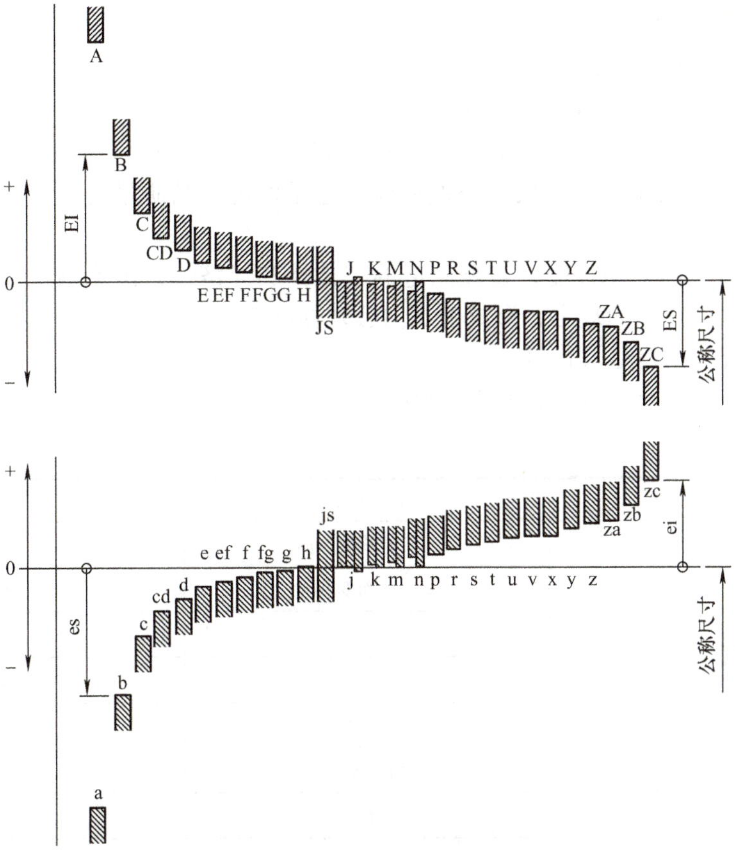

图 B-1-3　基本偏差系列示意图

8. 配合（GB/T 1800.1—2020）

公称尺寸相同且相互结合的孔和轴的公差带之间的关系称为配合。配合反映的是孔与轴装配在一起的松紧程度。

配合的种类有间隙配合、过盈配合和过渡配合三种，如图 B-1-4 所示。

1）间隙配合：配合中的一对孔和轴，孔公差带完全在轴公差带之上。

2）过盈配合：配合中的一对孔和轴，孔公差带完全在轴公差带之下。

3）过渡配合：配合中的一对孔和轴，孔公差带与轴公差带发生交叠，这是介于间隙配合与过盈配合之间的一种配合关系。

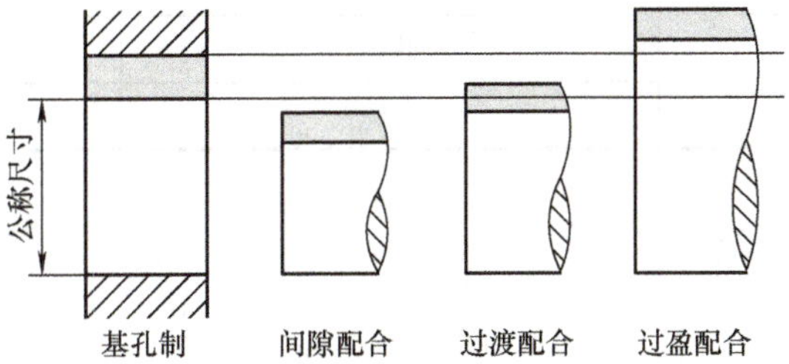

图 B-1-4　配合

9. 几何公差（GB/T 1182—2018）

（1）几何公差基本知识

零件加工时不仅尺寸有误差，几何形状和相对位置也会有误差。为了满足使用和装配要求，零件的几何形状和相对位置由几何公差来保证，所以几何公差与表面粗糙度、尺寸公差一样，也是评价产品质量的一项重要技术指标。

几何公差

为了保证零件的使用性能，兼顾制造的工艺性和经济性，国家制定了一系列针对几何公差的规定，形成了几何公差标准簇。

（2）几何公差的符号及代号

几何公差的符号及代号见表 B-1-5 所示。

表 B-1-5　几何公差的符号及代号

公差类型	几何特征	符号
形状公差	直线度	—
	平面度	▱
	圆度	○
	圆柱度	⌭
	线轮廓度	⌒
	面轮廓度	⌓
方向公差	平行度	∥
	垂直度	⊥
	倾斜度	∠
	线轮廓度	⌒
	面轮廓度	⌓
位置公差	位置度	⌖
	同心度（用于中心点）	◎
	同轴度（用于轴线）	◎
	对称度	⌯
	线轮廓度	⌒
	面轮廓度	⌓
跳动公差	圆跳动	↗
	全跳动	⌰

四、能力训练

1. 任务描述

识读图 B-1-5，完成标题栏、视图选用、公差及技术要求填写。

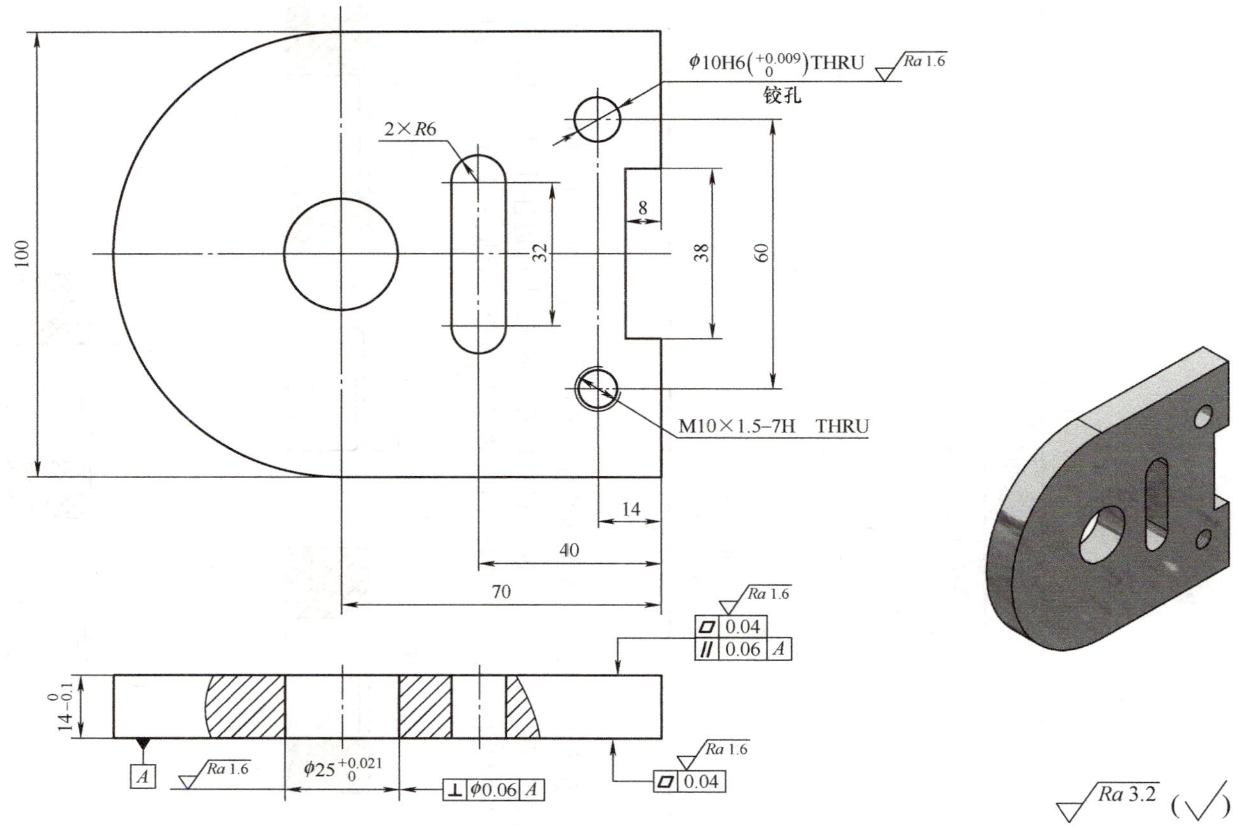

技术要求
1. 锐边去毛刺；
2. 零件加工不得去除印记号；
3. 未注尺寸公差按GB/T 1804–m加工和检测；
4. 未注几何公差按GB/T 1184–c；
5. 毛坯尺寸125mm×105mm×15mm。

钻模板			比例	材料	图号
			1∶1	Q235	A3
制图		数量			
审核		1			

图 B-1-5 钻模板零件图

2. 注意事项

机械识图时应注意：

1）识读图样时，工具、学习资料摆放整齐。

2）环境安静、整洁。

3. 零件图识读

钻模板零件图识读见表 B-1-6。

表 B-1-6　钻模板零件图识读

序号	步骤	操作方法及使用说明	质量标准
1	识读标题栏	零件名称为钻模板，图号为 A3，材料为 Q235，数量为 1，比例 1 ：1	识读准确
2	识读视图	主视图和局部剖视的俯视图	识读准确
3	识读公差和技术要求	厚度尺寸：$14_{-0.1}^{\ 0}$ 孔尺寸：$\phi25_{\ 0}^{+0.021}$、$\phi10_{\ 0}^{+0.009}$ 几何公差：平面度 0.04、垂直度 0.06、平行度 0.06 表面粗糙度：$Ra1.6$、$Ra3.2$	识读准确

4. 问题情境

尺寸公差与配合在零件图图样上有不同的标注方法，请详细分析其不同的标注方式。

提示：在零件图上标注方式有三种形式，即在基本尺寸右边注出公差带代号（见图 B-1-6）、在基本尺寸右边注出极限偏差数值（见图 B-1-7）和两者同时注出（见图 B-1-8）。

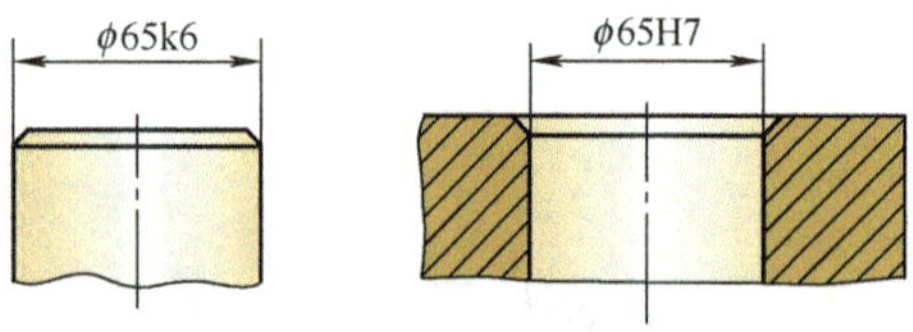

图 B-1-6　基本尺寸右边注出公差带代号

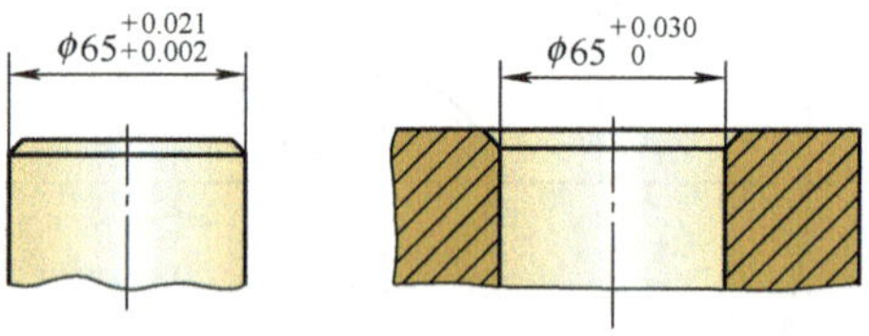

图 B-1-7　基本尺寸右边注出极限偏差数值

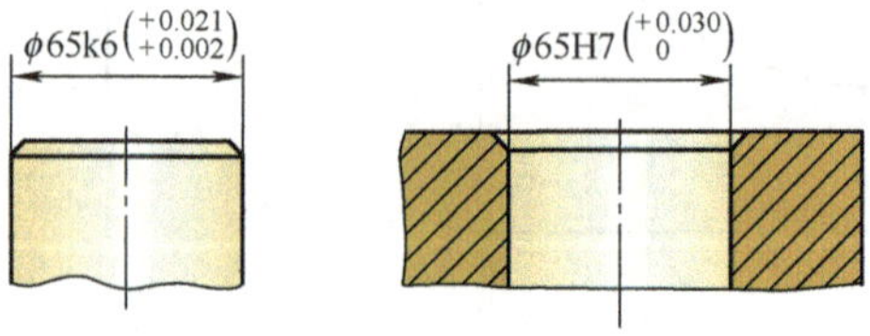

图 B-1-8　基本尺寸右边同时注出公差带代号和极限偏差数值

5. 学习结果评价

零件图识读评价表见表 B-1-7。

表 B-1-7　零件图识读评价表

班级：________　姓名：________　学号：________　成绩：________

序号	评价内容	评价标准	评价结果（优、良、合格、不合格）
1	识读标题栏	能正确识读标题栏内容	
2	识读视图	能正确识读三视图内容	
3	识读公差和技术要求	能正确识读尺寸公差、几何公差和表面粗糙度等	
4	安全文明	无安全隐患，无违章操作	

五、课后作业

选择题

（1）图样中所注的尺寸为该图样所示物体的（　　），否则应另加说明。

A. 留有加工余量尺寸　　B. 最后完工尺寸

C. 加工参考尺寸　　D. 有关测量尺寸

（2）表面粗糙度是（　　）误差。

A. 宏观几何形状　　B. 微观几何形状

C. 宏观相互位置　　D. 微观相互位置

（3）选择表面粗糙度评定参数值时，下列论述不正确的有（　　）。

A. 同一零件上，工作表面应比非工作表面参数值大

B. 摩擦表面应比非摩擦表面的参数值小

C. 配合质量要求高时，表面粗糙度参数值应小

D. 受交变载荷的表面，表面粗糙度参数值应小

（4）基本偏差是（　　）。

A. 轴的上极限偏差　　B. 孔的下极限偏差

C. 与上、下极限偏差无关　　D. 上、下极限偏差中靠近零线者

（5）可以根据具体情况规定不同形状的公差带的几何公差特征项目是（　　）。

A. 直线度　　B. 平面度

C. 圆度　　D. 同轴度

（6）被测轴线的直线度公差与它对基准轴线的同轴度公差的关系是（　　）。

A. 前者一定等于后者　　B. 前者一定大于后者

C. 前者不得大于后者　　D. 前者不得小于后者

（7）当孔的上极限尺寸与轴的下极限尺寸之代数差为正值时，此代数差称为（　　）。

A. 最大间隙　　B. 最小间隙

C. 最大过盈　　D. 最小过盈

职业能力 B-1-2　能根据加工要求选择划线工具

一、核心概念

划线作用　　划线工具

二、学习目标

1. 能简述划线的作用。
2. 能根据划线要求，选择划线工具。
3. 培养学生科学、严谨、细致的学习态度，提高划线的准确性和效率，增强对钳工技能的兴趣和责任感。

三、基本知识

1. 划线的作用

划线是机械加工中的一道重要工序，广泛用于单件或小批量生产。

1）确定工件加工的位置与加工余量，给下一道工序划定明确的尺寸界限。

2）能够及时发现和处理不合格毛坯，避免不合格毛坯流入加工中，造成损失。划线不仅能使加工有明确的界限，而且能够及时发现和处理不合格的毛坯，在毛坯误差不太大时，往往可通过划线的借料法予以补救，使零件加工尺寸仍符合加工要求。

3）合理分配各加工面的余量。加工余量的大小直接影响加工后的应力变形，严重时会使零件的变形不均匀而导致尺寸超差。

2. 常用的划线工具

主要用于机械加工中的划线工序，广泛用于单件或小批量生产之中。

（1）基准工具

基准工具有直角铁、V 形铁、方箱和划线平台，如图 B-1-9 所示。

划线平台由铸铁材料和大理石等制成，工作表面经过刮削加工，作为划线时的基准平面，如图 B-1-10 所示。

图 B-1-9　基准工具

图 B-1-10　划线平台

（2）划针

用来划线条的工具，常与钢直尺、直角尺或样板等导向工具一起使用。如图 B-1-11 所示，划针端部磨尖成 15° ～ 20° 的夹角，长度为 200 ～ 300mm。划针的握法与铅笔相似，针尖上部向外侧倾斜 15° ～ 20°，向划针前进方向倾斜 45° ～ 75°，如图 B-1-12 所示。划线时用力要均匀，大小要适宜。

划针划线方法

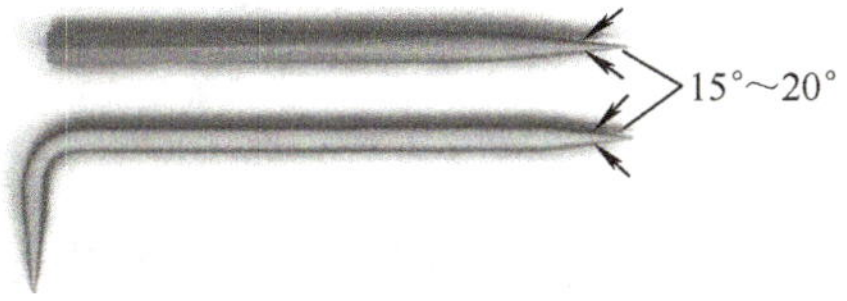

图 B-1-11　划针端部角度

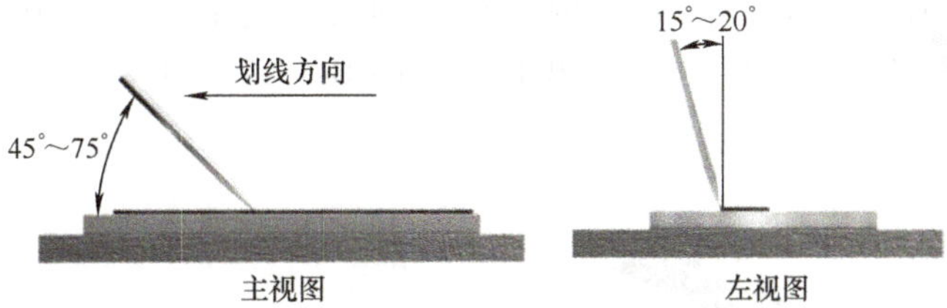

图 B-1-12　划线角度

（3）划规

用来划圆弧、等分线段、等分角度和量取尺寸等，如图 B-1-13 所示。

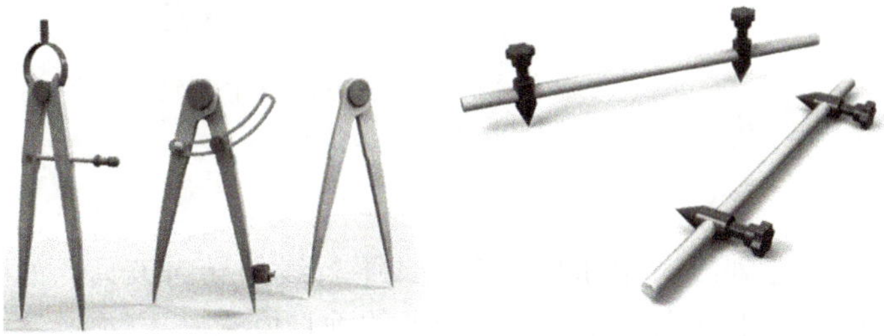

划规划线方法

图 B-1-13　划规

（4）划线盘

在划线平台上用来对工件进行划线或找正工件正确位置的工具。划线盘的直头用来划线，弯头用于找正，如图 B-1-14 所示。

（5）游标高度卡尺

由尺身、游标尺、划线头和底座等组成，能直接表示出高度尺寸，其分度值一般为 0.02mm。游标高度卡尺既能测量工件的高度尺寸，又能作为精密划线工具使用，使用时应使划线头垂直于工件，并一次划出，如图 B-1-15 所示。

游标高度卡尺划线方法

图 B-1-14　划线盘

图 B-1-15　游标高度卡尺

（6）样冲

用于在工件所划加工线条上打样冲眼（冲点），作加强界限标志和作圆弧或钻孔时的定位中心，如图 B-1-16 所示。

（7）钢直尺

是一种简单的尺寸量具，尺面上刻有尺寸刻线，最小标尺间距为 0.5mm，长度有 150mm、300mm、500mm、1000mm 等规格，如图 B-1-17 所示。

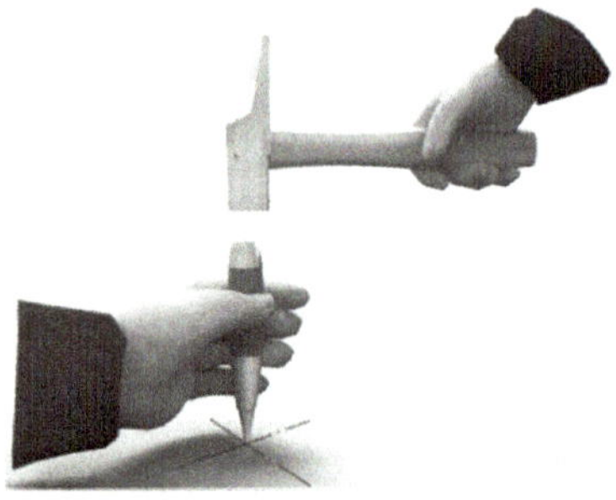

图 B-1-16　打样冲眼

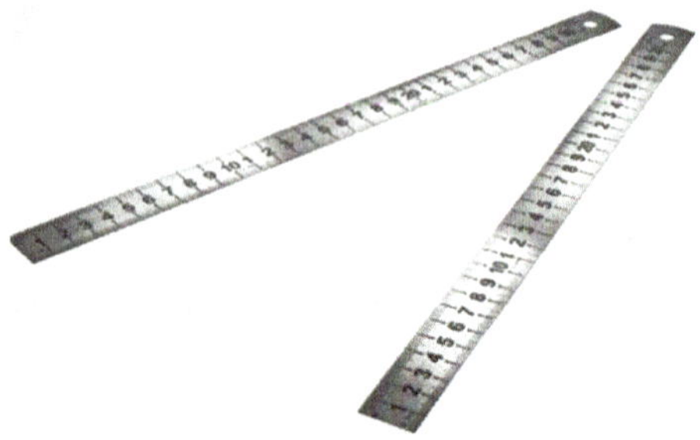

图 B-1-17　钢直尺

（8）直角尺

直角尺如图 B-1-18 所示，在划线时用作划垂直线或平行线的导向工具，如图 B-1-19 和图 B-1-20 所示，也可用来找正工件表面在划线平台上的垂直位置。

图 B-1-18　直角尺

图 B-1-19　直角尺划垂直线

图 B-1-20　直角尺划平行线

四、能力训练

1. 任务描述

图 B-1-21 所示为需要进行划线的零件，分析其划线需要用到哪些划线工具。

直角尺使用方法

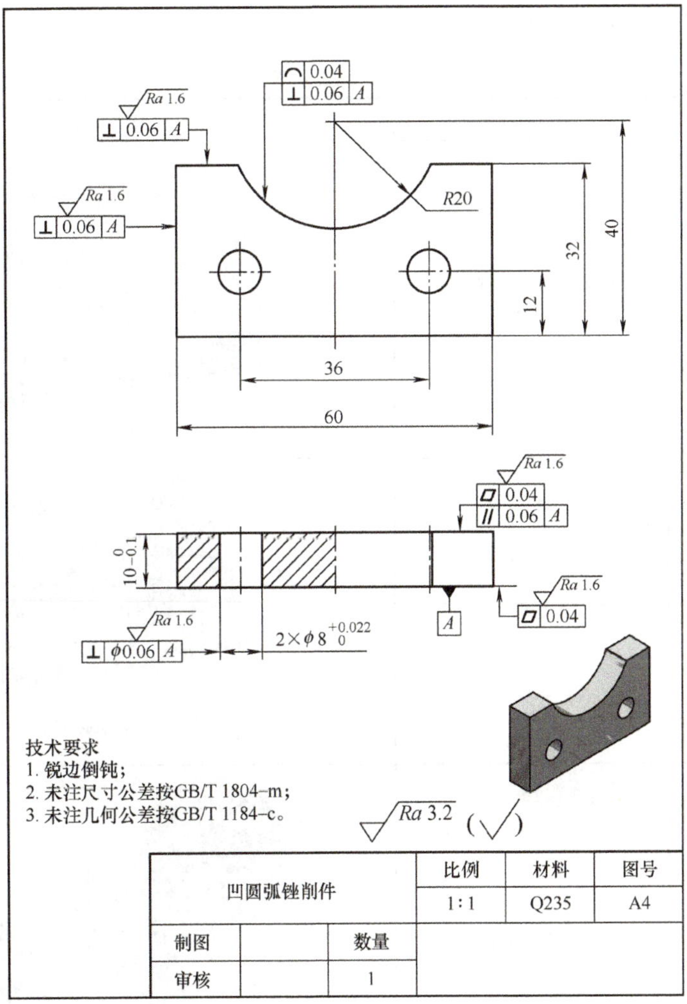

图 B-1-21 凹圆弧锉削件零件图

2. 操作条件

工量具：游标高度卡尺、钢直尺、V 形铁、样冲、划针、划规和锤子。

材料：毛坯尺寸为 61mm × 42mm × 12mm。

3. 注意事项

1）使用划线工具时，注意轻拿、轻靠、轻放，防止变形，不允许放在潮湿或有酸类气体的地方，以防锈蚀。

2）使用前，应检查游标高度卡尺底座工作面是否有毛刺或擦伤，底座工作面和检测用的平板是否清洁，划线头是否完好、是否紧固等。

3）移动游标高度卡尺时，应握持底座，不允许只抓住尺身，否则容易使游标高度卡尺跌落或使尺身变形。

4）工具用完后，仔细擦净，抹上防护油，平放在盒内，以防生锈或弯曲。

4. 选用划线工具

划线工具选用见表 B-1-8 所示。

表 B-1-8　划线工具选用

序号	步骤	选用工具	质量标准
1	选用划直线工具	游标高度卡尺、钢直尺、划针	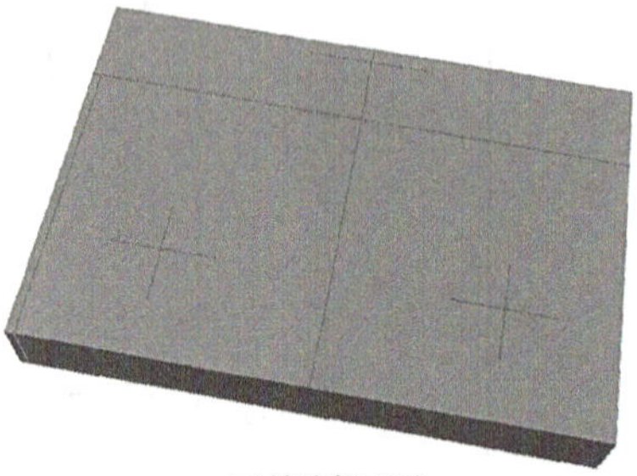 工具选择正确
2	选用划圆弧工具	划规	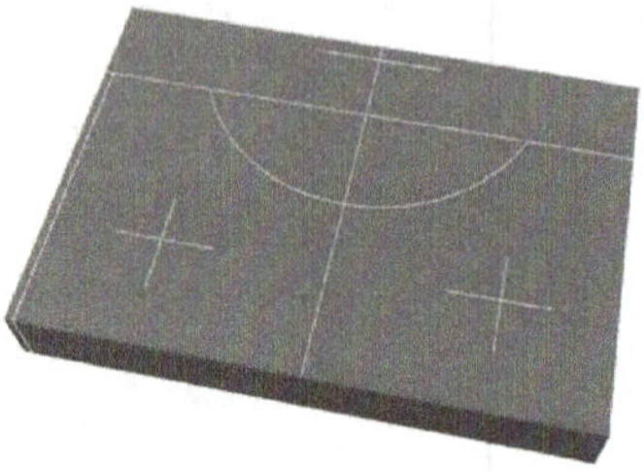 工具选择正确
3	选用打样冲工具	样冲、锤子	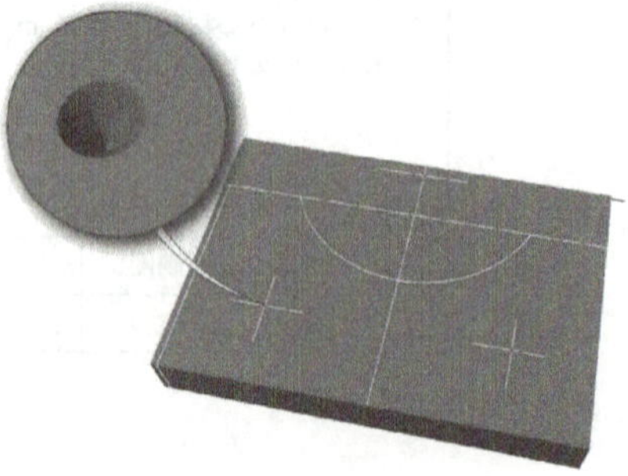 工具选择正确

5. 问题情境

问题情境：小明现在需要对一个立体模型进行划线，请分析基于不同方法如何选用立体划线支撑工具。

立体划线基本方法如下。

（1）直接翻转法

如图 B-1-22 所示，选用方箱或 V 形铁安装工件，划完一个平面后，再划另一个平面。一般用于小型工件的划线，装夹方便、划线准确。

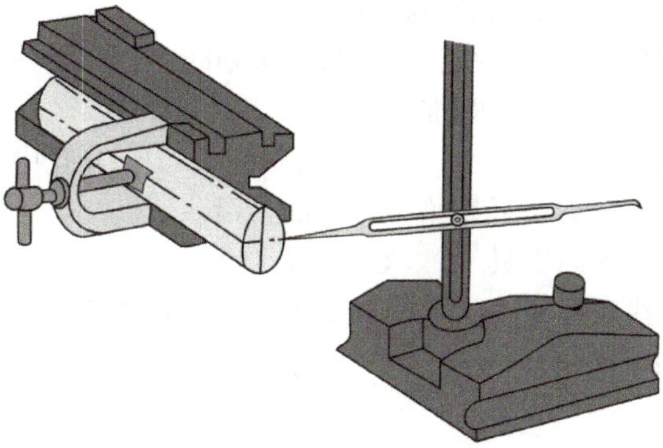

图 B-1-22　直接翻转法

（2）顶垫划线法

如图 B-1-23 所示，选用用千斤顶或其他垫块、夹具等将工件支承起来，进行找正划线。一般用于中型工件划线，工件调整方便，但找正比较慢。

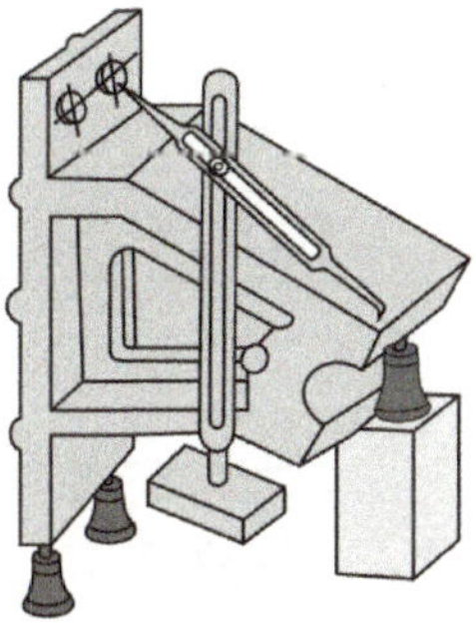

图 B-1-23　顶垫划线法

6. 学习结果评价

划线工具选用评价表见表 B-1-9。

表 B-1-9　划线工具选用评价表

班级：________　姓名：________　学号：________　成绩：________

序号	评价内容	评价标准	评价结果（优、良、合格、不合格）
1	划线工具类型与作用	能概述划线类型与作用	
2	划线工具选用	能正确选用划直线工具	
		能正确选用划圆弧工具	
		能正确选用打样冲工具	
3	安全文明	无安全隐患，无违章操作	

五、课后作业

1. 选择题

（1）对同一工件而言，把毛坯划线称为（　　）。

A. 第一次划线　B. 第二次划线　C. 第三次划线　D. 第四次划线

（2）在划高度尺寸线时，划线基准常选（　　）。

A. 侧平面　B. 上平面　C. 底平面　D. 孔中心线

（3）用划针划线时，针尖要紧靠（　　）的边沿。

A. 工件　B. 导向工具　C. 平板

（4）毛坯工件通过找正后划线，可使加工表面与不加工表面之间保持（　　）均匀。

A. 尺寸　B. 形状　C. 尺寸和形状

2. 简答题

使用划针划线时应该注意什么？

职业能力 B-1-3　能对零件进行清理及表面涂色

一、核心概念

零件表面清理　　划线涂料

二、学习目标

1. 能简述零件清理的作用。
2. 能简述零件清理的方法。
3. 能简述涂料的种类和特性。
4. 能简述涂料的使用方法，并能根据零件进行表面涂色。
5. 培养学生科学、严谨、细致的学习态度，提高涂色的准确性和效率，增强对钳工技能的兴趣和责任感。

三、基本知识

1. 零件清理方法

零件清理就是除去零件表面的氧化层、毛边、毛刺、残留污垢等，为涂色和划线作准备。

（1）手工清除法

用手工的办法，使用金属刷子、刮刀等工具去清除零部件表面的污垢。还可以用棉、丝织品、合成纤维品和麂皮擦拭零部件表面，以去除污垢。

（2）机械工具清理法

用电动或者风动工具带动金属刷子、软砂轮等清除零部件表面的积碳、锈蚀和漆层等。

（3）压缩空气吹扫法

用压缩空气吹除覆盖在零部件表面的灰尘和油泥等。

（4）磨料清洗法

用压缩空气流或者压力水流导向的软磨料和硬磨料撞击零件表面，破坏污垢层，并将残渣一起带走。主要用于去除积碳、锈蚀和漆层。

2. 划线涂料

为使工件表面划出的线条清晰，划线前需在划线部位涂上一层薄而均匀的涂料，待涂料干燥后即可进行划线。根据工件材料的不同，常用的划线涂料有石灰水、龙胆紫和硫酸铜溶液等。

3. 划线涂料的配比

划线涂料的配比见表 B-1-10 所示。

表 B-1-10　划线涂料的配比

名称	配置比例	应用场合
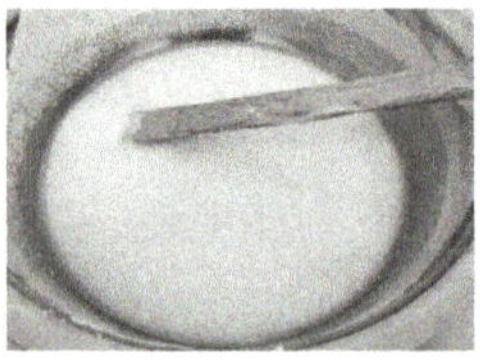 石灰水	石灰水加适量的牛皮胶	大、中型铸件和锻件毛坯
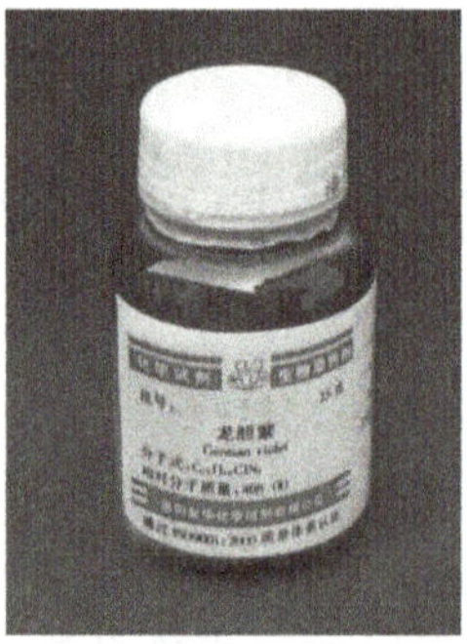 龙胆紫溶液	由 2% ～ 4% 的龙胆紫、3% ～ 5% 的漆片和 91% ～ 95% 的酒精混合而成	已加工表面
 硫酸铜溶液	100g 水中加入 1 ～ 1.5g 硫酸铜和少许硫酸	形状复杂的工件或已加工表面

四、能力训练

1. 任务描述

现有毛坯件及已加工工件需要进行划线，在划线前请选择正确的涂料进行零件表面涂色。

2. 操作条件

涂料：石灰水、龙胆紫溶液和硫酸铜溶液。

材料：毛坯件（已去除残留污垢)、已加工件（已去除毛刺、毛边)。

3. 注意事项

1）对零件进行清理、检查。

2）零件表面涂色时，涂层要薄而均匀，太厚的涂层反而容易脱落。

3）划出的线条要准确、清晰。

4. 划线涂料的选用

划线涂料的选用与涂色见表 B-1-11。

表 B-1-11　划线涂料的选用与涂色

序号	步骤	操作方法及使用说明	质量标准
1	选择毛坯件涂料	可选涂料为石灰水，并将涂料均匀涂抹在工件表面	 准确选择涂料类型
2	选择已加工件涂料	可选涂料为硫酸铜溶液或龙胆紫，并将涂料均匀涂抹在工件表面	 准确选择涂料类型

5. 问题情境

问题情境：小明需要在精密工件表面进行划线涂料，应如何进行操作。

提示：通常采用无水涂料，由香蕉水 100g、人造树脂 0.7g、火棉胶 39g、龙胆紫 1g 配制而成。配制方法：先将研成粉末状的人造树脂，缓缓加入到香蕉水里，搅拌均匀，再将研细的龙胆紫倒入调匀，最后将按配比称好的火棉胶慢慢加入，并使三者均匀混合。沉淀数小时后，进行试涂，若不易附着，可再加入少许人造树脂与香蕉水的混合液体；如果附着过牢，则易脱落，可再加入几克火棉胶。无水涂料的优点是所含水分极少，涂在工件上，工件不易锈蚀；但必须置于密封的容器内，否则容易挥发掉；使用时须注意防火，一般用于精密工件划线时涂色。

6. 学习结果评价

划线涂料选用评价表见表 B-1-12。

表 B-1-12 划线涂料选用评价表

班级：________ 姓名：________ 学号：________ 成绩：________

序号	评价内容	评价标准	评价结果（优、良、合格、不合格）
1	零件清理及表面涂色	能概述零件清理方法及表面涂色方法	
2	划线涂料选用	能正确选用毛坯件涂料	
		能正确选用已加工件涂料	
3	安全文明	无安全隐患，无违章操作	

五、课后作业

1. 选择题

（1）重要铸件、锻件的毛坯划线时所用涂料为（　　）。

A. 石灰水　　B. 锌钡白溶液　　C. 龙胆紫溶液　　D. 无水涂料

（2）在铝、铜等有色金属光坯上划线，一般涂（　　）。

A. 石灰水　　B. 龙胆紫溶液　　C. 锌钡白溶液

（3）已加工表面划线常用（　　）涂料。

A. 石灰水　　B. 蓝油　　C. 硫酸铜溶液

（4）划线常用的涂料有石灰水、硫酸铜溶液和（　　）。

A. 红丹粉　　B. 酒精色溶液　　C. 蓝墨水　　D. 蓝油

（5）蓝油应用在（　　）工件表面。

A. 铸件　　B. 锻件　　C. 已加工表面　　D. 形状复杂的工件

2. 简答题

划线常用涂料有哪些？

职业能力 B-1-4　能根据加工要求对零件进行划线

一、核心概念

平面划线　　立体划线

二、学习目标

1. 能简述平面划线和立体划线的定义。
2. 能根据图样要求选择零件划线基准。
3. 能使用磁性 V 形铁、平板、方箱等辅件。
4. 能使用划针、游标高度卡尺等工件进行平面划线和立体划线。
5. 培养学生科学、严谨、细致的学习态度，提高划线的效率和美观性，增强对机械设计的兴趣和责任感。

三、基本知识

1. 划线的概念与作用

划线是指在毛坯或工件表面上，用划线工具划出待加工部位的轮廓或作为基准的点、线的操作方法，如图 B-1-24 所示。划线能确定工件加工的位置与加工余量，给下一道工序划定明确的尺寸界限；能够及时发现和处理不合格的毛坯，避免不合格品流入加工中，造成损失；能合理分配各加工面的余量。

2. 划线的分类

（1）平面划线

只需在工件一个表面上划线就能明确表示工件加工界限的划线，如图 B-1-25 所示。平面划线又分为几何划线和样板划线。

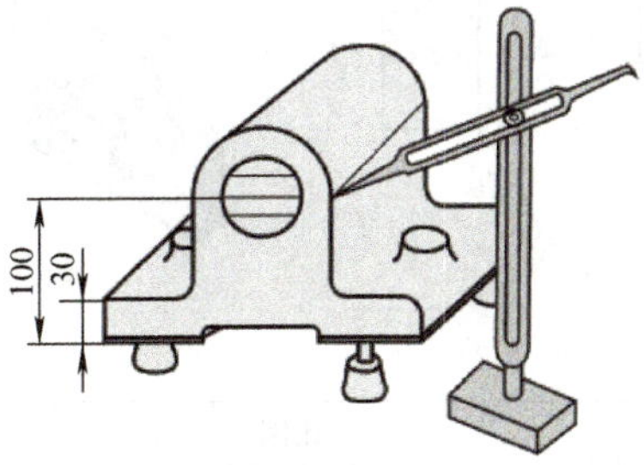

图 B-1-24　划线

图 B-1-25　平面划线

（2）立体划线

只有在工件两个以上的表面划线才能明确表示加工界限的划线，如图 B-1-26 所示。

如机床床身、箱体等表面的加工线都属于立体划线。

图 B-1-26　立体划线

3. 划线基准确定方法

用划线盘划各种水平线时，应选定某一基准作为依据，并以此来调节每次划针的高度，这个基准称为划线基准。在零件图上，设计者给定的基准是用来确定其他点、线、面位置的依据，也称为设计基准。基准是标注尺寸的起点，一般情况下，设计基准分为长度方向基准、宽度方向基准和高度方向基准。

如图 B-1-27 所示，以零件右下角为划线基准。

如图 B-1-28 所示，以小汽车左下角为划线基准。

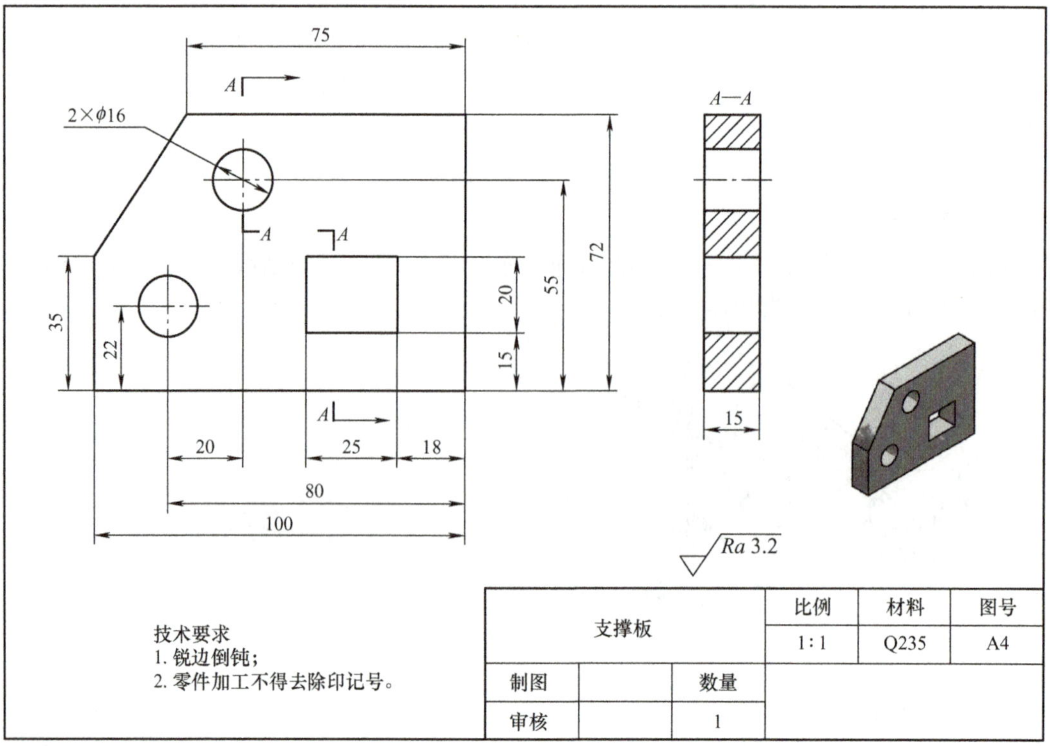

图 B-1-27　支撑板零件图

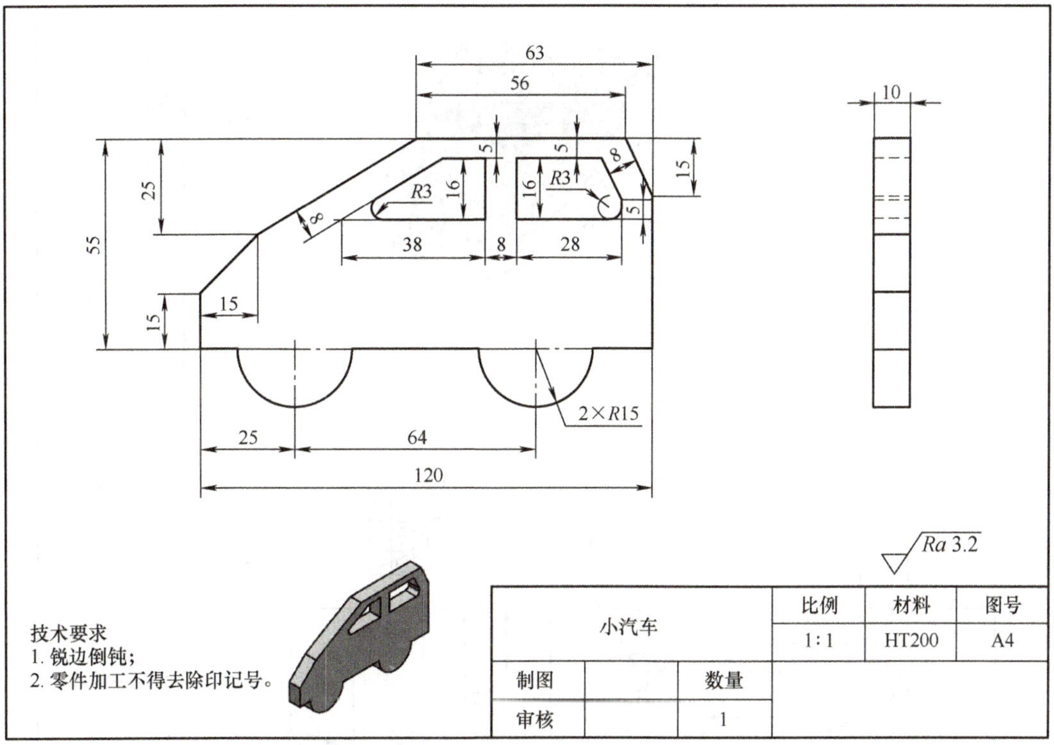

图 B-1-28　小汽车零件图

4. 划线检验要求

划线检验是对工件进行检查的一种方法，主要是检查工件的尺寸、形状、位置等方面是否符合要求。划线的基本要求是线条清晰、匀称，定形、定位尺寸准确。由于划线的线条有一定宽度，一般要求精度达到 0.25 ~ 0.5mm。应当注意，工件的加工精度不能完全由划线确定，应该在加工过程中通过测量来保证。

四、能力训练

1. 任务描述

根据图 B-1-29 所示图样的加工要求，完成零件划线（已完成零件表面涂色）。

2. 操作条件

工量具：划线工量具如图 B-1-30 ~ 图 B-1-39 所示。

材料：已完成涂色毛坯件。

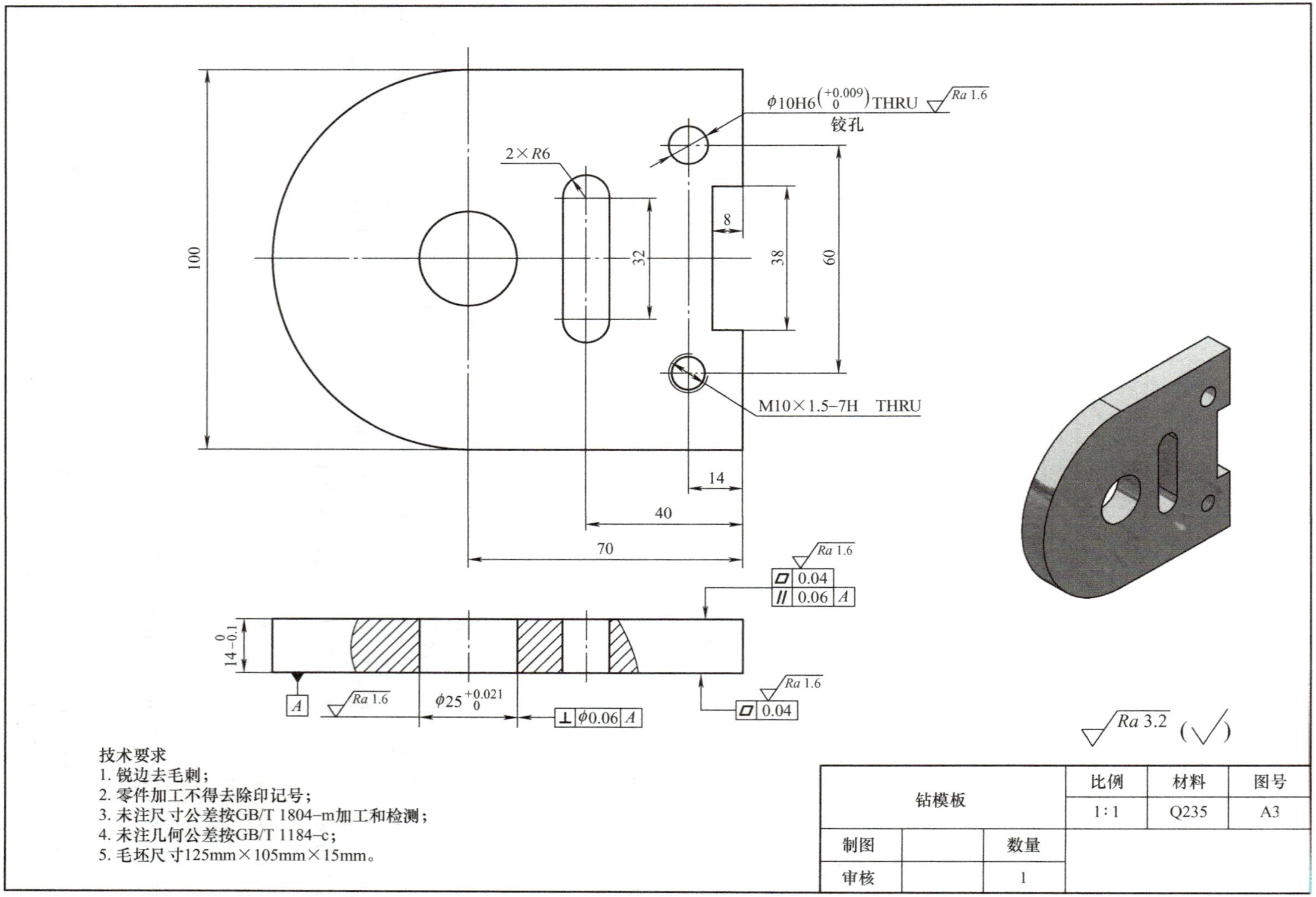

图 B-1-29 钻模板零件图

图 B-1-30　划线平台

图 B-1-31　划线盘

图 B-1-32　划针

图 B-1-33　划规

图 B-1-34　样冲

图 B-1-35　锤子

图 B-1-36　90° 直角尺

图 B-1-37　钢直尺

图 B-1-38　游标高度卡尺

图 B-1-39　V 形铁

3. 注意事项

1）划线操作时，应使划线平台的上平面保持水平，划线平台各处需要均匀使用，避免局部磨凹。不准在划线平台平面上锤敲各种物件。要经常保持划线平台的清洁，长期不用时应涂油防锈。

2）使用 V 形铁划线时，应将 V 形铁、划线平台、工件擦干净，以免影响工件轴心线与划线基准面的平行，出现划线误差。

3）划线时，不应用力过大，以免折断划针尖角。

4）使用划规时，划规两脚开合松紧度要适当，以免划线时发生自动张缩。使用划规时，在钢直尺上量取尺寸，为减少误差，应重复量取多次。

5）使用样冲时，应先使样冲向外倾斜，让样冲底部对准线条中部，然后将样冲摆正，用锤子轻打样冲顶部，避免冲眼偏离划线。

6）划线结束后，应将划线工具摆放好，以免损坏。

4. 划线操作过程

零件划线操作过程见表 B-1-13。

表 B-1-13　零件划线操作过程

序号	步骤	操作方法及使用说明	质量标准
1	基准面选择	选择零件的大平面为划线基准面	 基准面选择正确
2	划外形轮廓线	以中心线为基准，划出外形轮廓线	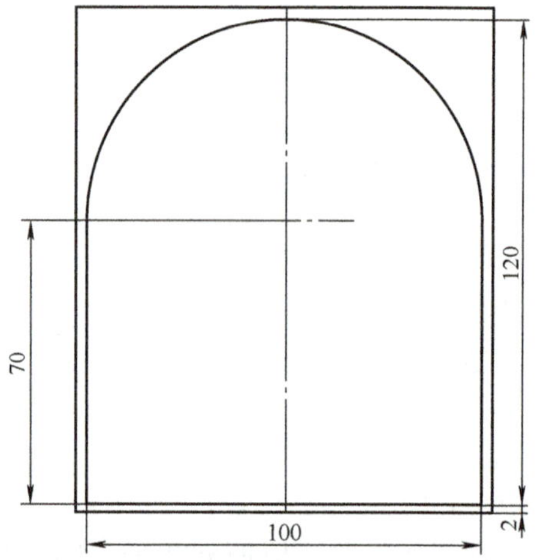 划线清晰、准确
3	划圆心线	按照图样要求划出圆孔的中心线	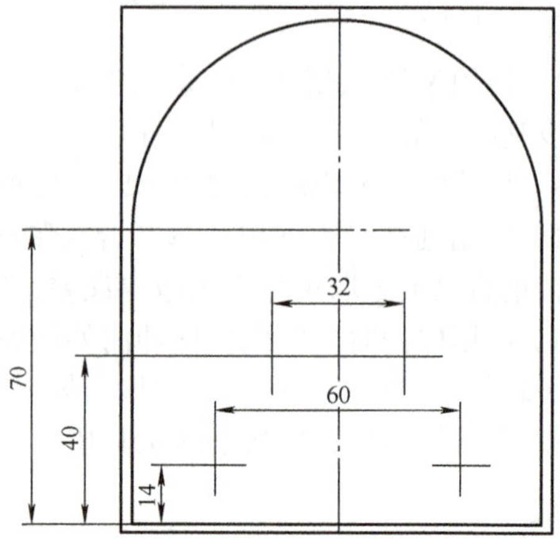 划线清晰、准确

（续）

序号	步骤	操作方法及使用说明	质量标准
4	划圆孔轮廓线	依据图样划出全部圆孔图样	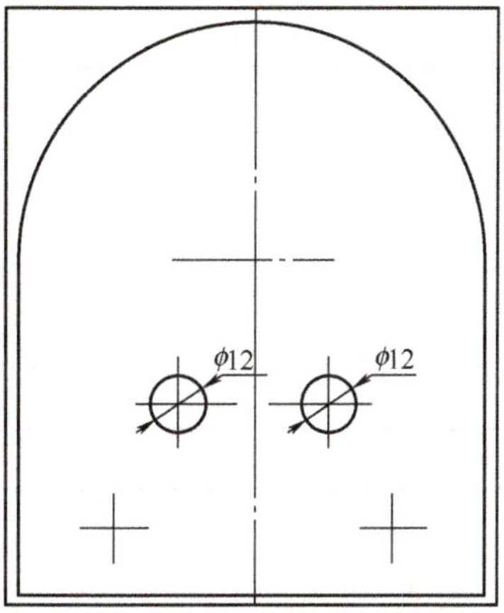 划线清晰、准确
5	划零件轮廓线	依据图样划出轮廓线	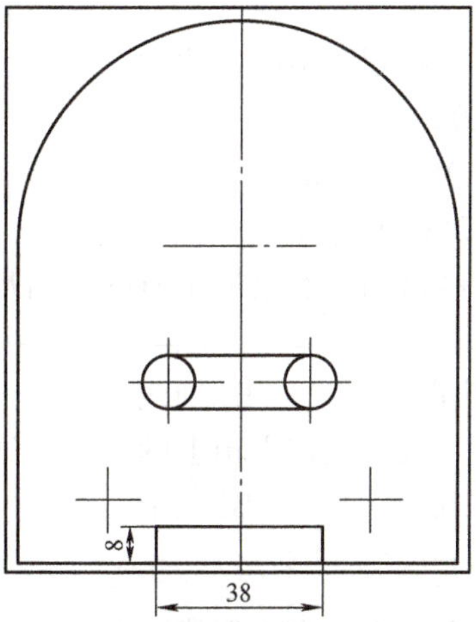 划线清晰、准确

5. 问题情境

问题情境：小明在划线时发现加工余量不够，请帮忙分析如何进行处理。

提示：通过借料来处理。对有些铸件或锻件毛坯，当按划线基准进行划线时，会出现零件毛坯某些部位的加工余量不够。通过调整和试划，将各部位的加工余量重新分配，以保证各部位的加工表面均有足够的加工余量，使有错误的毛坯得以补救，这种用划线来补救的方法称为借料。

6. 学习结果评价

零件划线评价表见表 B-1-14。

表 B-1-14　零件划线评价表

班级：________　姓名：________　学号：________　成绩：________

序号	评价内容	评价标准	评价结果（优、良、合格、不合格）
1	划线类型	能概述平面划线和立体划线的定义	
2	划线操作	能正确划中心线	
		能正确划外形轮廓线	
		能正确划圆心线	
		能正确划圆孔轮廓线	
		能正确划零件轮廓线	
3	安全文明	无安全隐患，无违章操作	

五、课后作业

1. 选择题

（1）一般划线精度能达到（　　）。

A. 0.025 ～ 0.05mm

B. 0 .25 ～ 0.5mm

C. 0.25mm 左右

（2）经过划线确定加工时的最后尺寸，在加工过程中，应通过（　　）来保证尺寸准确度。

A. 测量　　B. 划线　　C. 加工

（3）一次安装在方箱上的工件，通过方箱翻转，可划出（　　）方向的尺寸线。

A. 二个　　B. 三个　　C. 四个

2. 简答题

（1）上网查一查“划线”与“画线”有什么不同？

（2）为什么钳工在加工某些零件前需要划线？其作用是什么？

职业能力 B-1-5　能使用样冲、锤子等工具打样冲眼

一、核心概念

样冲眼　　锤子挥锤方法

二、学习目标

1. 能简述样冲的作用。
2. 能简述打样冲眼的基本原则。
3. 能使用样冲、锤子等工具在直线、曲线和交点上打样冲眼。
4. 能调节样冲的位置，在直线、曲线和交点上打样冲眼。
5. 培养学生科学、严谨、细致的学习态度，提高打样冲眼的效率和美观性，增强学生的钳工操作素养。

三、基本知识

1. 样冲眼

工件划线后，在搬运、装夹等过程中可能将线条磨掉，为保持划线标记，通常要用样冲在已划好的线上打上小而均布的样冲眼。

2. 打样冲眼的目的

1）使划线痕迹清楚，能长时间保留。

2）便于找基准孔的位置。

3）作为划规脚尖的立脚点。

4）钻孔时给钻头定位，防止钻头钻入时打滑。

3. 打样冲眼的操作方法

样冲用于划线时在线上冲出样冲眼，作为界线标志。样冲也用于划圆的中心眼，钻孔时的定位眼。样冲一般用工具钢制作，尖端要淬火。打样冲眼的操作方法如图 B-1-40 所示，其具体操作要求如下：

样冲使用方法

1）样冲尖端要对准基线的正中。

2）在直线段上打样冲眼时，样冲眼的距离可大些，在曲线上，样冲眼的距离要短些。

3）线条交叉或转折处都必须打样冲眼。

4）在薄壁零件与光滑表面冲眼时要浅些，毛坯件上打样冲眼时要深些。

4. 锤子的握法

（1）紧握法

如图 B-1-41 所示，手指紧握锤柄，大拇指压在食指上，虎口对准锤头方向（椭圆木柄的长轴方向），锤柄尾端露出 15 ～ 20mm。在挥锤和锤击过程中，五指始终紧握锤柄。由于握得较紧，容易疲劳或将手磨破，所以应尽量少用。

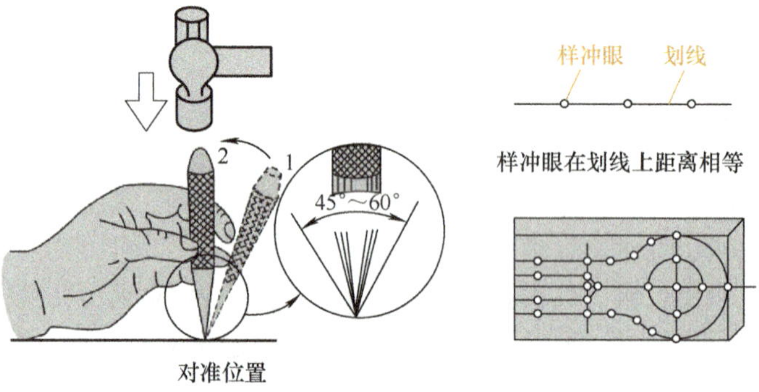

图 B-1-40　打样冲眼的操作方法

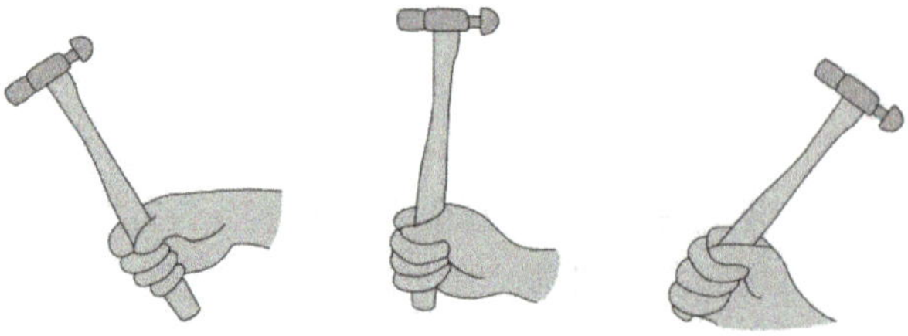

图 B-1-41　紧握法

（2）松握法

如图 B-1-42 所示，只有大拇指和食指始终紧握锤柄，在挥锤时，小指、无名指、中指则依次放松；在锤击时，又以相反的次序收拢握紧。这种握法的优点是不易疲劳，且锤击力大，因此较为常用。

锤子的组成

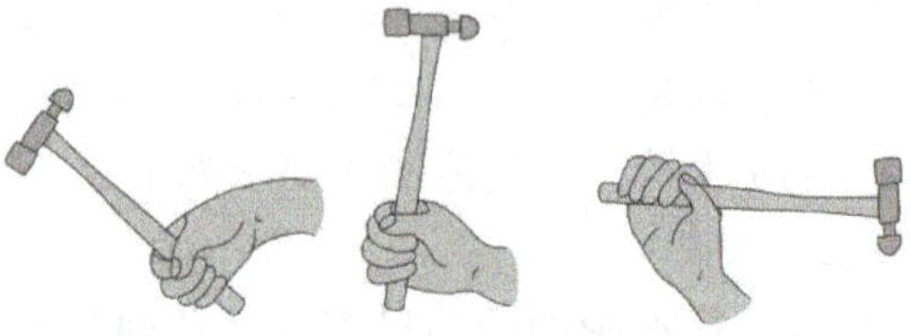

图 B-1-42　松握法

5. 挥锤方法

（1）腕挥

用手腕的动作进行锤击运动，采用紧握法握锤，如图 B-1-43 所示。

（2）肘挥

手腕与肘部一起挥动做锤击运动，采用松握法握锤，因挥动幅度较大，故锤击力也较大，这种方法应用最多，如图 B-1-44 所示。

（3）臂挥

手腕、肘和全臂一起挥动，其锤击力最大，如图 B-1-45 所示。

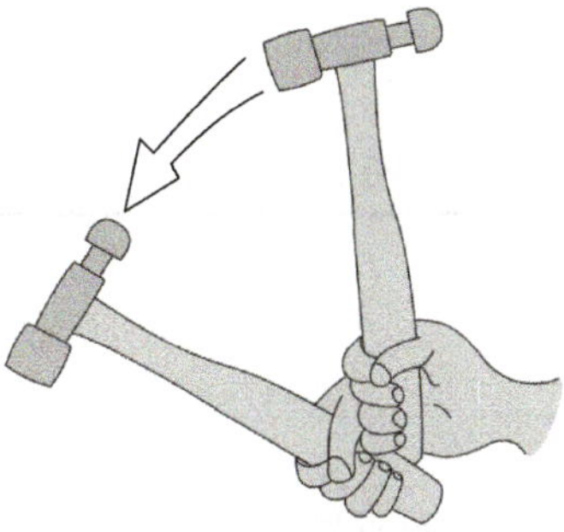

图 B-1-43　腕挥

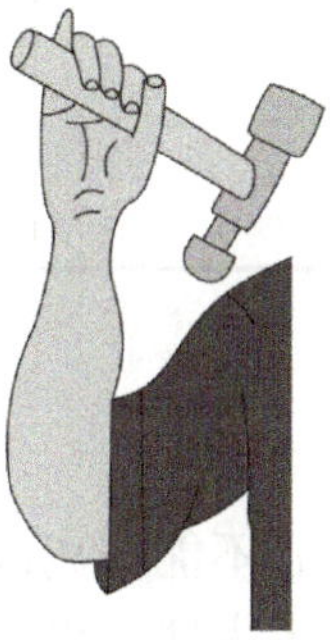

图 B-1-44　肘挥

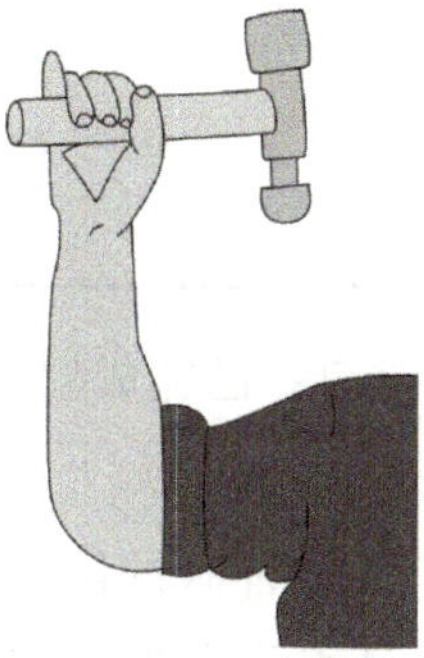

图 B-1-45　臂挥

四、能力训练

1. 任务描述

如图 B-1-46 所示，对已完成划线的毛坯件进行打样冲眼操作。

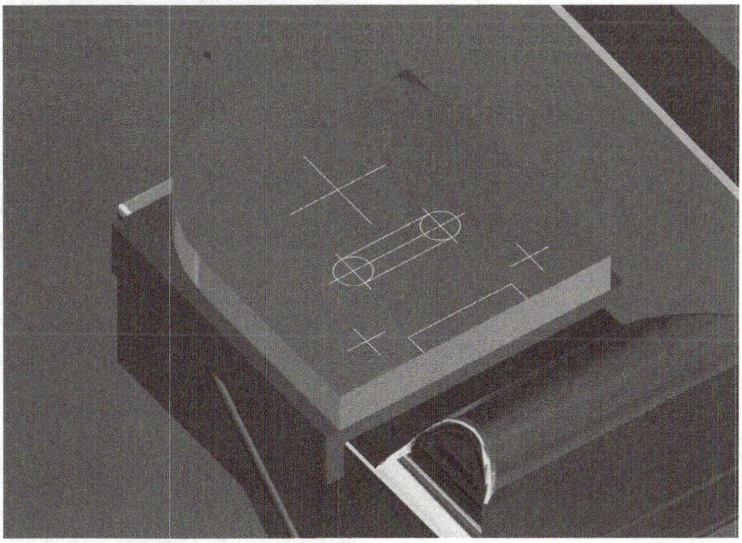

图 B-1-46　划线毛坯件

2. 操作条件

设备、工量具：实训所需工具见表 B-1-15。

表 B-1-15　实训所需工具

 样冲	 锤子

材料：已完成划线的工件。

3. 注意事项

1）样冲眼的位置要准确，冲心不能偏离线条。

2）孔中心处的样冲眼最好打得大些，以便钻孔时钻头容易对准圆心。

4. 打样冲眼

打样冲眼步骤见表 B-1-16。

表 B-1-16　打样冲眼步骤

序号	步骤	操作方法及使用说明	质量标准
1	放置样冲	手握样冲，同时手压在工件上将样冲倾斜 60°	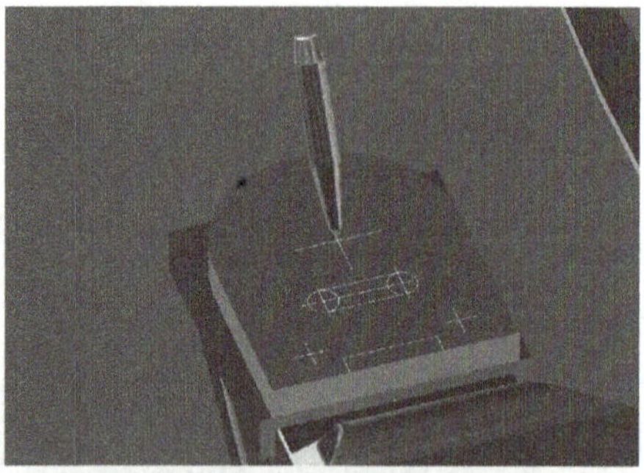 样冲放置位置精确
2	直立样冲	样冲尖部对准部位后，直立样冲，使样冲轴线与工件表面垂直	 样冲轴线与工件表面垂直

（续）

序号	步骤	操作方法及使用说明	质量标准
3	打样冲眼	用锤子垂直敲击冲头，先打一小点，从十字中心线的不同方向仔细检查，确保样冲眼在十字中心线的交叉点上，最后把样冲眼用力打正并且要打圆、打大，以便准确落钻定心，工件表面的锥坑要大小均匀	 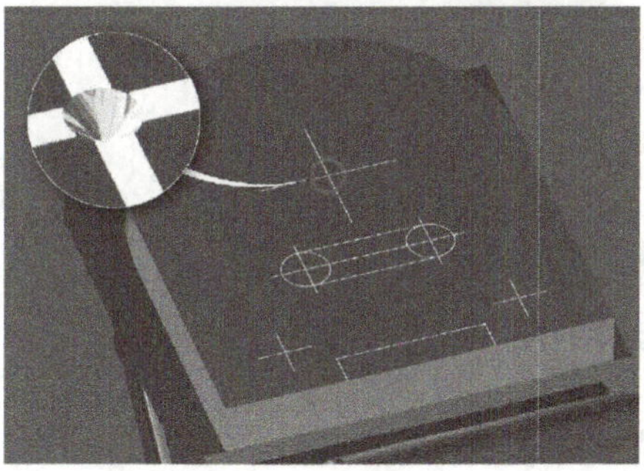 锥坑大小均匀

5. 问题情境

问题情境一：小明在打样冲眼时发现样冲打歪，试分析该如何纠正。

提示：对打歪的样冲眼，应先将样冲斜放，向交点方向轻轻敲打，当样冲的位置校正到已对准划好的线后，再把样冲直立后重敲一下，如图 B-1-47 所示。

问题情境二：小明需要在薄工件上进行打样冲，该如何进行操作。

提示：在薄壁工件上冲眼时，应放在金属平板上，而不可放在不平的工作台上，否则打样冲眼时工件会弹跳而弯曲变形，如图 B-1-48 所示。

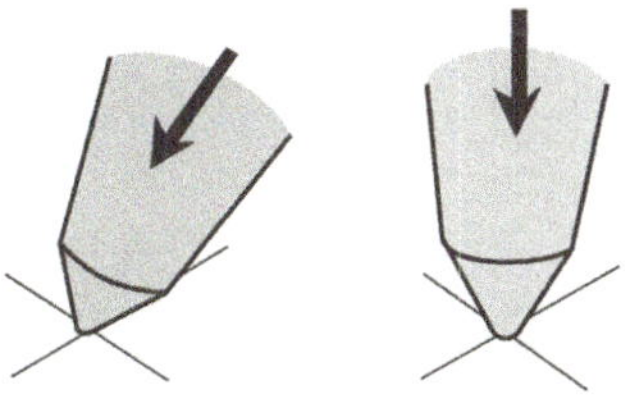

图 B-1-47　纠正打歪的样冲眼

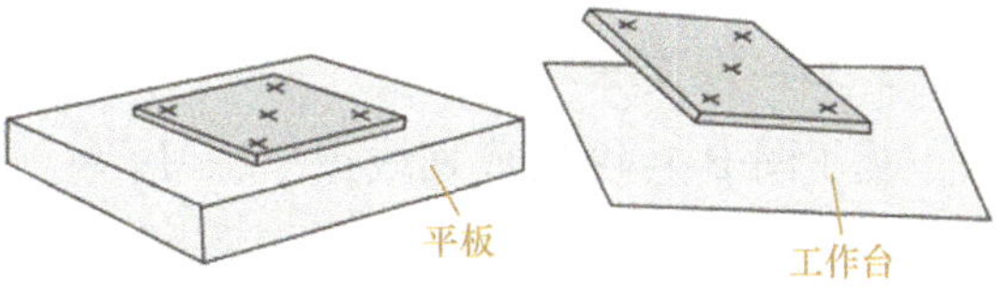

图 B-1-48　薄壁工件打样冲眼的方法

6. 学习结果评价

打样冲眼评价表见表 B-1-17。

表 B-1-17　打样冲眼评价表

班级：________　姓名：________　学号：________　成绩：________

序号	评价内容	评价标准	评价结果（优、良、合格、不合格）
1	样冲工具	能概述打样冲眼工具的使用方法	
2	打样冲眼	能正确放置样冲	
		能正确直立样冲	
		能正确打样冲眼	
3	安全文明	无安全隐患，无违章操作	

五、课后作业

1. 选择题

（1）钳工作业中，打样冲眼时不正确的做法是（　　）。

A. 薄板上打点要轻

B. 粗糙表面上打点要深

C. 软金属上可以不打点

D. 精加工表面打点要细

（2）在工件端面上（　　）部分划十字中心线，打上样冲眼，十字线引至外圆，供找正用。

A. 偏心　　B. 中心　　C. 外圆　　D. 内孔

2. 简答题

（1）打样冲眼应注意什么？

（2）打样冲眼的操作方法是什么？

3. 划线操作练习

基于图 B-1-49 完成划线操作练习。

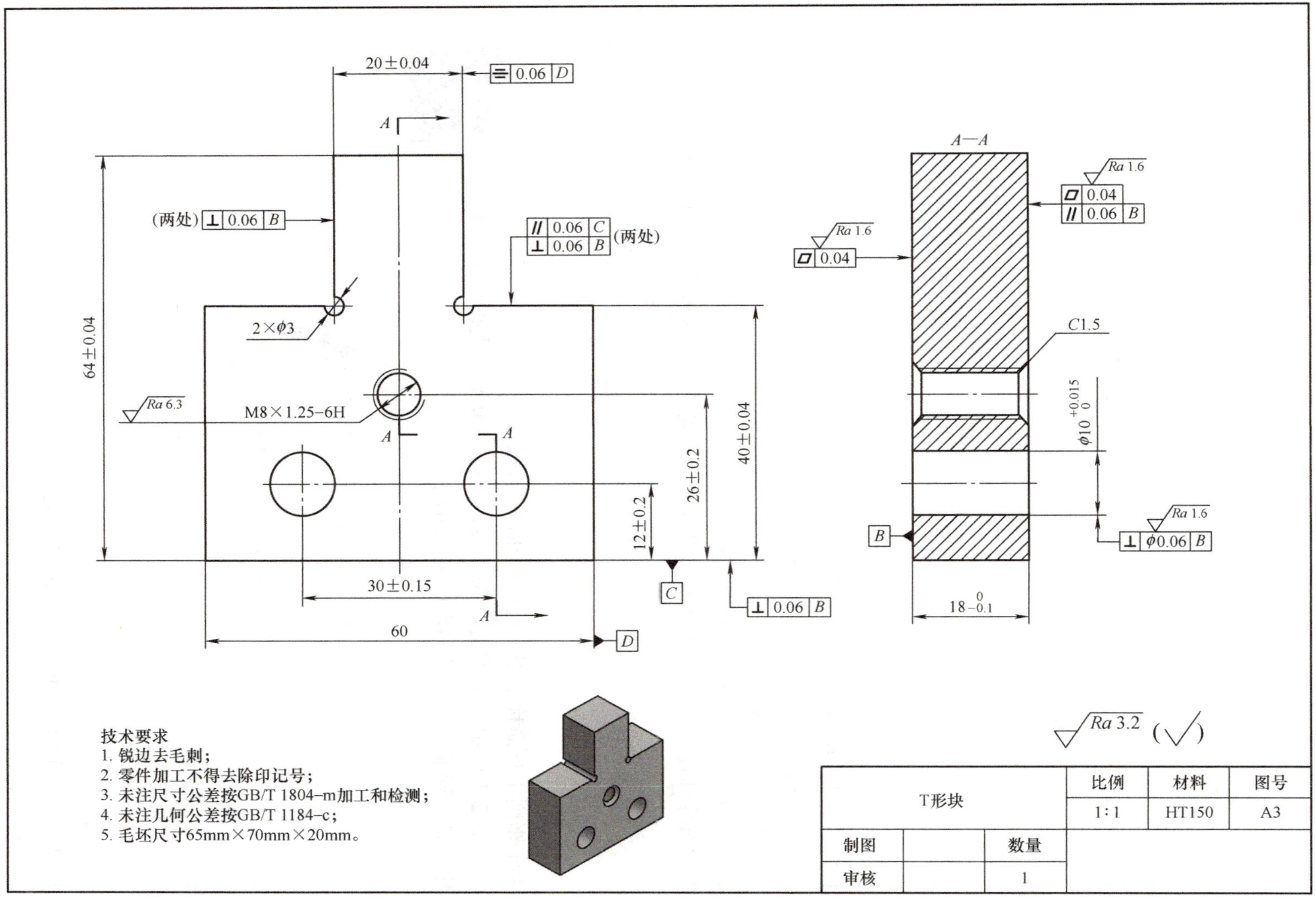

图 B-1-49 T 形块零件图

工作任务 B-2

锯割加工

职业能力 B-2-1　能正确安装锯条

一、核心概念

手锯　　锯弓　　锯条

二、学习目标

1. 能简述锯削的定义与作用。
2. 能简述锯条与锯弓的基本结构。
3. 能正确安装锯条。
4. 能检查锯条张紧程度和相对位置。
5. 培养学生吃苦耐劳、积极进取的精神，养成爱护工具和严谨工作的意识。

三、基本知识

1. 手锯

手工锯削工具简称手锯，由锯弓和锯条组成。

如图 B-2-1 所示，手锯由活动弓架、锯弓调节槽、主锯弓架、手柄、定位销、安装销、锯条和蝶形螺母组成。

手锯的组成

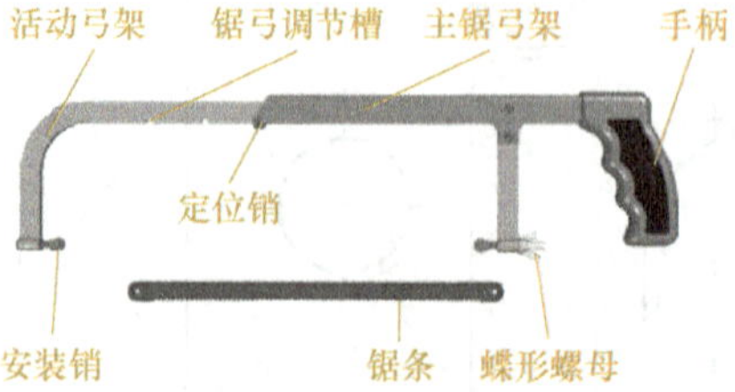

图 B-2-1　手锯组成

2. 锯弓

（1）固定式锯弓

只可使用一种规格的锯条，如图 B-2-2 所示。

（2）可调式锯弓

因弓架由两段组成，可使用几种不同规格的锯条，如图 B-2-3 所示。

图 B-2-2　固定式锯弓

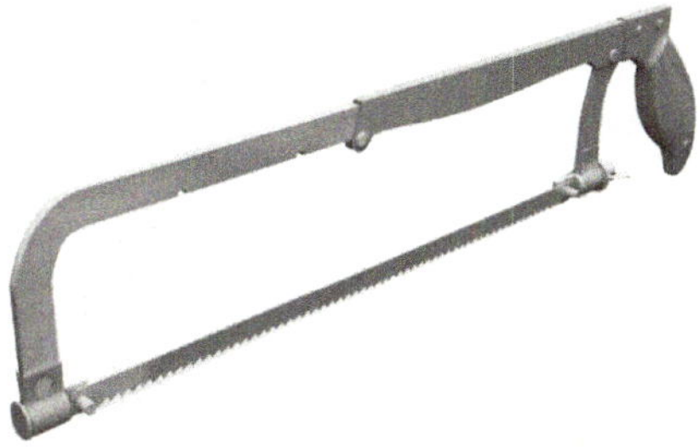

图 B-2-3　可调式锯弓

3. 锯条的分类

锯条是开有齿刃的钢片条，齿刃是锯条的主要部分。

锯条按其特性分为全硬型（代号 H）和挠性型（代号 F）两种类型；按其制造材质分为碳素结构钢（代号 D）、碳素工具钢（代号 T）、合金工具钢（代号 M）、高速钢（代号 G）以及双金属复合钢（代号 Bi）五种；按其型式分为单面齿型（代号 A）和双面齿型（代号 B）两种，如图 B-2-4 所示。

全硬型、碳素工具钢、单面齿型、长度 l=300mm、宽度 a=12mm、齿距 p=1.0mm 的钢锯条的标记为：手用钢锯条 GB/T 14764 HTA–300 × 12 × 1.0。

挠性型、双金属复合钢、单面齿型、长度 l=30mm、宽度 a=12mm、齿距 p=1.0mm 的钢锯条的标记为：手用钢锯条 GB/T 14764 FBiA–300 × 12 × 1.0。

4. 锯条的材质

常用锯条的材质有碳素工具钢和高速钢等。从成本和性能等方面考虑，选用碳素工具钢锯条，如图 B-2-5 所示。

图 B-2-4　锯齿型式

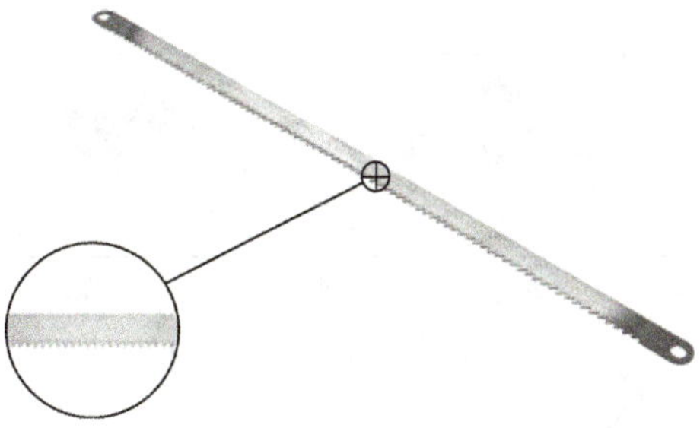

图 B-2-5　锯条的材质

5. 锯条的规格

如图 B-2-6 所示，常用锯条有粗齿和细齿两种。手锯锯条是以 25mm 长度内的齿数表示其粗细的，有 18、24、32 等规格，锯齿的粗细，应根据加工材料的硬度和锯削断面的大小来选择。粗齿锯条容屑槽较大，适用于锯软材料和锯较大的断面；细齿锯条适用于锯硬材料，钢管和薄板必须用细齿锯条。根据工件材质和形状选用不同的齿距的锯条，锯条的选用见表 B-2-1。

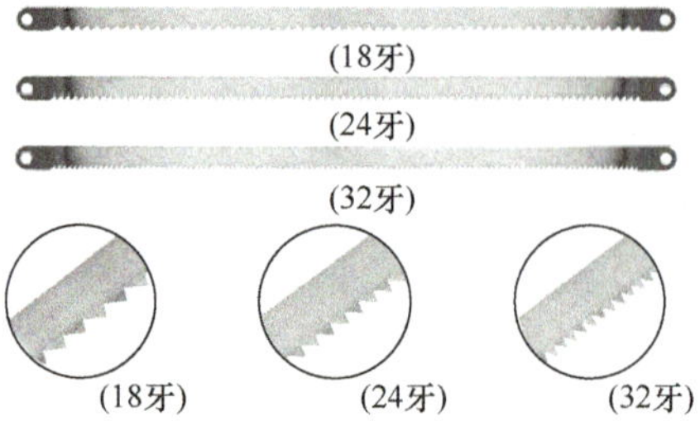

图 B-2-6　锯条的规格

表 B-2-1　锯条的选用

工件材质及形状	锯齿粗细（每 25mm 长度内的齿数）
软钢、铝、紫铜及较厚工件	粗齿（14 ~ 18）
普通钢材、铸铁、黄铜、厚壁管子、较厚的型钢等	中齿（22 ~ 24）
硬性金属，小而薄的型钢材料，薄壁管子等	细齿（32）
一般工厂中用，易于起锯	细齿变中齿（20 ~ 32）

6. 选择锯弓和安装锯条

常用锯弓有固定式和可调式两种。可调式能够适应不同规格的锯条，但刚性稍差。

安装锯条时，锯齿向前。先把锯条挂在锯弓远端安装销上，然后再挂在近端安装销上，旋紧蝶形螺母。安装后，检查锯条张紧程度，宜紧不宜松，用手推动锯条中部，锯条弯曲较小时为好，如图 B-2-7 所示。当锯缝深度超过锯弓的高度时，应将锯条转过 90° 重新装夹，使锯弓转到工件的旁边，如图 B-2-8 所示。

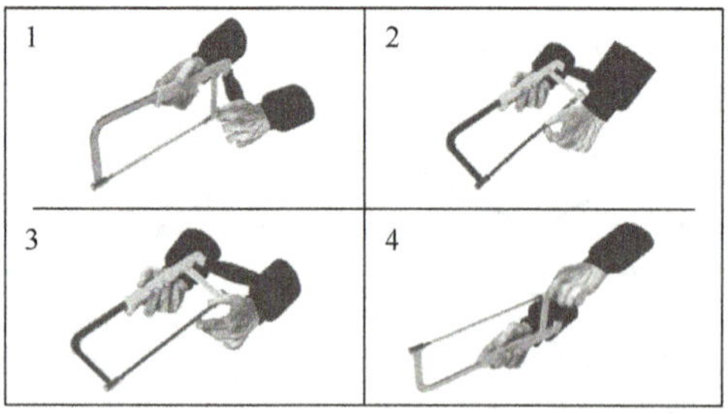

图 B-2-7　安装锯条步骤

图 B-2-8　锯条转过 90° 锯削

四、能力训练

1. 任务描述

选用可调式锯弓和不同规格的锯条完成锯条安装。

2. 操作条件

设备：可调式锯弓、不同规格的锯条。

3. 注意事项

1）不能用手摸锯齿。

2）锯削时，必须使锯齿朝向前推的方向，否则不能进行正常锯削。

3）锯条的松紧要适当，锯条太松，锯削时易扭曲而折断；锯条太紧，则锯条承受拉力太大，失去应有的弹性，也容易折断。

4）锯条装好后检查是否歪斜、扭曲，如有则应加以校正。

4. 锯条安装

锯条安装方法见表 B-2-2。

表 B-2-2　锯条安装方法

序号	步骤	操作方法及使用说明	质量标准
1	调整锯齿方向	手锯是在向前推进时切削的，安装锯条时锯齿必须向前	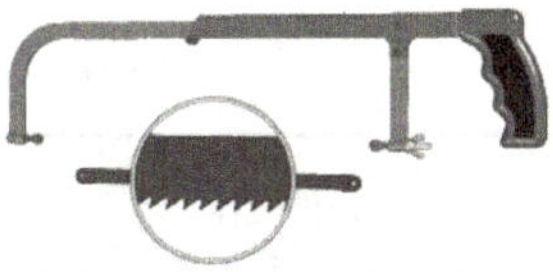 锯条锯齿向前安装
2	安装锯条	先把锯条挂在锯弓远端安装销上，然后再挂在近端安装销上，旋紧蝶形螺母	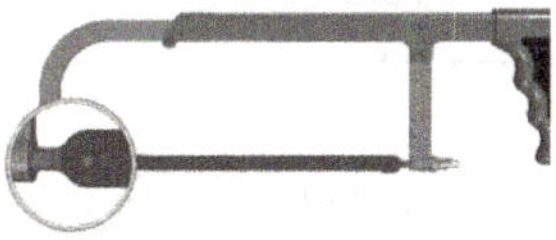 锯条平面与锯弓中心平面平行
3	安装检查	安装后，检查锯条张紧程度，宜紧不宜松，用手推动锯条中部，锯条弯曲较小时为好（可通过蝶形螺母调节）	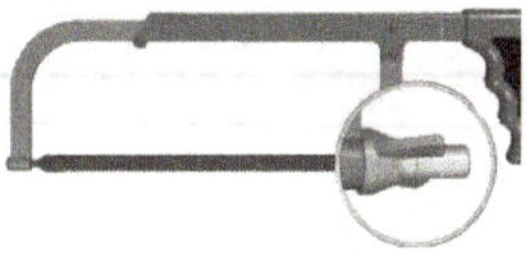 手推锯条中部，锯条弯曲较小

5. 问题情境

问题情境一：在钳工考试时，忘记锯条安装方向，识别图 B-2-9 和图 B-2-10 中锯条安装方向，并概述哪种安装是正确的。

提示：图 B-2-9 所示的安装方向是正确的，锯齿朝前，不能朝后。因为用手锯锯材料的时候是向前方用力的，这样锯齿才能发挥它的作用，这时，齿尖有个向下的切入角，可以切断材料，如果锯齿朝后，这时齿尖角向后，往前推的时候，朝后的齿尖不能切入材料。

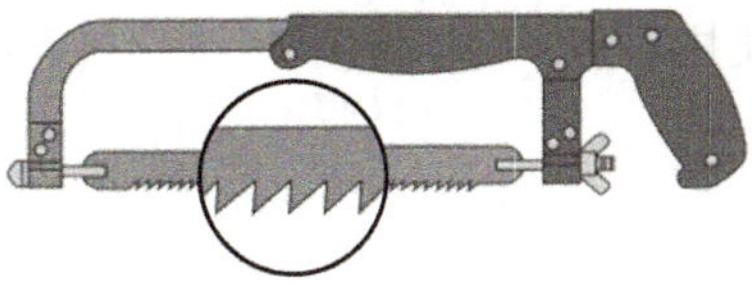

图 B-2-9　锯条安装方向 1

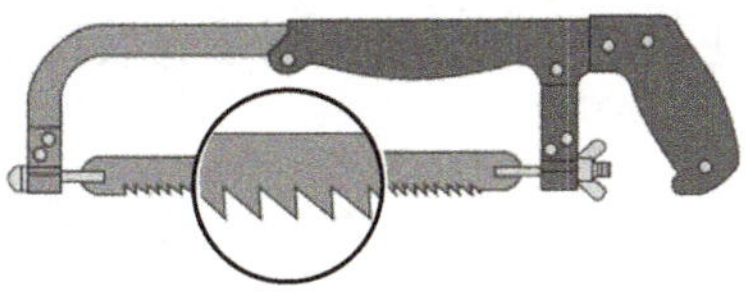

图 B-2-10　锯条安装方向 2

问题情境二：小明在选择锯条时发现锯齿有粗有细，请帮其分析锯齿如何选择粗细。

提示：锯削时锯齿的粗细应根据锯削材料的软硬和锯削面的厚薄来选择。粗齿锯条的容屑槽较大，适用于锯削软材料和锯削面较大的工件，因为此时每锯一次的切屑较多，粗齿的容屑槽大，就不至于产生堵塞而影响切削效率；细齿锯条适用于锯削硬材料，硬材料不易锯入，每锯一次的切屑较少，不致堵塞容屑槽，选用细齿锯条可使同时参加切削的齿数增加，从而使每齿的切削量减少，材料容易被切除，锯削比较省力，锯齿也不易磨损；锯削面较小（薄）的工件，如锯削管子和薄板时，必须选用细齿锯条，否则锯齿很容易被钩住以致崩齿。

6. 学习结果评价

锯条安装评价表见表 B-2-3。

表 B-2-3 锯条安装评价表

班级：________ 姓名：________ 学号：________ 成绩：________

序号	评价内容	评价标准	评价结果（优、良、合格、不合格）
1	认识锯削工具	能概述锯条的定义、作用及锯条、锯弓的基本结构	
2	锯条安装	能正确调整锯齿方向	
		能正确安装锯条	
		能正确安装检查	
3	安全文明	无安全隐患，无违章操作	

五、课后作业

1. 选择题

（1）粗齿锯条的齿距为（　　）mm。

A. 0.5 ～ 1.0　　B. 1 .0 ～ 1.4　　C. 1.4 ～ 1.8　　D. 1.8 ～ 2.0

（2）中齿锯条的齿距为（　　）mm。

A. 0.4　　B. 0 .8　　C. 1.2　　D. 2

（3）细齿锯条的齿距为（　　）mm。

A. 0.4　　B. 0 .4 ～ 0.8　　C. 0.8 ～ 1　　D. 1 ～ 2

2. 简答题

通过实践回答问题：锯条安装反了，能否正常使用？

职业能力 B-2-2　能根据要求正确操作台虎钳进行装夹

一、核心概念

台虎钳　　工件装夹方法

二、学习目标

1. 能简述台虎钳的基本结构和工作原理。
2. 能简述常见工件的装夹方法。
3. 能简述台虎钳装夹工件的注意事项。
4. 培养学生安全操作、爱护工具和严谨工作的意识，树立良好的团队合作意识和学习态度。

三、基本知识

1. 台虎钳

台虎钳又称虎钳，是用来装夹工件的通用夹具，装置在工作台上，用以夹稳待加工工件，为钳工车间必备的工具，如图 B-2-11 所示。转盘式的钳体可旋转，可以使工件旋转到合适的工作位置。台虎钳分为有动力和无动力两种形式。

2. 种类和结构

台虎钳的规格以钳口的宽度表示，有 100mm、125mm、150mm 等。台虎钳是用来夹持工件的通用夹具，按结构分为固定式和回转式两种；按外形功能分为有带砧和不带砧两种。

回转式台虎钳的结构如图 B-2-12 所示。

台虎钳中有连接和传动两种作用的螺纹。

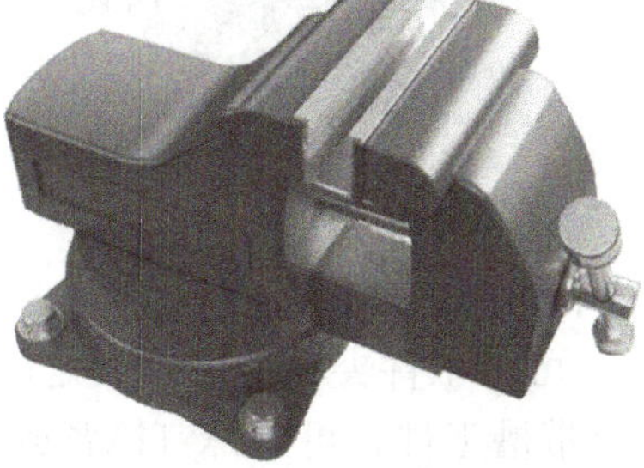

图 B-2-11　台虎钳

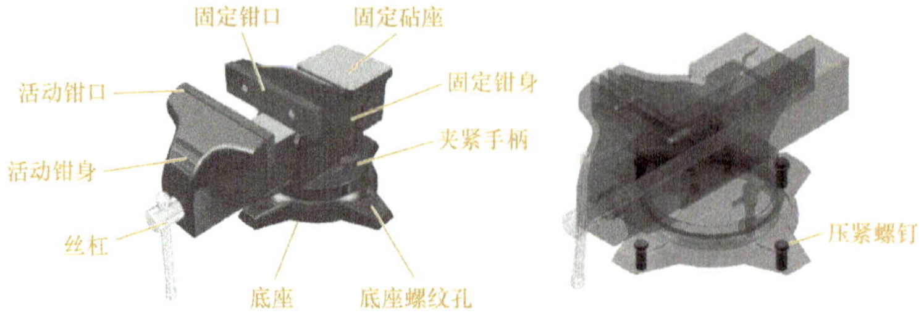

图 B-2-12　回转式台虎钳的结构

（1）连接螺纹

螺钉将钳口固定在钳身上，旋紧夹紧螺钉将固定钳身与工作台紧密连接。

（2）传动螺纹

旋转丝杠，活动钳身相对固定钳身移动，将丝杠的旋转运动转变为活动钳身的直线运动。

3. 台虎钳的安装要求

1）台虎钳在安装时，必须使固定钳口的一部分处在钳台边缘外，以保证夹持长条形工件时，工件不受钳台边缘的阻碍。

2）台虎钳一定要牢固地固定在钳台上，四个压紧螺钉必须拧紧，使台虎钳钳身在加工时没有松动现象，否则会损坏台虎钳和影响加工质量。

3）在夹紧工件时只许用手的力量扳动手柄，绝不许用锤子敲击或其他套筒扳动手柄，以免丝杠、螺母或钳身损坏。

4）不能在钳口上敲击工件，而应该在固定砧座上，否则会损坏钳口。

5）丝杠、螺母和其他滑动表面要求经常保持清洁，并加油润滑以防生锈。

4. 工件的夹持方法

1）工件应夹在台虎钳中央，并伸出钳口不要太高，以免操作时产生振动，如图 B-2-13 所示。

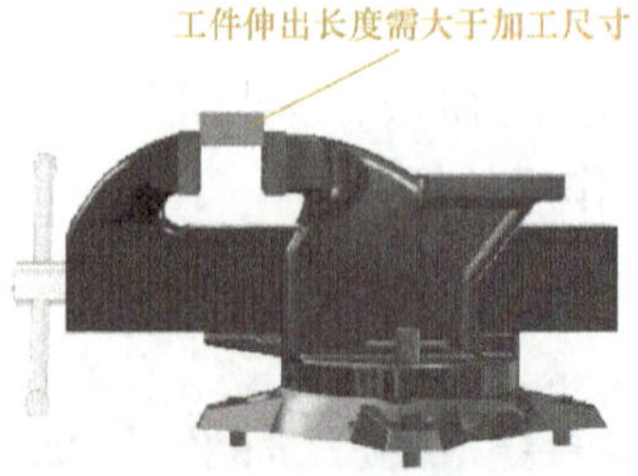

图 B-2-13　工件夹持

台虎钳夹持工件

2）工件要夹持牢固，但又不能变形，因此，夹持时必须加上衬套。如，对圆柱体工件，可垫 V 形块；对薄板工件，可将工件夹在两块铁板之间或将薄板工件平钉在木板上，然后将其一起在钳口内夹紧；对带槽工件，可用螺钉撑紧或用垫木衬垫。

3）装夹已加工表面时，必须使用铜钳口，或在工件加工面与钳口中间垫上铜片。

四、能力训练

1. 任务描述

在工作台上使用台虎钳夹持一个如图 B-2-14 所示的六面体零件，锯割零件长度至 100mm，以便进行后续加工。

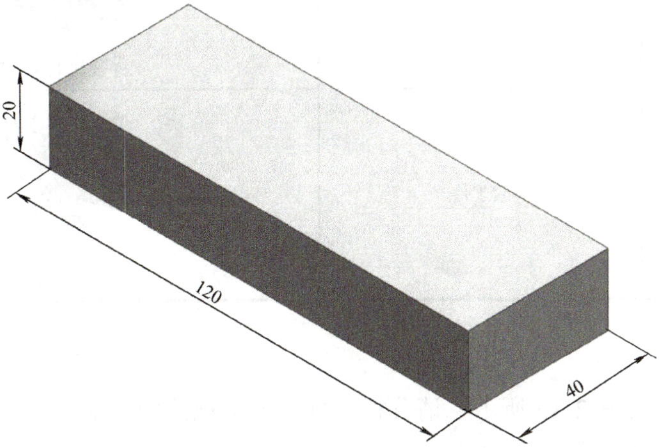

图 B-2-14 六面体工件

2. 操作条件

设备：台虎钳。
材料：六面体工件。

3. 注意事项

1）夹紧工件时要松紧适当，只能用手扳紧手柄，不得借助其他工具加力。
2）强力作业时，应尽量使力朝向固定钳身。
3）不得在活动钳身和光滑平面上敲击、作业。
4）台虎钳上不要放置工具，防止滑下伤人。
5）对丝杠、螺母等活动表面应经常清洗、润滑，以防生锈。

4. 工件装夹

工件装夹方法见表 B-2-4。

表 B-2-4 工件装夹方法

序号	步骤	操作方法及使用说明	质量标准
1	调整钳口	根据工件尺寸调整钳口夹紧范围	 钳口范围适中

（续）

序号	步骤	操作方法及使用说明	质量标准
2	放置工件	工件被加工部位要高出钳口，避免刀具损坏钳口	 工件被加工面高于钳口
3	夹紧工件	旋转手柄夹紧工件	 工件夹紧松紧适中

5. 问题情境

问题情境：如图 B-2-15 所示，请分析工件装夹不规范的可能原因。

提示：工件装夹歪斜。

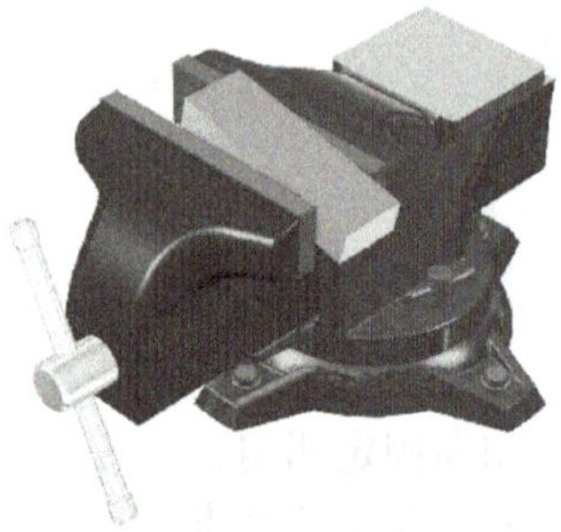

图 B-2-15　不规范装夹工件

6. 学习结果评价

装夹工件评价表见表 B-2-5。

表 B-2-5　装夹工件评价表

班级：________　姓名：________　学号：________　成绩：________

序号	评价内容	评价标准	评价结果（优、良、合格、不合格）
1	认识台虎钳	能简述台虎钳的基本结构和工作原理	
2	装夹工件	能正确调整钳口	
		能正确放置工件	
		能正确夹紧工件	
3	安全文明	无安全隐患，无违章操作	

五、课后作业

1. 选择题

（1）用台虎钳夹紧工件时，只允许（　　）手柄。

A. 用手捶敲击　　B. 用手扳

C. 套上长管子扳　　D. 两人同时扳

（2）台虎钳的规格是以钳口的（　　）表示的。

A. 长度　　B. 宽度　　C. 高度　　D. 夹持尺寸

（3）台虎钳应保持清洁，要常给（　　）和其他活动表面加油润滑。

A. 钳口　　B. 丝杠、螺母　　C. 高度　　D. 夹持尺寸

2. 简答题

（1）台虎钳可分为几种？怎样正确使用台虎钳？

（2）台虎钳安装在钳台时，固定钳口应处于什么位置？

职业能力 B-2-3　能根据加工要求锯削工件

一、核心概念

起锯　　走锯时的站姿

二、学习目标

1. 能简述起锯的姿势与握锯方法。
2. 能根据不同零件种类，合理选择起锯位置。
3. 能按图样要求锯削扁钢、方钢、棒料等零件，保证加工精度。
4. 培养学生爱护工具和严谨工作的意识，养成安全生产意识。

三、基本知识

1. 锯削概念

锯削是通过锯切工具旋转或往复运动，把工件、半成品切断或把板材加工成所需形状的切削加工方法。

2. 起锯分类与方法

起锯是锯削工作的开始，起锯质量的好坏将直接影响锯削质量。

（1）起锯的分类

起锯是锯削的重要环节，起锯不当会使锯齿卡在棱边而崩缺或锯条折断无法正常进行锯削加工。起锯分为远起锯和近起锯两种。

1）远起锯。从工件远离自己的一端起锯，如图 B-2-16a 所示。其优点是能清晰地看见锯削线，防止锯齿卡在棱边而崩缺。

2）近起锯。从工件靠近自己的一端起锯，如图 B-2-16b 所示。此法若掌握不好，锯齿容易被工件的棱边卡住而崩裂。起锯时锯条与工件表面倾斜角约为 10°。

（2）起锯方法

起锯时，用大拇指靠住锯条，同时注意最少要有三个齿同时接触工件。起锯时将锯条的前端面或后端面靠在棱边上，刚起锯时，压力要轻，往复行程要短，锯条要与工件表面垂直。当锯到槽深 2 ～ 3mm 时，放开靠锯条的手指，将锯弓改至正常锯削方向。

锯削方法

3. 走锯方法

（1）走锯时的站姿

推锯时，身体稍向前倾斜，利用身体带动手锯向前运动，自然地压下锯弓，当推进大半行程时，身体随锯弓回拉，准备回锯。回锯时，左手把锯弓略微抬起一些，让锯条在工件上轻轻滑过，整个身体呈 10° → 15° → 18° 的自然摆动，如图 B-2-17 所示。

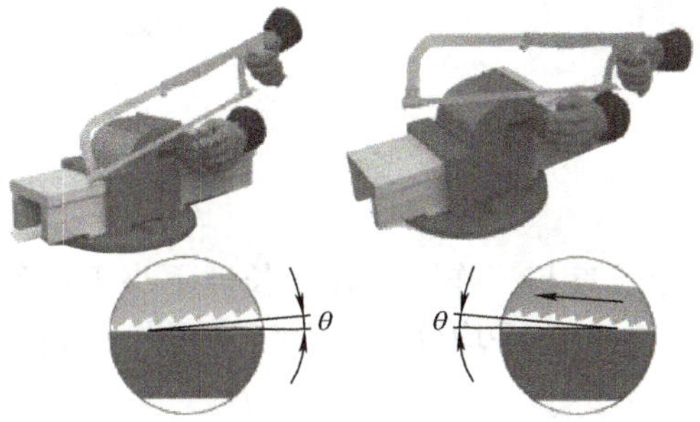

a) 远起锯　　b) 近起锯

图 B-2-16　起锯方法

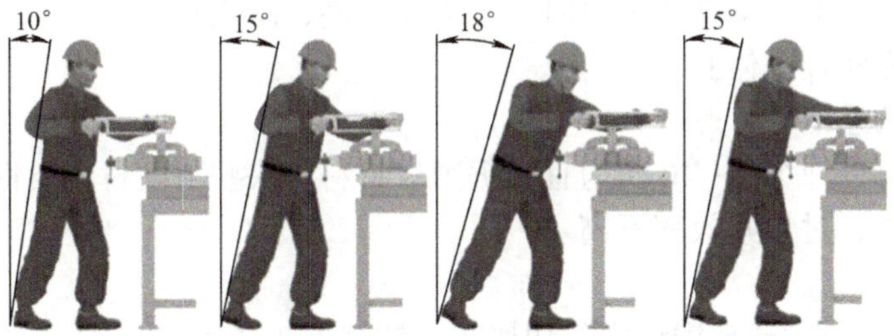

图 B-2-17　走锯时的站姿

如图 B-2-18 所示，走锯时脚的站位应与台虎钳中心线成 30° 和 75°。

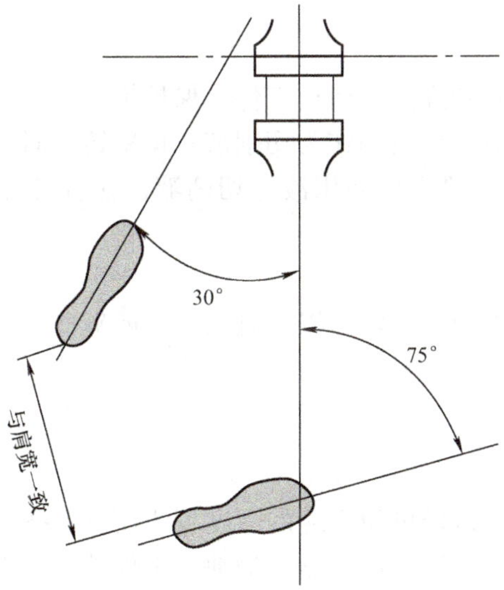

图 B-2-18　脚的站位

（2）手锯的握法

如图 B-2-19 所示，以右手习惯为例（左手正好相反），握锯要自然舒展，右手握柄，左手扶弓，推锯时右手向前推，左手向前下方施加压力，并协助右手扶正锯弓。

图 B-2-19 手锯的握法

（3）锯条的选用

锯削时应尽量使锯条全长参与工作，或往复长度不小于锯条长度的2/3，以免锯条的中间部分迅速磨钝，应使切削工作平均分配到大部分锯齿，提高锯条的利用率。

（4）走锯时的压力

推锯时，锯齿起切削作用，要给予适当的压力。回锯时，锯条不参与切削，故应将锯条稍微提起，可以减少对锯齿的磨损，回锯的角度以14°为宜。

推锯时的压力应根据所锯工件材料的性质来定，锯削硬材料时，因不容易切入，压力应大些，但要防止打滑；锯削软材料时，压力应小些，防止切入过深而产生咬住现象。具体的压力值需要在实训中体验。

（5）走锯时的速度

锯削速度以每分钟20～40次为宜，锯削软材料可快些，硬材料要慢一些。如速度过快，锯条容易磨损，过慢则效率不高。

（6）注意事项

1）走锯时，应及时清理锯缝中的切屑，保持锯齿的锋利。

2）在整个锯削过程中，应及时清理工件上的切屑，看清楚观察线的准确位置，保持锯缝的平直，如有歪斜应及时纠正。

4. 其他动作要领

（1）切削液的使用

锯削时，切削液主要起到降温、保护工件、保护锯条和提高工件表面质量的作用。对于长而大的钢料，锯削时应使用机油作为切削液；锯削铸铁时，因材料中所含的石墨成分起到了一定的润滑作用，一般不再使用液体切削液，如有必要，通常采用压缩空气进行吹扫。

（2）终锯

工件快要锯断时，双手用力要轻，以免碰伤手臂或砸着脚，同时接收锯下来的小型废料。至此，完成一个锯削任务。

5. 典型零件锯削方法

（1）扁钢锯削方法

从扁钢较宽的面起锯，这样可使锯缝的深度较浅而且整齐。反之，若从窄面起锯，由于只有少数锯齿与工件接触，容易产生锯齿崩缺，工件越薄，锯条越容易被工件的棱边钩住而折断。

（2）槽钢锯削方法

锯削时，要尽量在宽的一面进行锯削，必须将槽钢从三个方向锯削，这样才能得到较为平整的断面，并能延长锯条的使用寿命。若将槽钢装夹一次，从上面一直锯到底，这样锯削效率低，锯缝深而且不平整，锯条也容易断折。

（3）圆管锯削方法

圆管锯削时，要沿锯条推进方向不断转动，不能从一个方向锯到底，因为锯齿是在薄壁上切削，锯条穿过圆管内壁时，由于应力集中，锯齿容易被管壁钩住产生崩裂。正确的方法是当锯削到圆管内壁时就停锯，把圆管向推锯方向转过一些，锯条依原有的锯缝继续锯削，这样不断地转动，直至锯断为止。

（4）圆棒锯削方法

圆棒有两种锯削方法：一种是从上至下锯削，断面质量较好，但较费力；另一种是锯下一段截面后转一角度再锯削，不通过圆棒直径锯削，阻力小，效率高，但断面质量一般较差。

（5）薄板锯削方法

锯削薄板时，为了防止工件产生振动和变形，可用木板夹住薄板两侧进行锯削，这样可以增加薄板锯削时的刚性，防止卡住锯齿，损坏锯条。

四、能力训练

1. 任务描述

使用手锯对图 B-2-20 ～ 图 B-2-22 所示的薄板、圆管及槽钢进行锯削操作，掌握其对应的锯削方法。

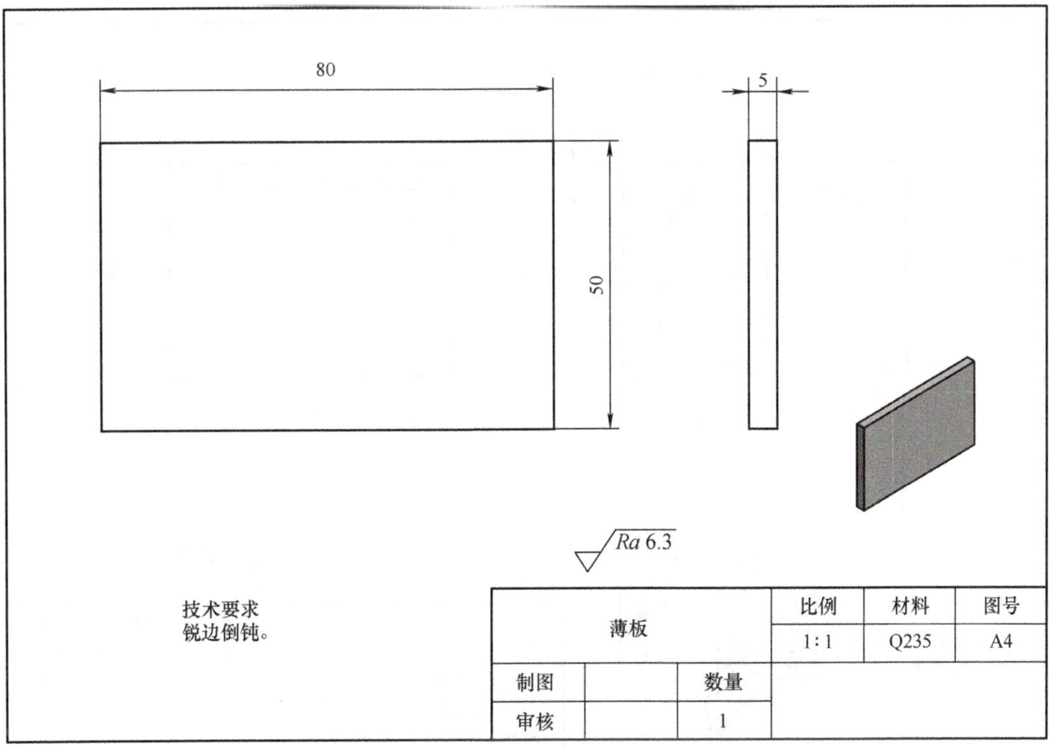

图 B-2-20　薄板零件图

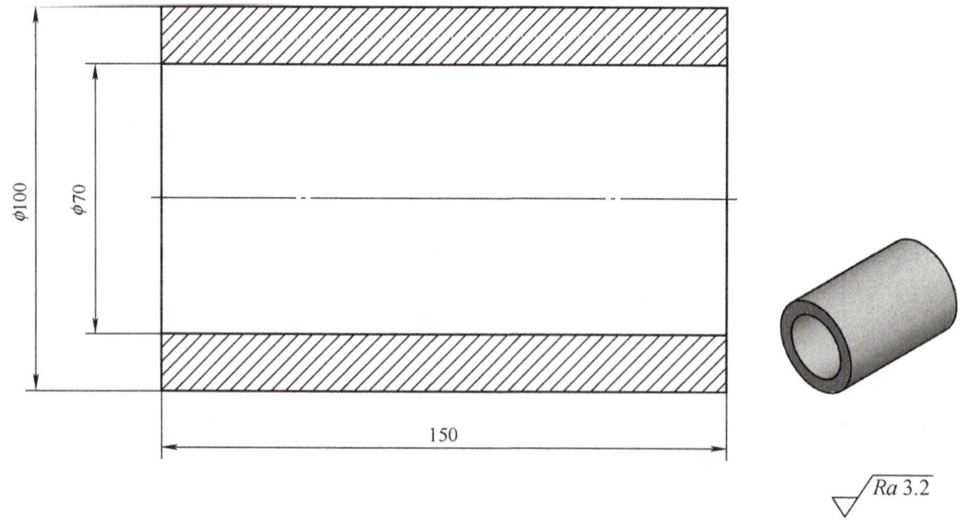

技术要求
锐边倒钝。

圆管			比例	材料	图号
			1∶1	铝6061	A4
制图		数量			
审核		1			

图 B-2-21　圆管零件图

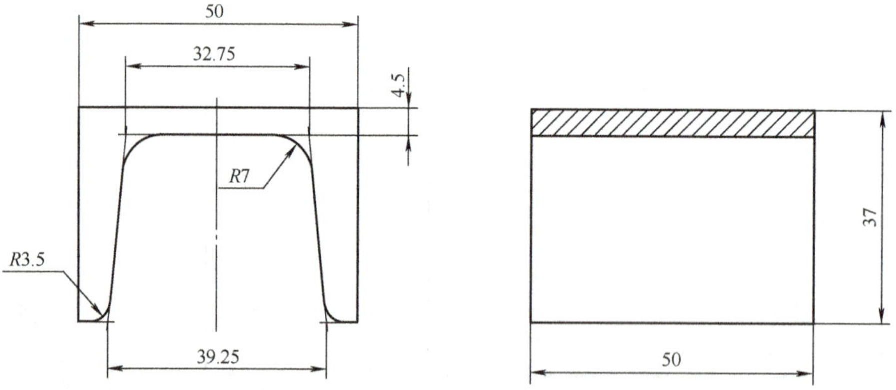

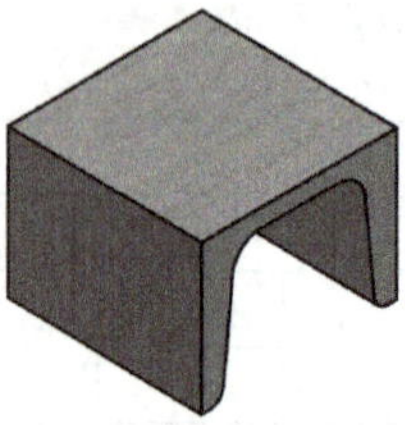

Ra 3.2

技术要求
锐边倒钝。

槽钢			比例	材料	图号
			1∶1	Q235	A4
制图		数量			
审核		1			

图 B-2-22　槽钢零件图

2. 操作条件

设备：台虎钳、手锯。

材料：薄板工件（80mm × 50mm × 5mm）、圆管工件（ϕ100mm × 15mm × 150mm）、槽钢工件（长度：50mm）。

3. 注意事项

1）锯削前要检查锯条的安装方向和张紧程度。

2）锯削时压力不可过大，速度不宜过快，以免锯条折断伤人。

3）锯削即将完成时，用力不可太大，并需用左手扶住被锯下的部分，以免跌落砸脚。

4. 典型零件锯削

典型零件锯削方法见表 B-2-6。

表 B-2-6　典型零件锯削方法

序号	名称	操作方法及使用说明	质量标准
1	锯削薄板	锯削薄板时，常将木板作为夹衬垫夹在台虎钳上，将木板连同薄板一起锯削，或者采用横向斜推锯削的方法进行，锯削时，尽可能从宽的一面起锯，这样同时锯削的齿数较多，锯齿不易被钩住而崩裂	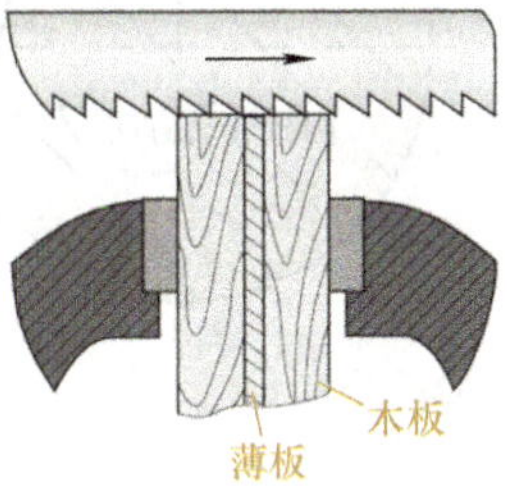 a) 连木板一起锯削 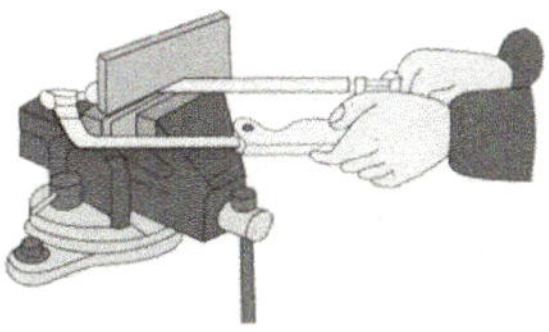 b) 横向锯削 操作规范，满足加工精度
2	锯削圆管	锯削薄壁圆管或外圆精加工过的圆管时，圆管须夹在有 V 形槽的木垫之间，以免将圆管夹扁或损坏外圆表面。锯削时先从一个方向锯至圆管的内壁处，转过一定角度，锯条仍按原来锯缝继续锯削，这样不断改变方向，直到锯断为止	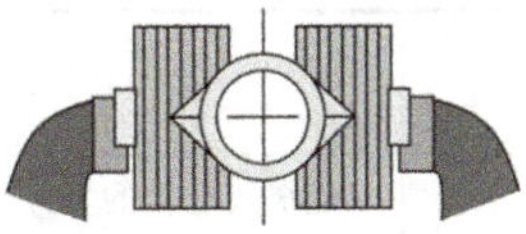 a) 圆管夹持 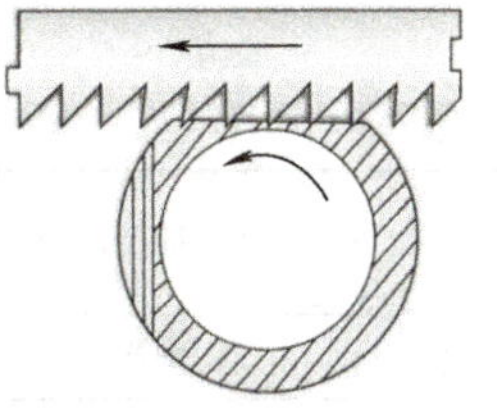 b) 圆管锯削 操作规范，满足加工精度
3	锯削槽钢	锯削槽钢，应分三次进行，开始尽量在宽的一面上进行锯削，然后旋转槽钢从三个方向锯削，这样可得到较平整的断面，并且锯缝较浅，锯条不会被卡住，从而延长锯条的使用寿命。如果将槽钢装夹一次，从上面一直锯到底，这样锯缝深，断面不易平整，而且锯削效率低	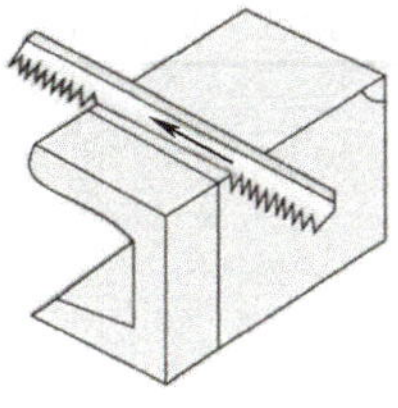 a) 先锯一面 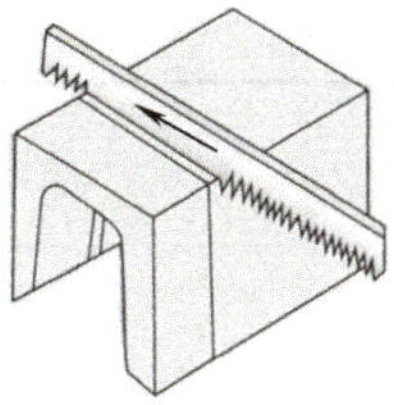 b) 旋转90°锯第二面 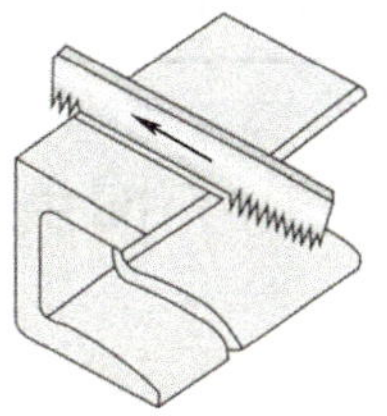 c) 旋转90°锯第三面 操作规范，满足加工精度

5. 问题情境

问题情境一：小明在锯削管子和薄板时经常容易崩齿，试分析其可能的原因。

提示：锯削圆管和薄板时，必须用细齿锯条。因为若齿距大于板厚，锯齿易于被钩住而崩断。因此锯削时，必须有两个以上的锯齿同时参加锯削，才能避免锯齿被钩住而崩断锯齿。

问题情境二：小明现在需要对圆棒进行锯削，请分析如何进行操作。

提示：圆棒的锯削方法有两种：一种是从上至下锯削，断面质量较好，但较费力；另一种是锯下一段截面后转一角度再锯削，这样可避免通过圆棒直径锯削，阻力小，效率高，但断面质量一般较差。圆棒的锯削方法如图 B-2-23 所示。

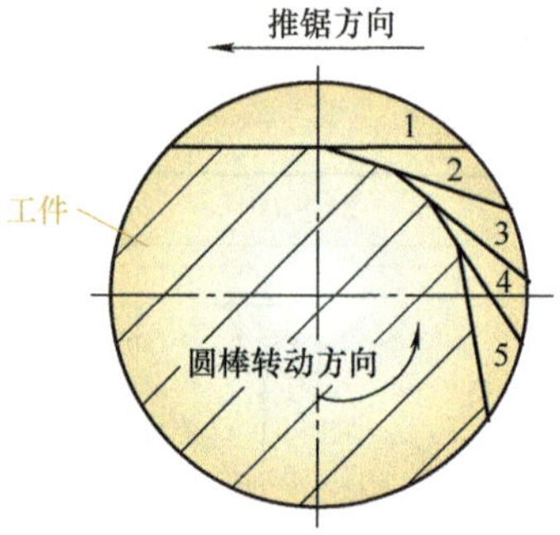

图 B-2-23 圆棒的锯削方法

6. 学习结果评价

典型零件锯削评价表见表 B-2-7。

表 B-2-7 典型零件锯削评价表

班级：________ 姓名：________ 学号：________ 成绩：________

序号	评价内容	评价标准	评价结果（优、良、合格、不合格）
1	锯削操作要领	能概述起锯的姿势与握锯方法	
2	锯削典型零件	能按图样要求锯削薄板零件，保证加工精度	
		能按图样要求锯削圆管零件，保证加工精度	
		能按图样要求锯削槽钢零件，保证加工精度	
3	安全文明	无安全隐患，无违章操作	

五、课后作业

1. 简答题

（1）通过实践回答问题：走锯时，单手持锯弓，会有什么后果？

（2）通过实践回答问题：走锯时速度快慢，对锯削质量有什么影响？

（3）通过实践回答问题：发现锯缝出现歪曲，怎样纠正？

（4）查阅资料后回答：锯削质量的评定标准有哪些？

2. 锯削练习

毛坯尺寸为 ϕ40mm × 150mm 圆棒零件，按照图 B-2-24 所示要求进行锯削。

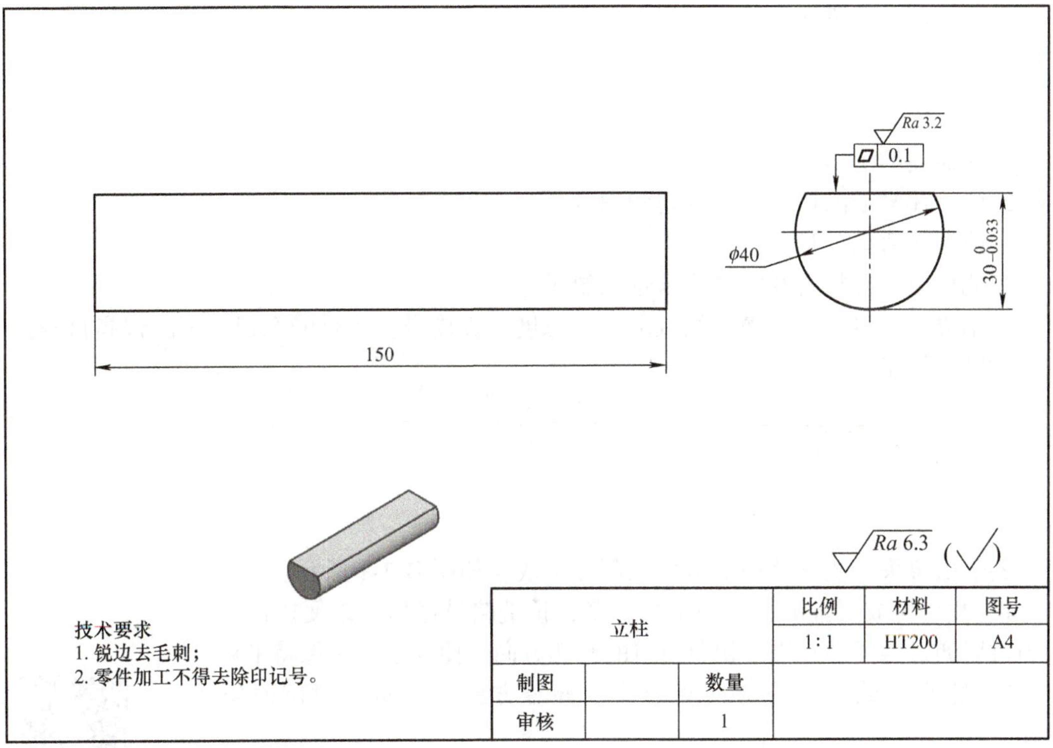

图 B-2-24　立柱零件图

工作任务 B-3
錾削加工

职业能力 B-3-1　能正确选择錾子

一、核心概念

錾子结构　　錾削工具

二、学习目标

1. 能简述錾子结构。
2. 能简述錾子的切削部分及切削角度。
3. 能简述錾削工具。
4. 能根据零件材料及图样要求选用錾子。
5. 培养学生科学、严谨、细致的学习态度，养成爱护工具的意识，不断提高自身技能水平和产品质量。

三、基本知识

1. 錾子的结构

錾子由錾头、錾身及切削部分三部分组成，如图 B-3-1 所示。

1）錾头做成圆锥形，有一定的锥度，顶端略带球形，以便锤击时作用力可以通过錾子中心线，朝着刃口的錾切方向，使錾子容易保持平稳。

2）錾身多数呈八棱形，便于控制握錾方向，以防止錾削时錾子转动。

3）切削部分由前刀面、后刀面和切削刃组成。

錾削角度

2. 錾子的切削部分及切削角度

錾子的切削部分由前刀面、后刀面和它们的交线（切削刃）组成。

錾削时形成的切削角度有楔角 β_0、后角 α_0 和前角 γ_0，如图 B-3-2 所示。

（1）楔角 β_0

錾子前刀面与后刀面之间的夹角称为楔角。楔角越大，切削部分的强度越高，但錾削阻力大，切入困难。选择楔角时，应在保证足够强度的前提下，尽量取较小的数值。

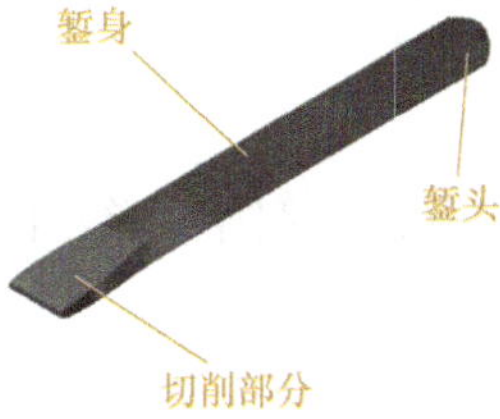

图 B-3-1 錾子结构

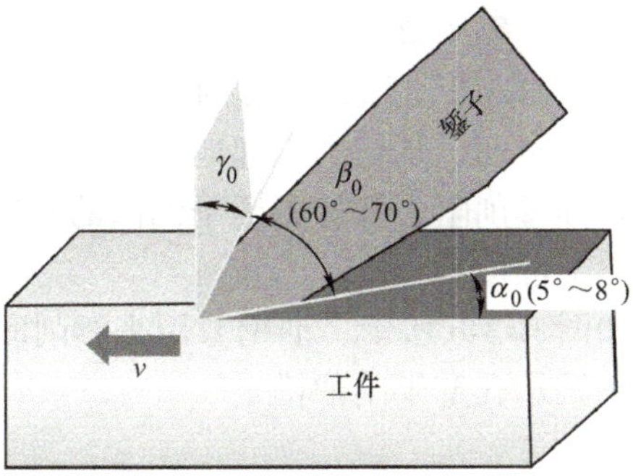

图 B-3-2 錾削角度

1）錾削硬钢或铸铁等硬材料时，楔角取 60° ～ 70°。

2）錾削中等硬度材料时，楔角取 50° ～ 60°。

3）錾削铜或铝等软材料时，楔角取 30° ～ 50°。

（2）后角 α_0

后刀面与切削平面之间的夹角称为后角。錾切平面时，切削平面与已加工表面重合，其后角大小取决于錾削时錾子被掌握的方向。作用是减少后刀面与切削表面之间的摩擦。后角不能过大，否则会使錾子切入过深；后角也不能太小，否则錾子容易滑出工件表面。一般后角为 5° ～ 8°，如图 B-3-3 所示。

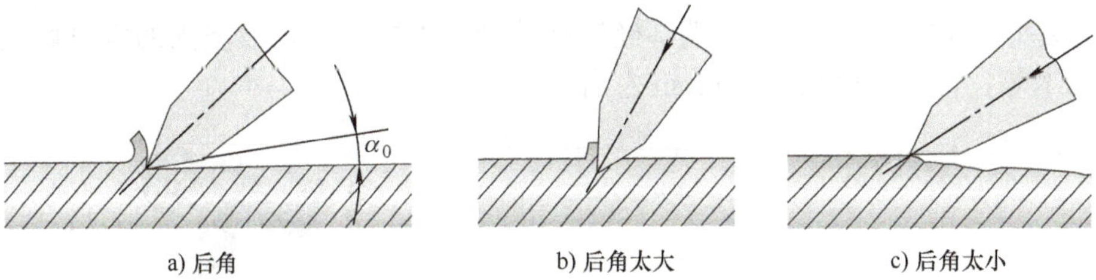

图 B-3-3 后角大小对錾削的影响

（3）前角 γ_0

前刀面与基面之间的夹角称为前角，作用是减少錾削时切屑的变形，减少切削阻力。前角越大，切削越省力。由于基面垂直于切削平面，即 $\beta_0+\alpha_0+\gamma_0=90°$。当后角 α_0 一定时，前角 γ_0 的数值由楔角 β_0 决定。楔角 β_0 大，则前角 γ_0 小，楔角 β_0 小，则前角 γ_0 大，因此前角在选择楔角后就被确定了。

3. 錾削工具

錾削工具有錾子和锤子。錾子的种类有扁錾（阔錾）、尖錾（狭錾）和油槽錾。

（1）扁錾（阔錾）

如图 B-3-4 所示，切削部分扁平，切削刃较宽并略带圆弧，其作用是在平面上錾去微小的凸起部分，切削刃两边的尖角不易损伤平面的其他部位。扁錾用来去除凸缘、毛边和分割材料等。

錾子的种类

（2）尖錾（狭錾）

如图 B-3-5 所示，尖錾的切削刃较短，主要用来錾槽和分割曲线形板料。尖錾切削部分的两个侧面，从切削刃起向柄部逐渐变狭小，作用是避免在錾沟槽时錾子的两侧面被卡住，增加錾削阻力和加剧錾子侧面的损坏。

（3）油槽錾

如图 B-3-6 所示，油槽錾用来錾削润滑油槽，切削刃很短，呈圆弧形，以便在对开式的滑动轴承孔壁錾削油槽。

图 B-3-4　扁錾（阔錾）

图 B-3-5　尖錾（狭錾）

（4）锤子

如图 B-3-7 所示，锤子是钳工的重要工具，錾削、矫正、弯曲、铆接和拆装零件等都要用锤子敲击。

锤子由锤头和木柄两部分组成。锤头的质量大小表示锤子的规格，有 0.25kg、0.5kg、1kg 等；锤头用 T7 钢制成，两个端部经淬硬处理。木柄选用比较坚固的木材做成，如檀木、白腊木等，常用的柄长为 350mm 左右。

图 B-3-6　油槽錾

图 B-3-7　锤子

四、能力训练

1. 任务描述

根据不同錾削情境，选择正确装夹方式。

情境一：厚度在 4mm 以下的金属薄板料可以夹持在台虎钳上錾削，用錾子沿钳口自右向左依所划的线进行錾削。

情境二：錾削油槽时，在工件上划出油槽轮廓线，用与油槽宽度相同的油槽錾进行錾削。

情境三：錾削 4mm 以上的板料，在轮廓周围钻上密集的小孔，然后用錾子錾断。

2. 操作条件

设备、工量具：扁錾、油槽錾、尖錾。

材料：薄板、油槽、板料。

3. 注意事项

1）錾削工作台应装有安全网，以防止錾削的飞屑伤人。

2）錾子头部有明显的毛刺时要及时磨掉，以免碎裂扎伤手面。

3）錾削脆性金属时，操作者应戴上防护眼镜，以免碎屑崩伤眼睛。

錾削操作

4. 錾子选用

錾子选用方法见表 B-3-1。

表 B-3-1 錾子选用方法

序号	步骤	操作方法及使用说明	质量标准
1	錾薄板	选用扁錾（阔錾），主要用于去除毛坯上的凸缘、毛刺、分割材料、錾削平面等	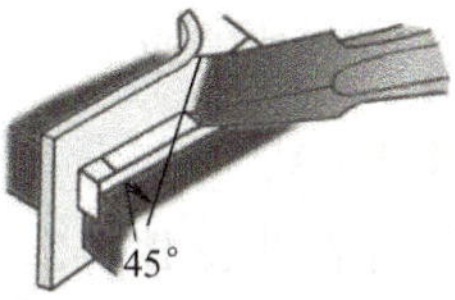 錾子选用准确
2	錾油槽	选用油槽錾，用于錾削轴瓦和机床平面上的油槽等	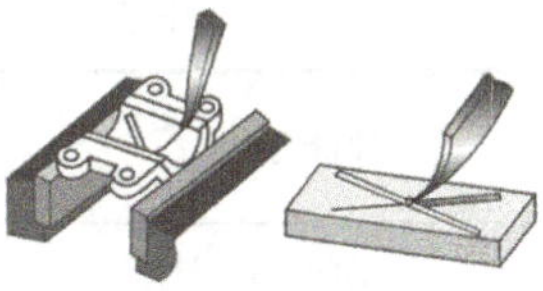 錾子选用准确
3	錾厚板	选用尖錾（狭錾），用于錾槽和分割曲线板料	 錾子选用准确

5. 问题情境

问题情境一：简述錾子的楔角 β_0、后角 α_0、前角 γ_0 对切削性能有何影响。

提示：1）楔角 β_0。楔角大小对錾削有直接影响，它决定了切削部分的强度及切削阻力的大小。楔角越大，切削部分强度越高，錾削阻力越大。

2）后角 α_0。后角大小决定了切入深度及切削的难易程度。后角越大，切入深度越大，切削越困难。反之，切入就越浅，切削越容易，但切削效率低。

3）前角 γ_0。前角大小决定了切屑变形的程度及切削的难易度。

问题情境二：分析錾子的刃磨有哪些要求。

提示：錾子的刃磨有以下几点要求：

1）錾子刃磨的一般顺序为：两斜面→两侧面→錾子头部。

2）刃磨时，錾身应保持基本平直，切削刃应与錾身的中心轴线垂直，前刀面、后刀面应平整光滑，平扁錾、圆錾、尖錾两刀面要保持对称，油槽錾、三角錾、弯头錾两侧面应保持左右对称。

3）錾子刃磨时，錾子的刃口斜放在砂轮轮缘上，其位置应稍高于砂轮中心，且轻轻施加压力，并使錾子在砂轮全宽上左右移动，磨出所要求的楔角。

4）刃磨錾子时，一定要勤蘸水，使錾子刃口部位始终保持冷却，对于碳素工具钢制作的錾子尤其需要，以免刃口退火。当发现錾子刃部变了颜色，表明錾子刃部已经退火，必须再经热处理淬硬后才能使用。

5）錾子经过刃磨后，应在油石上再细磨一下刃面，使切削力更锐利、耐用。对于錾削精细工件的錾子尤其需要。

6. 学习结果评价

錾子选用评价表见表 B-3-2。

表 B-3-2　錾子选用评价表

班级：________　姓名：________　学号：________　成绩：________

序号	评价内容	评价标准	评价结果（优、良、合格、不合格）
1	錾削工具	能概述錾削需要的工具	
2	錾子选用	能正确选用錾薄板所需錾子	
		能正确选用錾油槽所需錾子	
		能正确选用錾板料所需錾子	
3	安全文明	无安全隐患，无违章操作	

五、课后作业

1. 选择题

（1）錾子可分为扁錾、窄錾和（　　）等。

A. 圆錾　　B. 油槽錾　　C. 方錾　　D. 长錾

（2）錾削键槽一般用（　　）。

A. 扁錾　　B. 尖錾　　C. 窄錾　　D. 阔口錾

（3）錾削薄金属板时宜选用（　　）。

A. 狭錾　　B. 尖錾　　C. 油槽錾　　D. 扁錾

（4）錾削平面和曲面上的润滑油槽应选用（　　）。

A. 圆錾　　B. 扁錾　　C. 狭錾　　D. 油槽錾

2. 简答题

刃磨錾子切削部分时应根据哪些因素来决定楔角大小，当材料分别为铸铁、钢、纯铜时，楔角大小应分别为多少。

职业能力 B-3-2　能完成錾削操作

一、核心概念

錾削　　錾子握法　　起錾方法

二、学习目标

1. 能理解錾子的切削原理。
2. 能掌握錾削的工具。
3. 能认识錾子的种类及使用方法。
4. 能掌握錾削的正确姿势。
5. 培养学生科学、严谨、细致的学习态度，不断提高自身技能水平和产品质量。

三、基本知识

1. 錾削

用锤子敲击錾子对金属表面进行切削加工的一种操作方法，主要用于不方便进行机械加工的场合。

2. 錾子的握法

（1）正握法

如图 B-3-8 所示，手心向下，用中指、无名指握住錾子，小指自然合拢，食指和大拇指自然伸直地松靠，錾子头部伸出约 20mm。

（2）反握法

如图 B-3-9 所示，手心向上，手指自然捏住錾子，手掌悬空。

（3）立握法

如图 B-3-10 所示，虎口向上，大拇指放在錾子的一侧，其余四指放在另一侧捏住錾子。

图 B-3-8　正握法

图 B-3-9　反握法

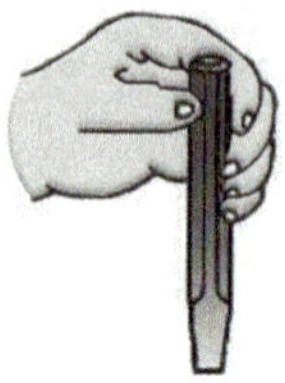

图 B-3-10　立握法

3. 锤击要领

（1）挥锤

肘收臂提，举锤过肩；手腕后弓，三指微松；锤面朝天，稍停瞬间。

（2）锤击

目视錾刃，臂肘齐下；收紧三指，手腕加劲；锤錾一线，锤走弧形；左脚着力，右脚伸直。

（3）挥锤要求

稳——节奏平稳；准——命中率高；狠——锤击有力。

4. 錾削姿势

两腿自然站立，身体重心稍微偏于后脚。身体与台虎钳中心线大致成 45°，且略向前倾；左脚跨前半步（左右两脚后跟之间的距离为 250 ～ 300mm），脚掌与台虎钳成 30°，膝盖处稍有弯曲，保持自然；右脚要站稳伸直，不要过于用力，脚掌与台虎钳成 75°；视线要落在工件的切削部位上，如图 B-3-11 所示。

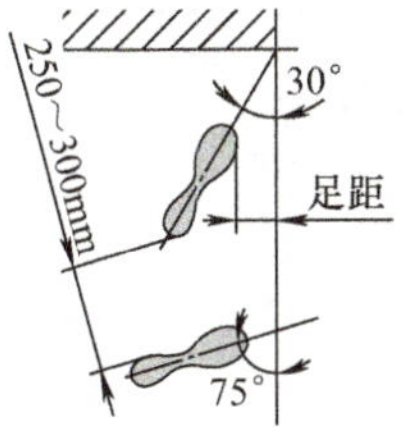

a) 步法

b) 姿势

图 B-3-11　錾削姿势

5. 起錾方法

常用的起錾方法有斜角起錾法和正面起錾法两种。

（1）斜角起錾法

适用于较宽平面的錾削。起錾时，在工件边缘尖角处，且与工件表面成一负角，先錾出一个小平面后，再按正常的角度逐渐向中间錾削，如图 B-3-12 所示。

（2）正面起錾法

适用于较窄平面的錾削。起錾时，全部刃口贴住工件端面，形成一个负角时切入工件，如图 B-3-13 所示。

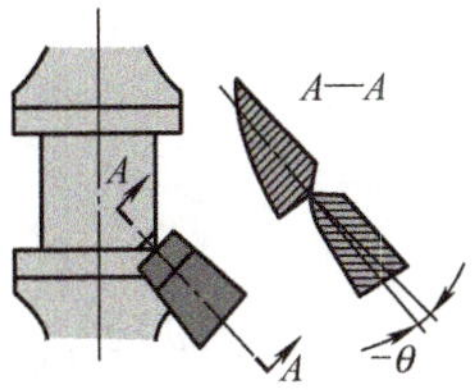

图 B-3-12　斜角起錾法

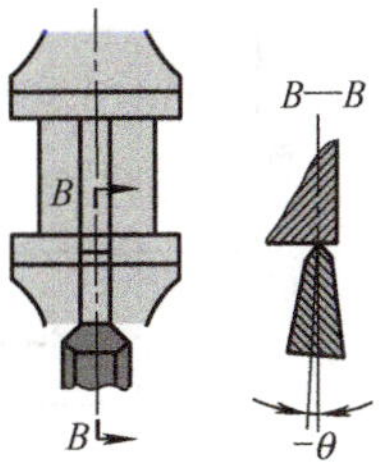

图 B-3-13　正面起錾法

6. 錾削平面的要领和方法

1）切削后角不变。錾子应握持平稳，一般应使切削后角 $\alpha_0=5° \sim 8°$。后角过大，錾子易向工件深处扎入；后角过小，錾子易在錾削部位滑出；且后角忽大忽小会造成工件表面凹凸不平。锤击力应通过錾子轴心。

2）錾子前后移动。一般每敲击 3 ～ 4 次，錾子退回一小段距离，做一次短暂的停顿，然后再继续錾削，这样既可以观察加工面的情况，又可以使手臂有节奏地得到休息。

3）分层錾削。应根据加工余量的大小分层錾削。同时切削厚度的多少与后角大小有关，切削厚度越薄，后角越小。

4）工件尽头的錾法。当錾削到接近工件尽头 10 ～ 15mm 时应掉头重新起錾，否则尽头处会崩裂。对于脆性材料更应如此，如图 B-3-14 所示。

5）錾削宽、窄平面的方法。錾削窄平面时（一般平面宽度小于錾子切削刃宽度），可直接錾削；錾削较大平面时可直接分层錾削，也可先用尖錾开槽，然后再用扁錾錾平。

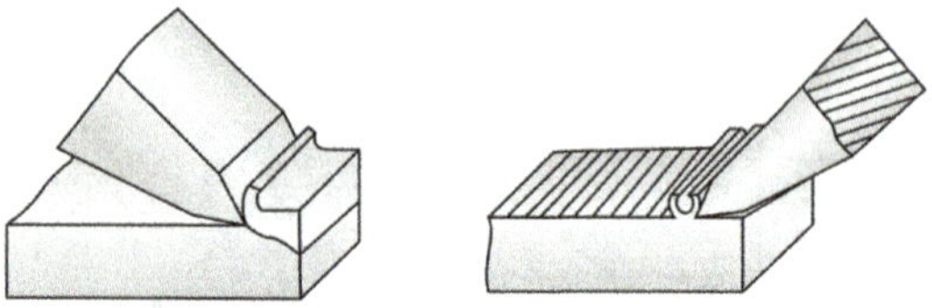

图 B-3-14　工件尽头的錾削方法

四、能力训练

1. 任务描述

根据图 B-3-15 加工要求，完成导向槽錾削。

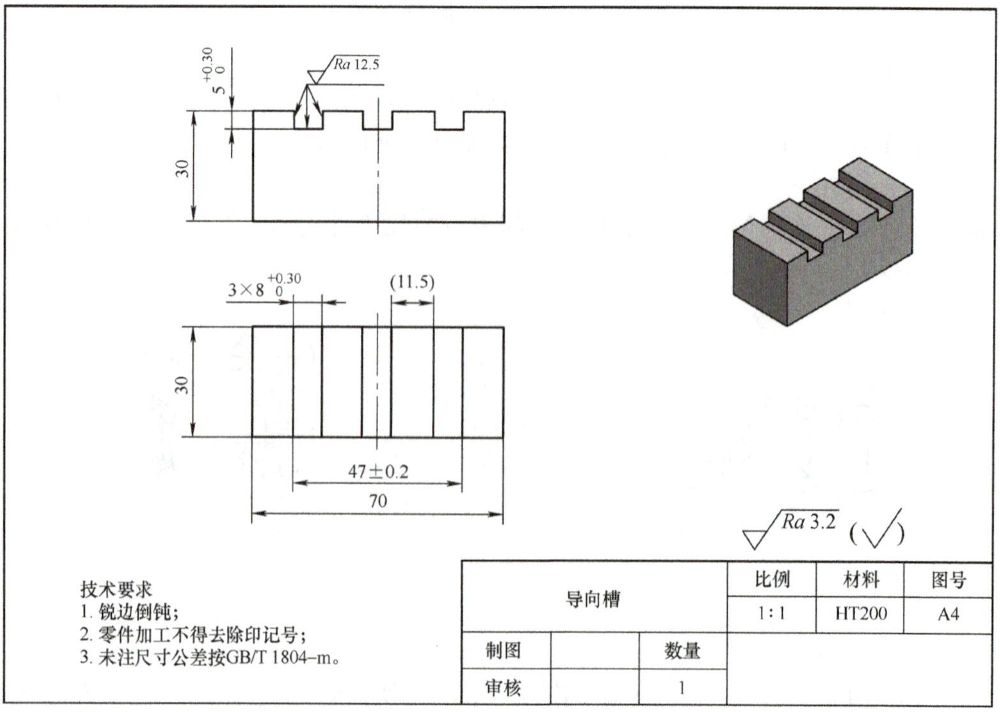

图 B-3-15　导向槽零件图

2. 操作条件

设备、工量具：台虎钳、扁錾、锤子、游标卡尺。

材料：长方形板料（已完成划线步骤）。

3. 注意事项

1）锤头松动、锤柄有裂纹、锤子无楔时不能使用，以免锤头飞出伤人。

2）握锤的手不准戴手套，锤柄不应带油，以免锤子飞脱伤人。

3）錾削将近终止时，锤击力要轻，以免把工件边缘錾缺而造成废品。

4）要经常保持錾子切削刃的锋利，过钝的錾子不但工作费力，錾出的表面不平整，而且常易因产生打滑现象而引起手部划伤。

4. 工件錾削

工件錾削操作步骤见表 B-3-3。

表 B-3-3　工件錾削操作步骤

序号	步骤	操作方法及使用说明	质量标准
1	粗錾直槽	粗錾直槽，预留精錾削余量 0.2mm	 姿势正确，操作规范
2	检测余量	用游标卡尺测量加工尺寸，测得尺寸为 7.8mm	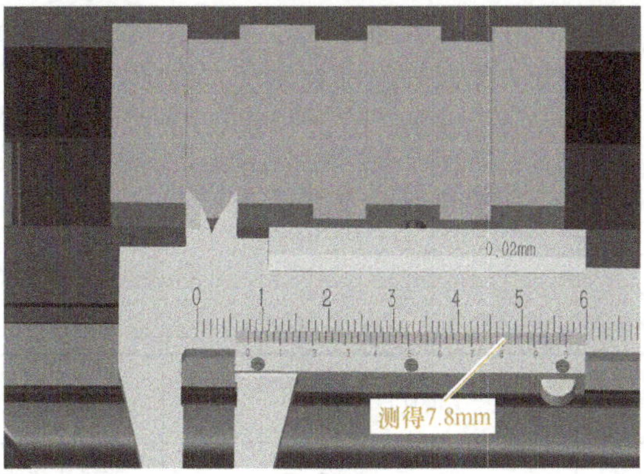 测量准确

（续）

序号	步骤	操作方法及使用说明	质量标准
3	精錾直槽	精錾直槽至要求尺寸	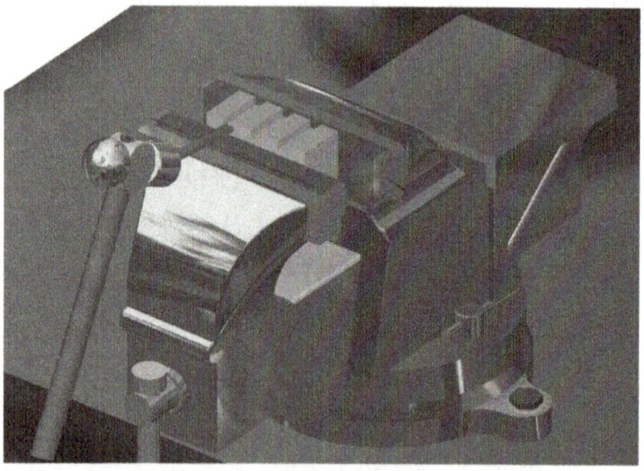 姿势正确，操作规范
4	检测槽宽	用游标卡尺测量加工尺寸，测得尺寸为 8mm	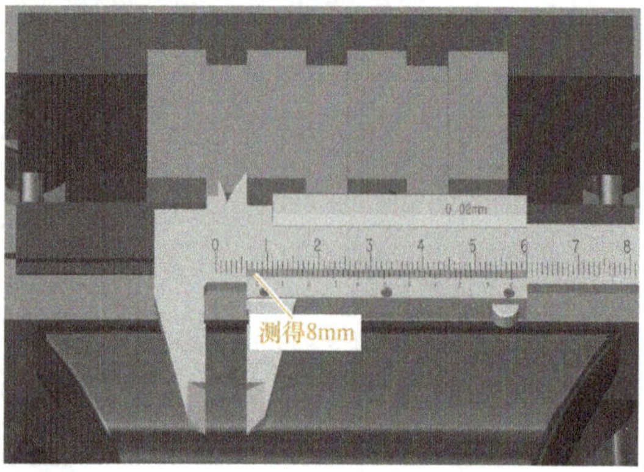 测量准确

5. 问题情境

问题情境：小明錾削时发现材料会崩裂，请帮其分析原因。

提示：当錾削快到尽头，与尽头相距约 10mm 时，应调头錾削，否则尽头的材料会崩裂，对铸铁、青铜等脆性材料尤应如此。

6. 学习结果评价

工件錾削评价表见表 B-3-4。

表 B-3-4　工件錾削评价表

班级：________　姓名：________　学号：________　成绩：________

序号	评价内容	评价标准	评价结果（优、良、合格、不合格）
1	錾削概念	能概述錾削操作方法	
2	工件錾削	能正确錾削直槽	
3	安全文明	无安全隐患，无违章操作	

五、课后作业

1. 简答题

錾削时废品的形式及产生原因，将结果填入表 B-3-5。

表 B-3-5 錾削时废品的形式及产生原因

废品形式	产生原因
表面粗糙	
凹凸不平	
表面有錾痕	
崩裂或塌角	
尺寸超差	

2. 錾削练习

对图 B-3-16 所示工件进行錾削。

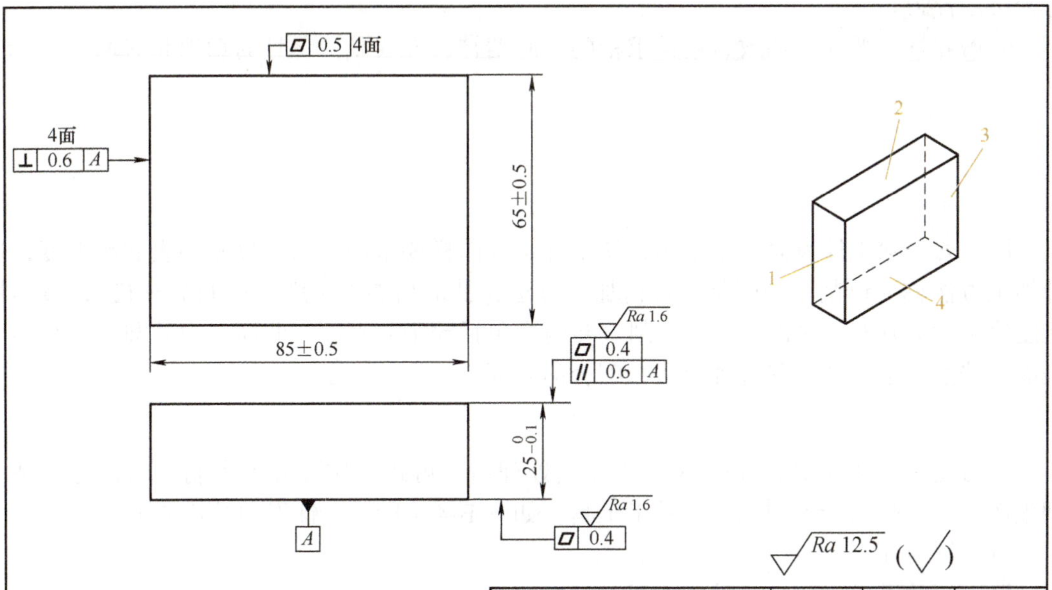

底板		比例	材料	图号
		1:1	HT200	A4
制图		数量		
审核		1		

图 B-3-16 底板零件图

工作任务 B-4

锉削加工

职业能力 B-4-1 能合理选用并拆装锉刀

一、核心概念

锉削　　锉刀

二、学习目标

1. 能简述锉削的定义与作用。
2. 能简述锉刀的种类、规格。
3. 能简述锉刀的选用方法。
4. 能简述锉刀的拆装方法。
5. 能根据零件材料性质、加工表面大小、断面形状、加工精度和表面粗糙度等要求，合理选用锉刀。
6. 培养学生严谨、细致、精益求精的工匠精神，养成爱护工具的意识和习惯。

三、基本知识

1. 锉削

用锉刀去除工件表面多余金属，使工件达到图样要求的形状、尺寸和表面粗糙度，这种加工方法称为锉削。锉削是一种精加工方法，其最高加工精度可达 IT7 ～ IT8，表面粗糙度值可达 *Ra*1.6 ～ *Ra*0.8μm。锉削主要内容包括锉削外平面、曲面、内外圆以及复杂的表面、锉削沟槽、孔眼和各种形状相配合的表面。

2. 锉刀的构造

锉刀是用碳素工具钢 T12 或 T13 经热处理后，再将工作部分淬火制成的，是一种小型生产工具，是用于锉削工件的手工工具。如图 B-4-1 所示，锉刀的结构如下。

（1）锉刀面

锉刀宽的平面，前段略带凸弧形。

（2）锉刀边

指锉刀窄的边，有的边有齿，有的边没有齿，没有齿的边称为安全边。

（3）锉刀根

指锉刀没有齿的一端，与锉刀舌部相连。

（4）锉刀舌

指锉刀尾部，形状像一把锥子，可以插入木柄中。

（5）锉刀柄

装在锉刀舌上，便于用力，它的一端装有铁箍，以防锉刀柄开裂。

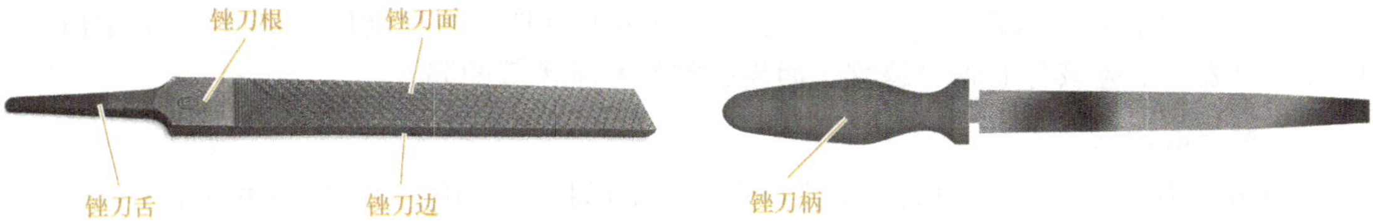

图 B-4-1　锉刀的构造

3. 锉刀的种类

1）按用途分为钳工锉、整形锉和异形锉三类。常用的是钳工锉，它的规格一般以截面形状、锉刀长度、齿纹粗细来分类，如图 B-4-2 ～ 图 B-4-4 所示。

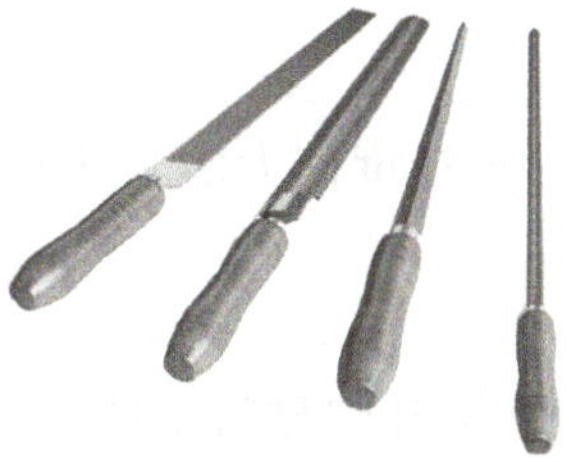

图 B-4-2　钳工锉

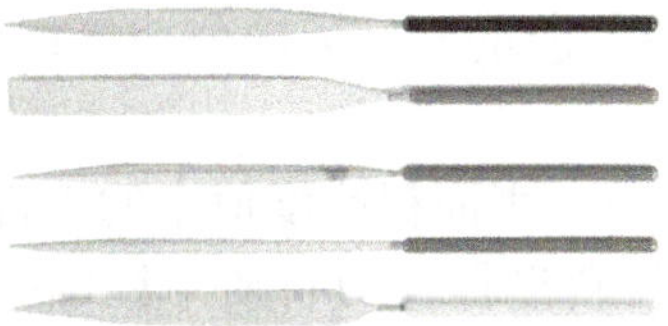

图 B-4-3　整形锉

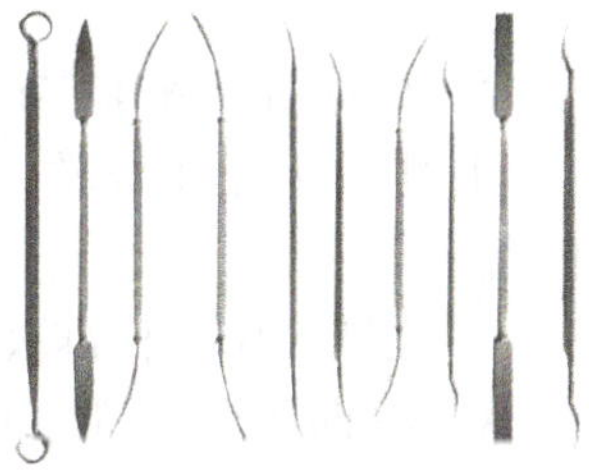

图 B-4-4　异形锉

2）按锉刀齿纹分为单齿纹锉刀和双齿纹锉刀。

如图 B-4-5 所示，锉刀上齿纹按同一方向排列，称为单齿纹锉刀。锉削宽度等于锉齿的全长，因此，锉削时比较费力，并且容屑槽也容易被切屑塞满。一般仅用来锉削软金属和要求光洁的表面。

图 B-4-5　单齿纹锉刀

如图 B-4-6 所示，锉刀上齿纹是交叉排列的称为双齿纹锉刀。双齿纹和单齿纹的区别是：双齿纹的切削刃是间断的，也就是说长刃上分成许多小齿，能使切屑折断，容屑槽不易被切屑塞满，所以使用这种锉刀工作比较省力。

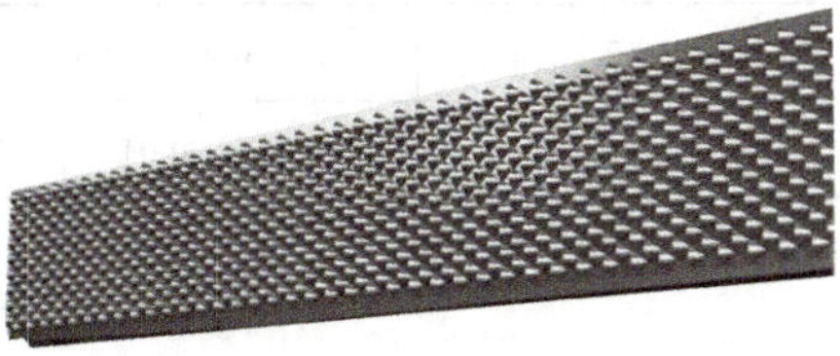

图 B-4-6　双齿纹锉刀

3）按齿纹粗细可分为粗齿、中齿、细齿和油光锉等。

4）按工作部分的长度可分为 100mm、150mm、200mm、250mm、300mm、350mm、400mm 共七种。

4. 锉刀的材料

锉刀由碳素工具钢制成，并经淬硬的一种切削刃具。一般硬度应在 62 ～ 67HRC 之间。锉刀表面不应该有毛刺、裂纹、崩齿、重齿和跳齿等缺陷。

5. 锉刀的选用

1）根据所要锉削零件的加工工艺要求、加工形状来选用锉刀，如图 B-4-7 所示。

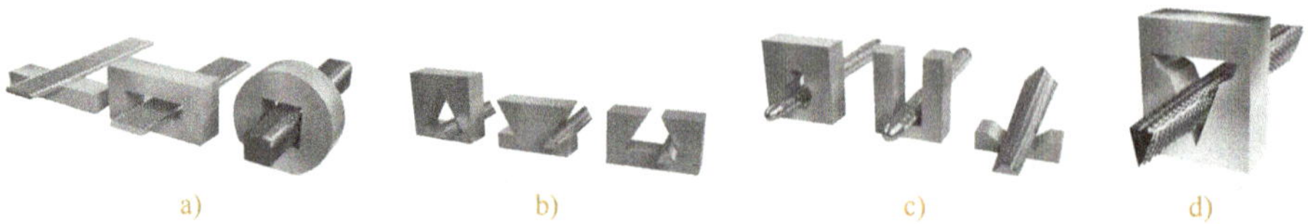

图 B-4-7　锉刀选用

2）根据所要锉削零件的加工精度、加工材料、加工余量选择锉刀。

① 粗锉刀用于锉软金属、加工余量大、标准公差等级低和表面粗糙度值大的工件的加工。

② 细锉刀用于标准公差等级高、表面粗糙度值小的工件的加工。

3）根据所要锉削零件加工材料选择锉刀材质。锉削铝、铜、软钢等软材料工件时，最好选用单齿纹锉刀。单齿纹锉刀前角大，楔角小，容屑槽大，切屑不易堵塞，切削刃锋利。

4）锉刀尺寸规格应根据被加工工件的尺寸和加工余量选用。当加工工件尺寸大并且余量大时，要选用大尺寸规格的锉刀，反之要选用小尺寸规格的锉刀。锉刀规格见表 B-4-1。

表 B-4-1　锉刀规格

锉刀粗细	适用场合		
	锉削余量 /mm	精度尺寸 /mm	表面粗糙度 *Ra*/μm
1 号（粗齿锉刀）	0.5 ～ 1	0.2 ～ 0.5	100 ～ 25
2 号（中齿锉刀）	0.2 ～ 0.5	0.05 ～ 0.2	25 ～ 6.3
3 号（细齿锉刀）	0.1 ～ 0.3	0.02 ～ 0.05	12.5 ～ 3.2
4 号（双细齿锉刀）	0.1 ～ 0.2	0.01 ～ 0.02	6.3 ～ 1.6
5 号（油光锉）	0.1 以下	0.01	1.6 ～ 0.8

6. 锉刀柄的装卸方法

（1）锉刀柄的安装方法

锉刀在使用前，必须要安装好锉刀柄，检查安装牢固后方可以使用。锉刀柄安装孔的深度约等于锉刀舌的长度，孔的大小相当于锉刀舌能自由插入其长度的 1/2。安装时先用左手扶柄，用右手将锉刀舌插入锉刀柄内，放开左手，然后用右手把锉刀柄的下端垂直镦紧，镦入长度约等于锉刀舌长度的 3/4，如图 B-4-8 所示。

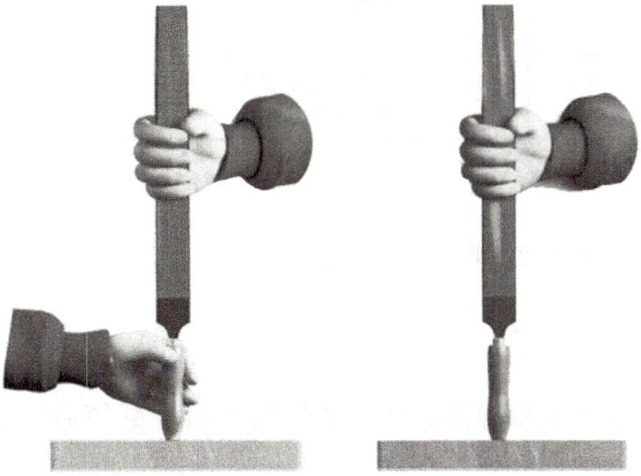

图 B-4-8　锉刀柄的安装方法

（2）锉刀柄的拆卸方法

拆卸锉刀柄可在台虎钳上或钳台上进行。在台虎钳上拆卸锉刀柄时，将锉刀柄放置在台虎钳钳口中间，用力向下拉，将锉刀舌拉出来；在钳台上卸锉刀柄时，把锉刀柄向钳台边缘稍用力撞击，利用惯性作用使它与锉刀舌脱开，如图 B-4-9 所示。

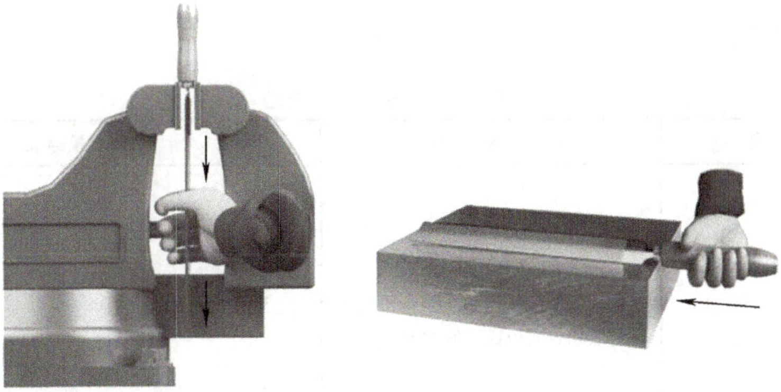

图 B-4-9　锉刀柄的拆卸方法

四、能力训练

1. 任务描述

基于表 B-4-2 中零件加工要求及加工材料，选用正确的锉刀规格。

表 B-4-2　零件加工要求及加工材料

零件 1：加工上平面（余量大），标准公差等级 IT7，灰铸铁	零件 2：加工侧面（余量小），标准公差等级 IT9，灰铸铁	零件 3：铜类零件

2. 操作条件

设备：粗、细锉刀，双齿纹锉刀，单齿纹锉刀。

3. 注意事项

1）不准用锉刀锉削淬硬的金属材料。

2）有硬皮或粘砂的锻件和铸件，须在砂轮机上将其磨掉后，才可用半锋利的锉刀进行锉削。

3）新锉刀先使用一面，当该面磨钝后，再用另一面。

4）锉削时，要经常使用钢丝刷清除锉齿上的切屑。

5）锉刀不可重叠或者和其他工具堆放在一起。

6）使用锉刀时不宜速度过快，否则容易过早磨损。

7）锉刀要避免沾水、沾油或其他脏物。

8）细齿锉刀不允许锉削软金属。

9）使用整形锉时用力不宜过大，以免折断。

4. 锉刀的选用

锉刀选用方法见表 B-4-3。

表 B-4-3　锉刀选用方法

序号	步骤	操作方法及使用说明	质量标准
1	零件 1 锉削选用	选用粗齿锉刀（粗齿锉刀用于锉削软金属、加工余量大、标准公差等级低和表面粗糙度值大的工件）	 锉刀规格选用准确
2	零件 2 锉削选用	选用细齿锉刀（细齿锉刀用于锉削标准公差等级高、表面粗糙度小的工件）	 锉刀规格选用准确

（续）

序号	步骤	操作方法及使用说明	质量标准
3	零件 3 锉削选用	选用单齿纹锉刀（单齿纹锉刀前角大，楔角小，容屑槽大，切屑不易堵塞，切削刃锋利）	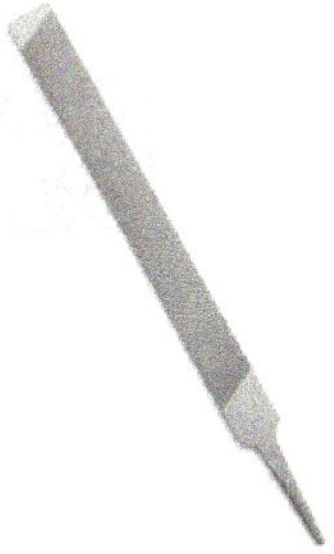 锉刀规格选用准确

5. 问题情境

问题情境一：锉削表 B-4-4 中不同形状表面，应选用何种类型的锉刀？

表 B-4-4　加工不同形状表面的锉刀的选用类型

加工表面	图例	锉刀类型
平面	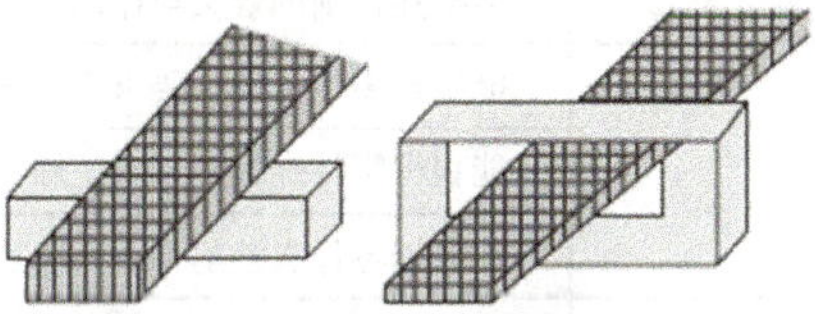	扁锉
平面、凹弧面	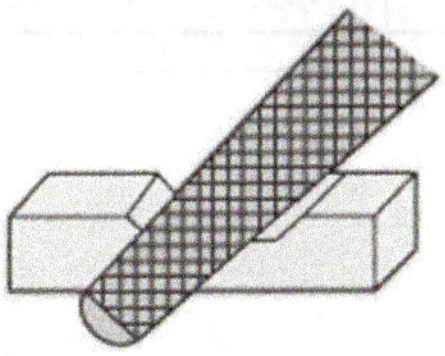	半圆锉
内角、三角孔、平面	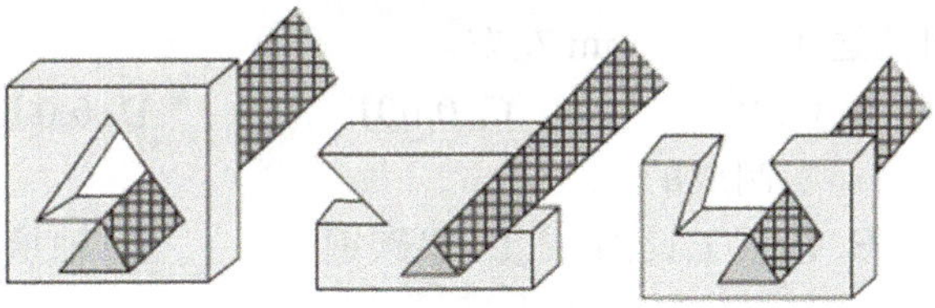	三角锉
方孔、长方孔	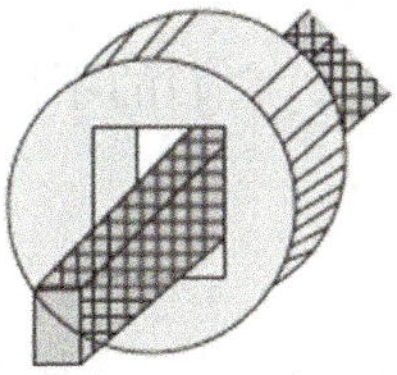	方锉

问题情境二：小明发现双锉纹锉刀有主锉纹斜角与辅锉纹斜角，帮其分析一下两者有何关联。

提示：双锉纹锉刀的主锉纹斜角与辅锉纹斜角制成不等角，从而使锉齿沿锉刀轴线方向形成倾斜和有规律的排列，如图 B-4-10a 所示，这样锉出的刀痕交错不重叠、被锉削表面比较光滑。如主锉纹斜角与辅锉纹斜角制成相等角，则锉齿沿锉刀轴线平行排列，如图 B-4-10b 所示，被锉削表面会产生沟纹，无法得到光滑表面。

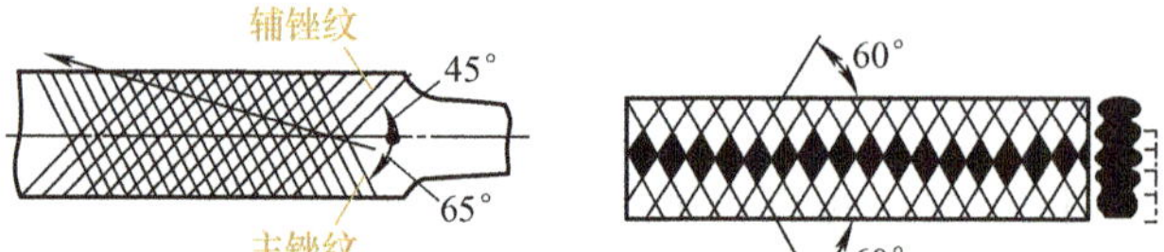

a) 不等角　　b) 相等角

图 B-4-10　锉齿的排列

6. 学习结果评价

锉刀选用评价表见表 B-4-5。

表 B-4-5　锉刀选用评价表

班级：________　姓名：________　学号：________　成绩：________

序号	评价内容	评价标准	评价结果（优、良、合格、不合格）
1	锉削定义	能概述锉削的定义与作用	
2	锉刀选用	能根据零件 1 锉削要求正确选用锉刀	
		能根据零件 2 锉削要求正确选用锉刀	
		能根据零件 3 锉削要求正确选用锉刀	
3	安全文明	无安全隐患，无违章操作	

五、课后作业

1. 选择题

（1）锉削精度可高达（　　）mm 左右。

A. 0.1　　B. 0 .01　　C. 0.001　　D. 0.0001

（2）锉刀是由（　　）制成的。

A. 合金工具钢　　B. 碳素工具钢　　C. 渗碳钢　　D. 轴承钢

2. 简答题

（1）T10 与 T13 都是碳素工具钢，它们的不同之处是什么？如果用 T10 制作锉刀会是什么结果？

（2）选择锉刀的依据是什么？如果手边没有按照规格要求选用的锉刀，该怎么办？

职业能力 B-4-2　能根据加工要求锉削六面体

一、核心概念

六面体　　锉削操作要领

二、学习目标

1. 能简述锉刀握法与锉刀大小的关系。
2. 能简述锉削姿势与锉削质量、效率的关系。
3. 能简述锉削力与锉削速度的选择方法。
4. 能正确握持锉刀和选择合适锉削方法锉削平面，保证平面度、垂直度和平行度。
5. 培养学生科学、严谨、细致的学习态度，不断提高自身技能水平和产品质量。

三、基本知识

1. 六面体

六面体是一种多面体，它有六个面。

2. 锉刀的握法

如图 B-4-11 ～ 图 B-4-14 所示，锉刀有四种不同握法。

图 B-4-11　大锉刀的握法

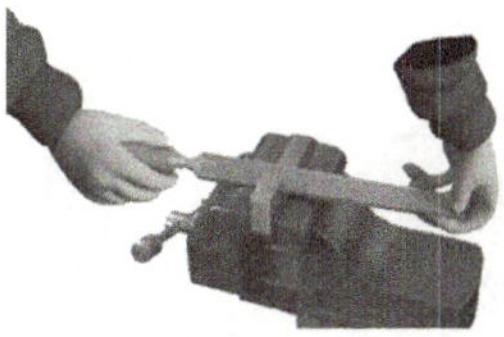

图 B-4-12　中锉刀的握法

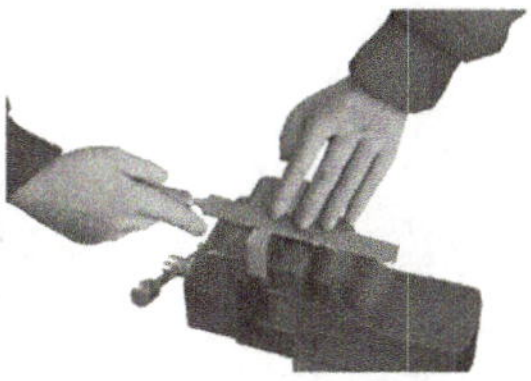

图 B-4-13　小锉刀的握法

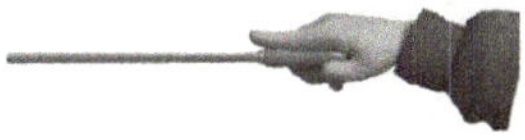

图 B-4-14　整形锉的握法

3. 工件装夹的方法

1）板类零件应该尽量放置在台虎钳钳口的中心位置，这样可以使工件受到均匀的夹紧力，防止出现变形或滑动的情况，如图 B-4-15 所示。

2）在装夹圆棒类零件时，要将其牢牢地夹在台虎钳中，但是不能过分用力，以免造成工件的变形。为了保护工件表面，可以在钳口和工件之间垫上软材料（铜皮），如图 B-4-16 所示。

图 B-4-15　板类零件装夹方法

图 B-4-16　圆棒类零件装夹方法

3）为了避免不规则的工件在装夹时滑动，应该在钳口和工件之间加上衬垫；如果工件很薄，可以先将其钉在一块木板上，然后将木板和工件一起夹在台虎钳上，这样就可以方便地进行锉削，如图 B-4-17 所示。

4）在装夹已加工完的精密工件时，要注意保护工件表面，不要留下痕迹或损坏表面。为此，可以使用软钳口（铝和纯铜制成），它们可以有效地减少对工件表面的压力和摩擦，如图 B-4-18 所示。

图 B-4-17　薄工件装夹方法

图 B-4-18　已加工完的精密工件装夹方法

4. 动作要领

（1）站姿要求

左脚与台虎钳中心线约成 30°，右脚与台虎钳中心线约成 75°，如图 B-4-19 所示。

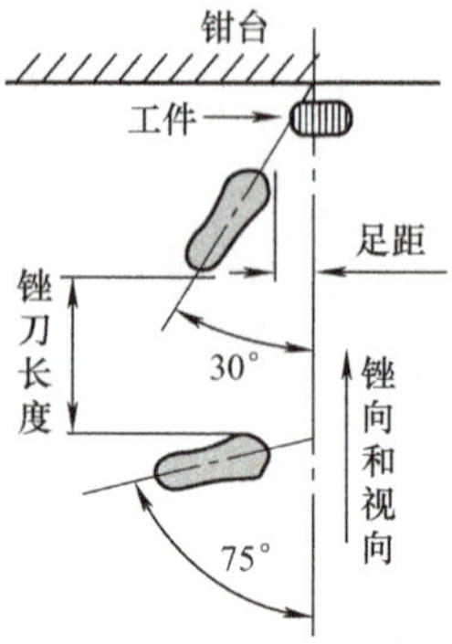

图 B-4-19　站姿要求

锉削操作

（2）身姿要求

自然站立，身体重心应落在左脚上，伸直右膝，脚始终站稳不移动，左膝随锉削时的往复运动而屈伸。锉削时，两脚站稳不动，靠左膝的屈伸使身体做往复运动，手臂和身体的运动要互相配合，并要使锉刀的全长充分利用，如图 B-4-20 所示。

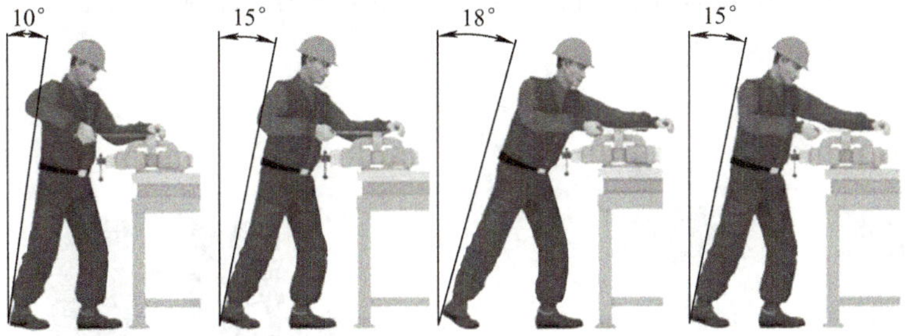

图 B-4-20　身姿要求

（3）锉削姿势

1）开始锉削时身体要向前倾斜 10° 左右，左肘弯曲，右肘向后。

2）锉刀推出 1/3 行程时身体向前倾斜 15° 左右，此时左腿稍直，右臂向前推。

3）推到 2/3 行程时，身体倾斜到 18° 左右。

4）最后左腿继续弯曲，右肘渐直，右臂向前使锉刀继续推进至尽头，身体随锉刀的反作用力返回到 15° 位置。回拉时，锉刀不参与锉削，应将锉刀稍微提起，以减少对锉齿的磨损，锉削时应尽量避免锉刀局部磨损。回拉时，锉刀与工件之间的夹角约为 15°。

5. 锉削方法

（1）顺向锉法

如图 B-4-21 所示，锉刀沿着工件表面横向或纵向移动，锉削平面锉痕正直、美观，适用于工件锉光、锉平或锉顺锉纹。

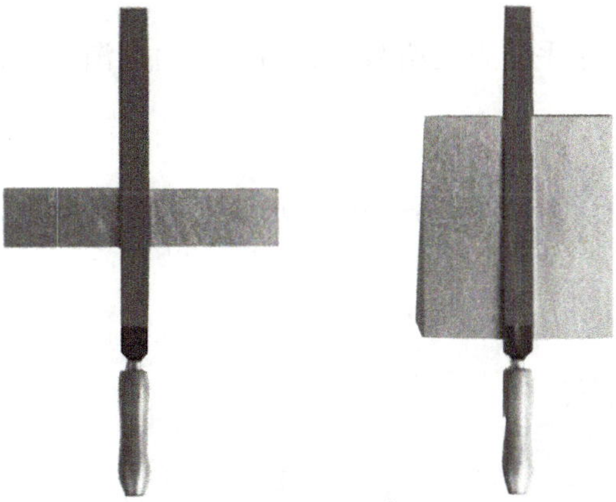

图 B-4-21　顺向锉法

（2）交叉锉法

如图 B-4-22 所示，以交叉的两个方向顺序地对工件进行锉削。由于锉痕是交叉的，可以判断锉削表面的平整程度，因此容易锉出平整的平面。交叉锉法去屑较快，适用于平面的粗锉。

（3）推锉法

如图 B-4-23 所示，两手对称地握着锉刀，用两大拇指推动锉刀进行锉削。这种方式适用于较窄表面及加工余量较小的情况，可以修正和减小表面粗糙度。

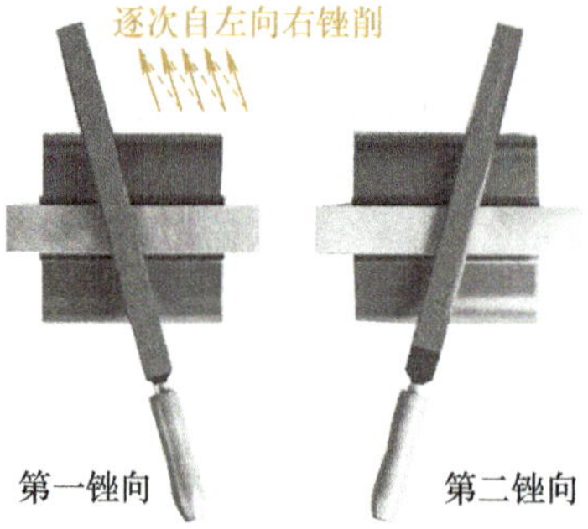

图 B-4-22　交叉锉法

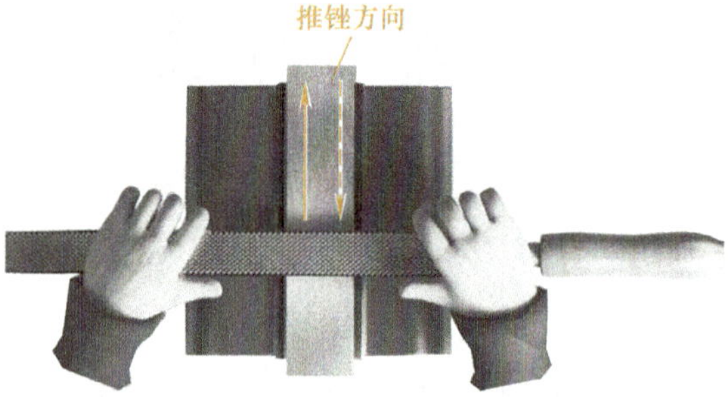

图 B-4-23　推锉法

6. 锉削力

锉削时，锉刀的平直运动是锉削的关键。要锉出平整的平面，必须保持锉刀的平直运动，在锉削过程中要随时调整两手的压力。

锉削时压力不能太大，否则会折断锉刀（尤其是小锉刀）；但也不能太小，以免打滑。实践证明，将锉刀向前推时，发出一种“唰唰”的响声，以手上有一种韧性感觉为宜。

（1）起始位置

锉削开始时，左手压力大，右手压力小，如图 B-4-24 所示。

（2）中间位置

随着锉刀向前推进，左手压力逐渐减小，右手压力逐渐增大，到中间时，两手压力相等，如图 B-4-25 所示。

（3）终了位置

到最后阶段时，左手压力减小，右手压力增大，如图 B-4-26 所示。

（4）回退

回退时不加压力，如图 B-4-27 所示。

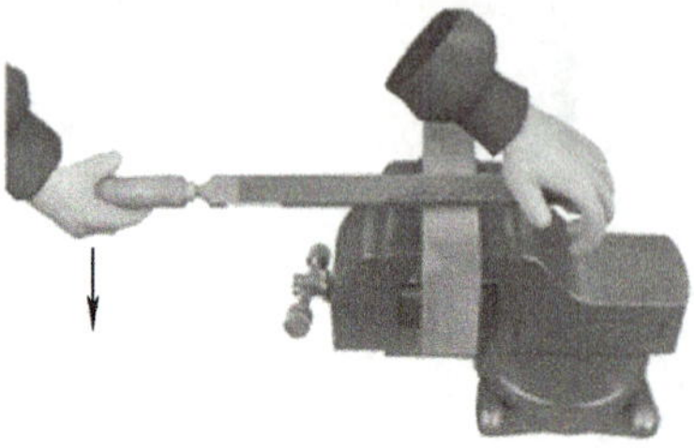

图 B-4-24　起始位置

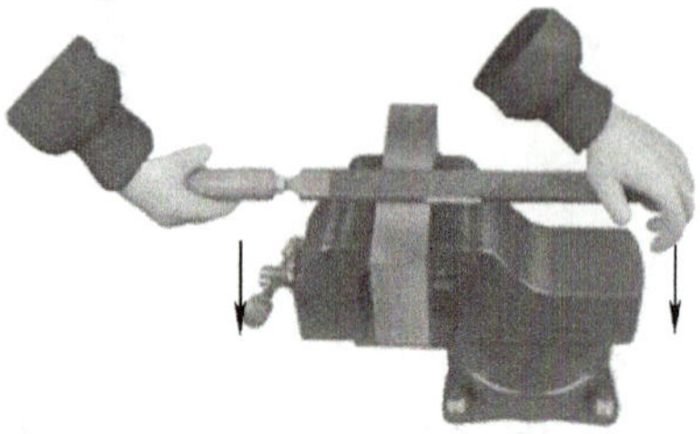

图 B-4-25　中间位置

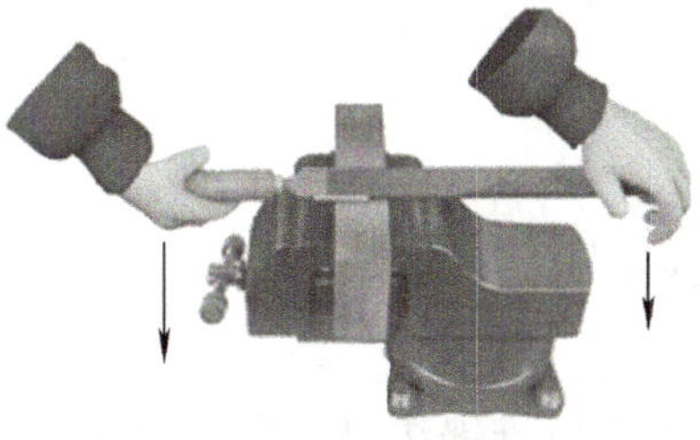

图 B-4-26　终了位置

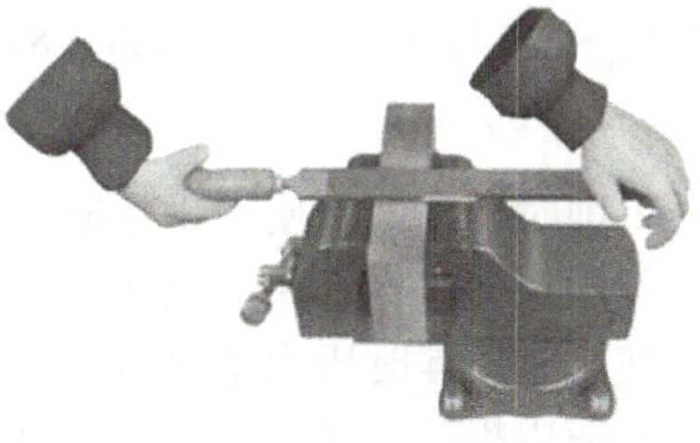

图 B-4-27　回退

7. 锉削速度

锉削的速度不宜太快，太快会加速锉刀的磨损，一般为每分钟 30 ～ 60 次。

四、能力训练

1. 任务描述

根据图 B-4-28 所示的加工要求，完成六面体工件四个侧面的锉削，工件前后大平面已完成加工。

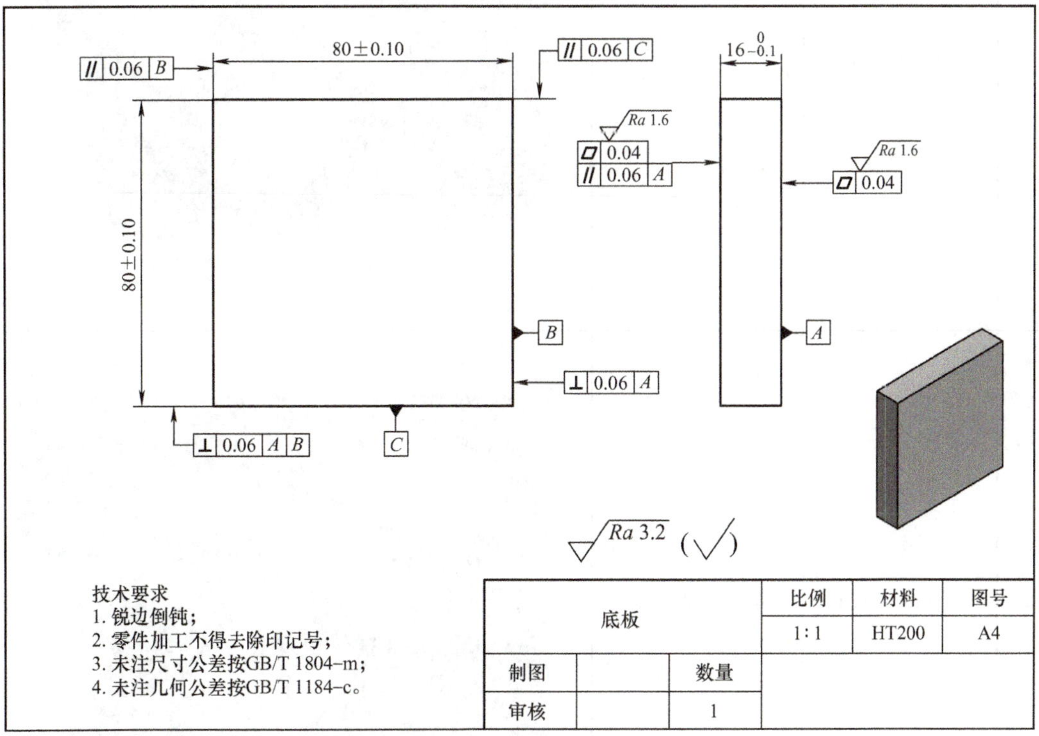

图 B-4-28　底板零件图

2. 操作条件

设备、工量具：刀口角尺、游标卡尺、台虎钳、扁锉。

材料：毛坯尺寸为 81mm × 81mm × 18mm。

材料：毛坯件（备料：81mm × 81mm × 16mm）。

3. 注意事项

1）锉削时，要经常使用钢丝刷清除锉齿上的切屑。
2）使用锉刀时不宜速度过快，否则容易过早磨损。
3）使用整形锉时压力不宜过大，以免折断。
4）先使用粗锉刀以交叉锉法锉削平面，再用细锉刀以推锉法提高表面质量。

4. 六面体工件锉削

六面体工件四个侧面锉削步骤见表 B-4-6。

表 B-4-6　六面体工件四个侧面锉削步骤

序号	步骤	操作方法及使用说明	质量标准
1	锉削基准面 B	确认基准面 B，选择粗锉刀开始锉削	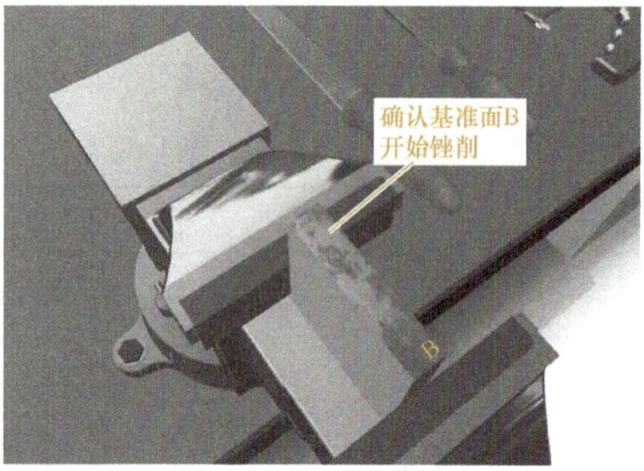 基准面确认正确、锉削操作规范
2	精加工基准面 B	精加工基准面 B	 锉削姿势正确

（续）

序号	步骤	操作方法及使用说明	质量标准
3	检测基准面 B 与基准面 A 垂直度	用直角尺检测基准面 B 与基准面 A 的垂直度	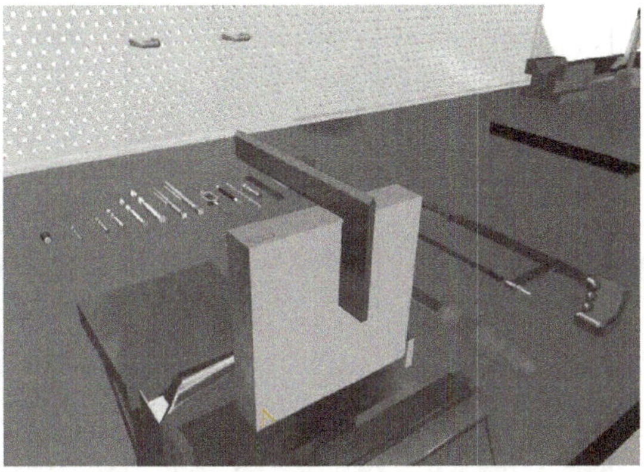 垂直度检测方法规范、正确
4	锉削辅助基准面 C	选择粗锉刀开始锉削	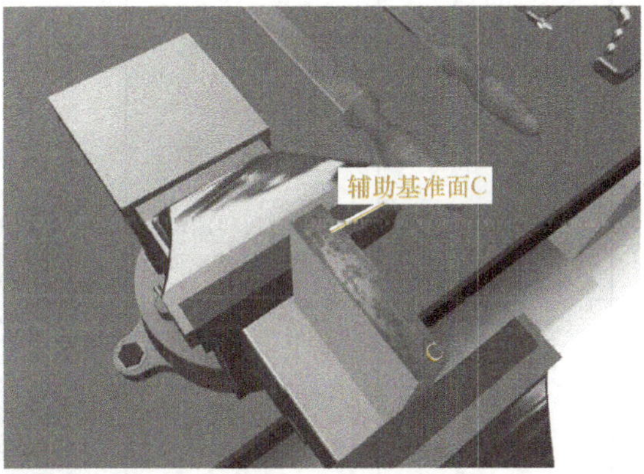 辅助基准面确认正确、锉削操作规范
5	精加工基准面 C	精加工基准面 C	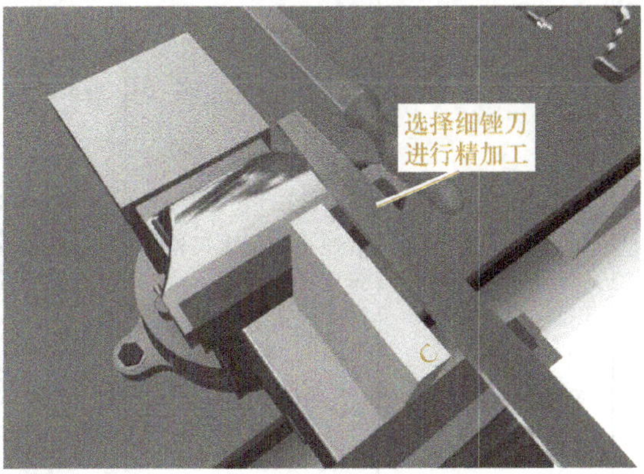 锉削姿势正确

（续）

序号	步骤	操作方法及使用说明	质量标准
6	检测辅助基准面 C 与基准面 B 垂直度	用直角尺检测辅助基准面 C 与基准面 B 的垂直度	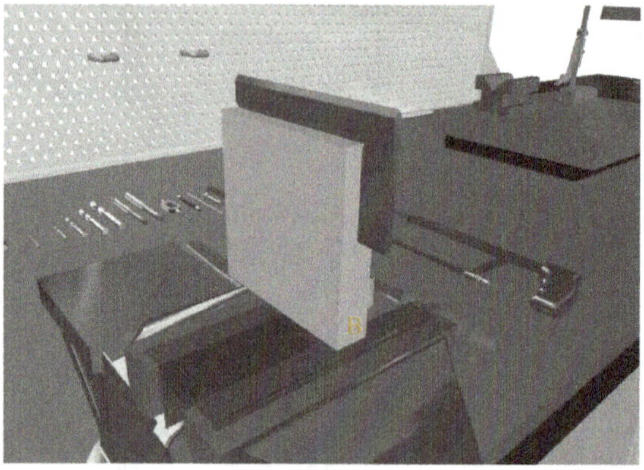 垂直度检测方法规范、正确
7	检测辅助基准面 C 与基准面 A 垂直度	用直角尺检测辅助基准面 C 与基准面 A 的垂直度	 垂直度检测方法规范、正确
8	检查锉削余量	通过游标卡尺检测锉削余量	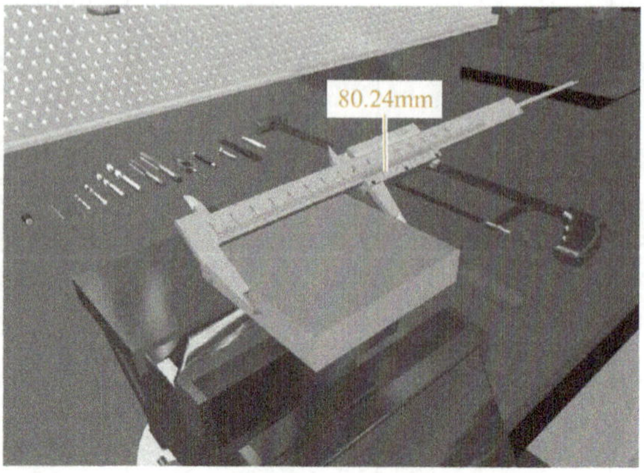 游标卡尺操作规范

（续）

序号	步骤	操作方法及使用说明	质量标准
9	粗锉基准面 B 的对面	粗锉基准面 B 的对面	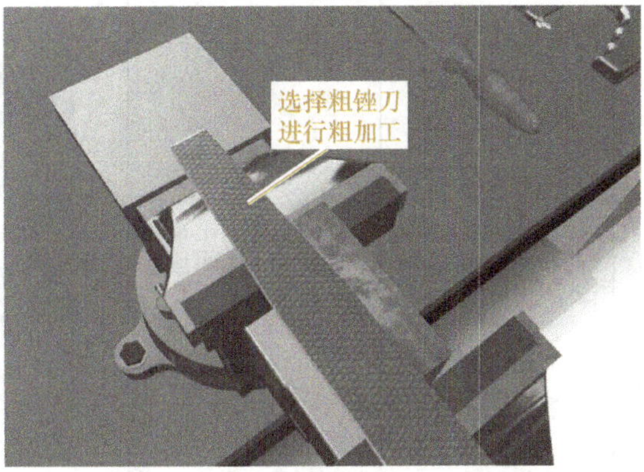 锉削姿势正确
10	检测基准面 B 的对面与基准面 B 平行度	在被测表面上采点测量，记录各提取点测量数据值	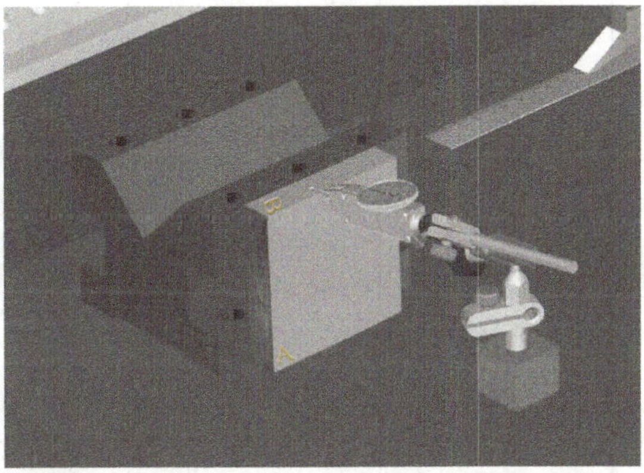 计算测量数据的最大值和最小值之差，即平行度误差值。若误差值小于公差设计值，则平行度合格
11	精加工基准面 B 的对面	精加工基准面 B 的对面	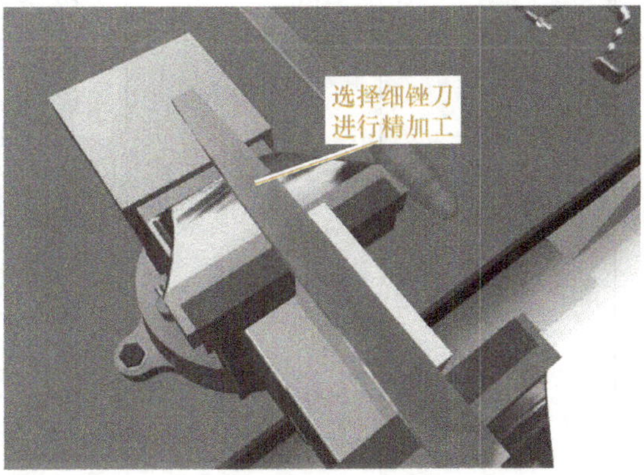 锉削姿势正确

（续）

序号	步骤	操作方法及使用说明	质量标准
12	检测基准面B的对面与基准面B平行度	在被测表面上采点测量，记录各提取点测量数据值	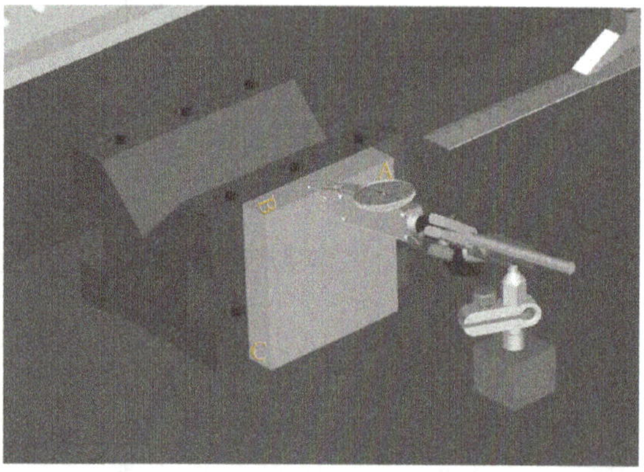 计算测量数据的最大值和最小值之差，即平行度误差值。若误差值小于公差设计值，则平行度合格
13	检查锉削余量	通过游标卡尺检测锉削余量	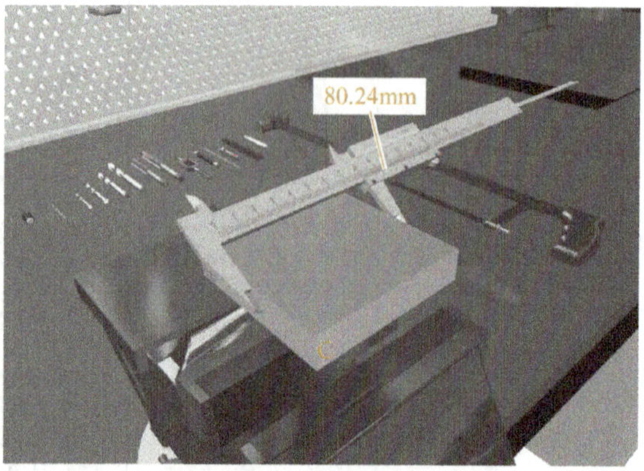 游标卡尺操作规范
14	粗锉辅助基准面C的对面	粗锉辅助基准面C的对面	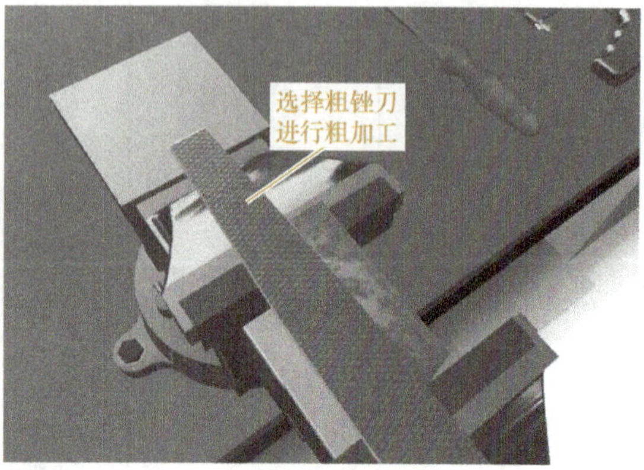 锉削姿势正确

（续）

序号	步骤	操作方法及使用说明	质量标准
15	检测辅助基准面C的对面与基准面C平行度	在被测表面上采点测量，记录各提取点测量数据值	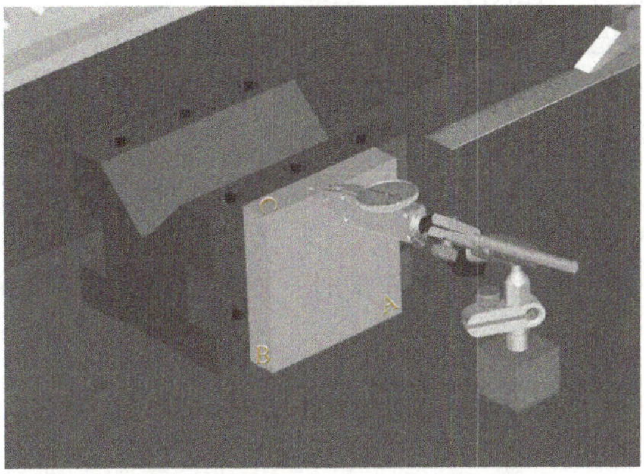 计算测量数据的最大值和最小值之差，即平行度误差值。若误差值小于公差设计值，则平行度合格
16	精加工辅助基准面C的对面	精加工辅助基准面C的对面	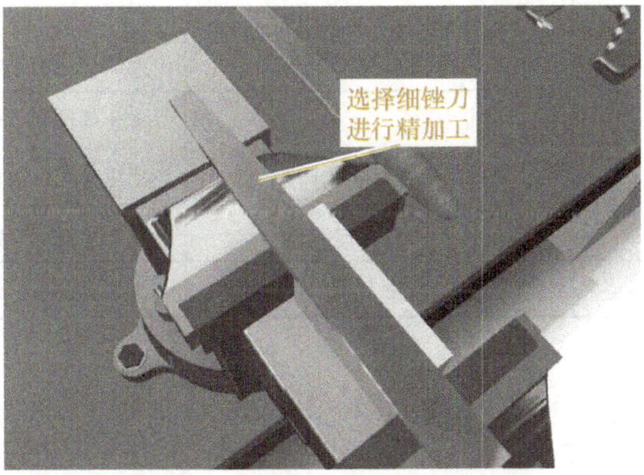 锉削姿势正确
17	检测辅助基准面C的对面与基准面C平行度	在被测表面上采点测量，记录各提取点测量数据值	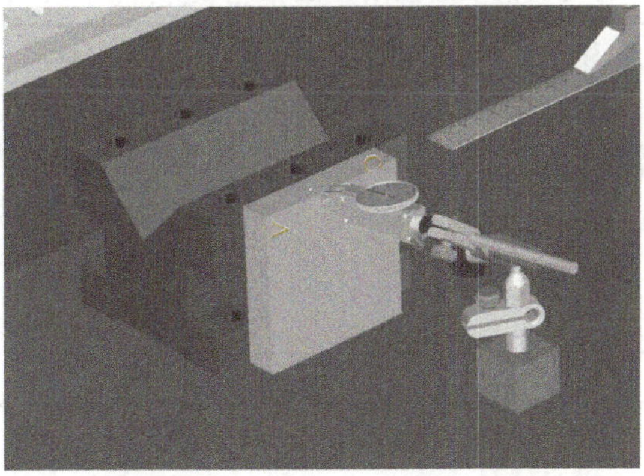 计算测量数据的最大值和最小值之差，即平行度误差值。若误差值小于公差设计值，则平行度合格

5. 问题情境

问题情境：小明在锉削六面体时，不知先从哪一个面进行锉削，请帮他分析六面体各个面的锉削顺序。

提示：在锉削加工中，不管锉削何种工件，应遵循以下顺序确定原则：

1）选择工件所有锉削面中最大的平面，先进行锉削，达到规定的平面度要求后作为其他平面锉削时的测量基准。

2）先锉平行面达到规定的平面度、平行度后，再锉与其相关的垂直面，以便于控制尺寸和精度要求。

3）平面与曲面连接时，应先锉平面后锉曲面，以便于圆滑连接。

6. 学习结果评价

六面体工件四个侧面锉削评价表见表 B-4-7。

表 B-4-7　六面体工件四个侧面锉削评价表

班级：________　姓名：________　学号：________　成绩：________

序号	评价内容	评价标准	评价结果（优、良、合格、不合格）
1	锉削动作要领	能概述锉削姿势与锉削质量、效率的关系	
2	六面体工件四个侧面锉削	能正确锉削零件表面保证平面度	
		能正确锉削零件表面保证平行度	
		能正确锉削零件表面保证垂直度	
3	安全文明	无安全隐患，无违章操作	

五、课后作业

1. 识图题

确定表格中的锉削方法。

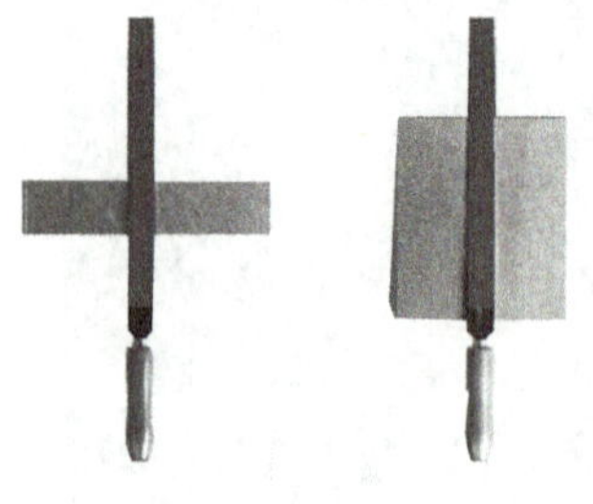	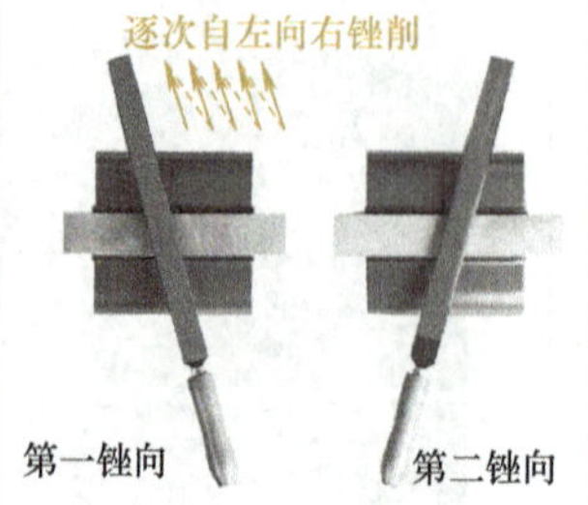	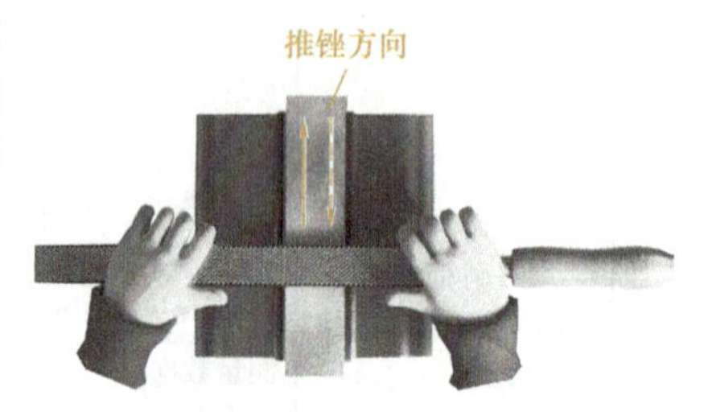

2. 选择题

（1）平面锉削分为顺向锉法、交叉锉法和（　　）。

A. 拉锉法　　B. 推锉法　　C. 平锉法　　D. 立锉法

（2）采用交叉锉法对工件进行锉削时，锉刀与工件的交叉角保持在（　　）。

A. 15°　　B. 30°　　C. 45°　　D. 60°

（3）精锉时必须采用（　　），使锉痕变直、纹理一致。

A. 顺向锉法　　B. 交叉锉法　　C. 旋转锉法　　D. 掏锉法

（4）锉削余量较大的平面时，应采用（　　）。

A. 顺向锉法　　B. 交叉锉法　　C. 推锉法

职业能力 B-4-3　能根据加工要求锉削内外圆弧面

一、核心概念

内、外圆弧面锉削　　球面锉削

二、学习目标

1. 能简述圆弧面锉削的动作要领。
2. 能完成工件圆角、倒角、球面和圆弧面的锉削。
3. 培养学生科学、严谨、细致的学习态度，增强对锉削操作的兴趣。

三、基本知识

1. 曲面锉削

（1）内、外圆弧面锉削

内、外圆弧面锉削常采用滚锉法，锉削时，锉刀头向下，右手抬高，左手压低，锉刀头靠近工件，然后推锉，使锉刀头逐渐由下向前上方做弧形运动。锉刀行进的运动轨迹是弧线，如图 B-4-29 和图 B-4-30 所示。

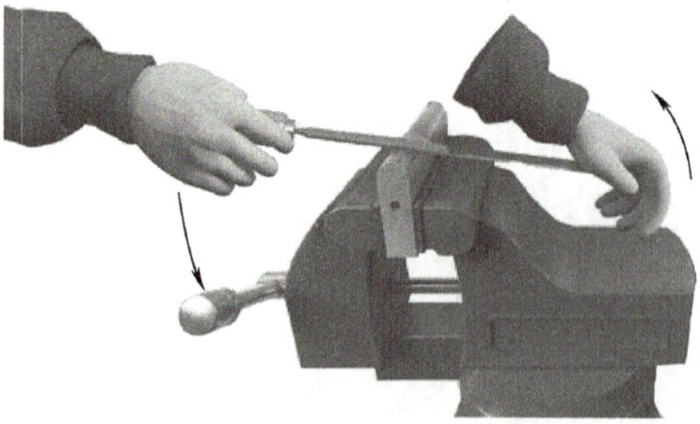

图 B-4-29　外圆弧面锉削

图 B-4-30　内圆弧面锉削

（2）球面锉削

球面锉削时，锉刀沿球面中心线摆动，同时又做弧形运动，如图 B-4-31 所示。

2. 装夹方法

夹持有圆弧面的工件时，除采用其他工件常用的方法外，还要考虑到锉削力的方向是沿弧面作用在夹持处。因此，正确操作方法是工件夹持在钳口中间，且弧面切线方向垂直于钳口。

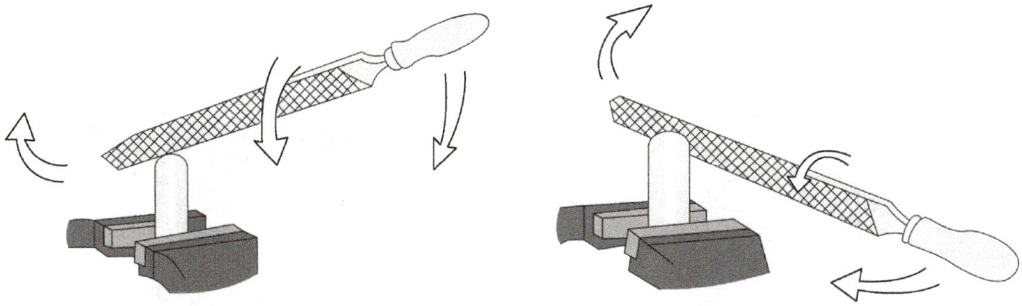

图 B-4-31　球面锉削

3. 锉削步骤

在工件上划好工艺要求的圆弧轮廓线，装夹在台虎钳上用相应的锉刀准备锉削。

（1）外圆弧面锉削

锉刀运行方向与圆弧切线方向垂直，将需要去除的余量锉削成接近圆弧面的小平面，然后将锉刀的轨迹转变为垂直和沿圆弧转动，精锉完成图样的圆弧面。

锉刀要同时完成两种运动：

1）前进运动，如图 B-4-32 所示。

2）绕圆弧中心做摆动（又称滚锉法），如图 B-4-33 所示。

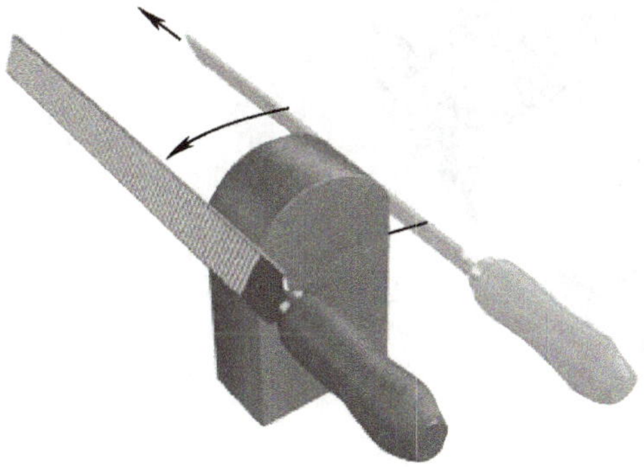

图 B-4-32　前进运动

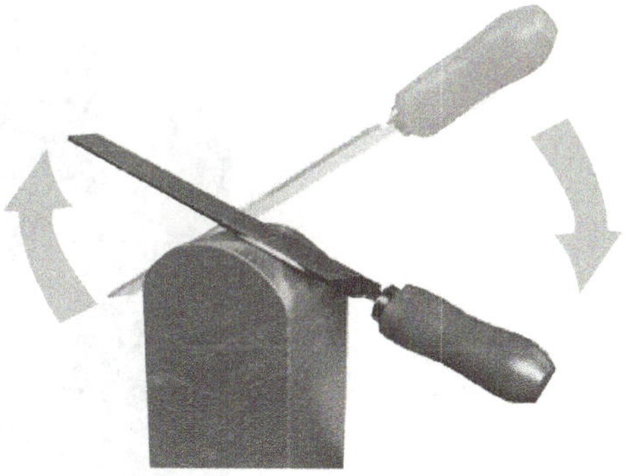

图 B-4-33　绕圆弧中心做摆动

（2）内圆弧面锉削

1）滚动锉。做与圆弧切线方向垂直的运动；向左或向右微小运动的同时绕锉刀圆心线转动（转动 90° 左右），如图 B-4-34 所示。

2）横弧锉。做与圆弧切线方向垂直的运动；向左或向右微小运动的同时绕锉刀轴心线转动，如图 B-4-35 所示。

锉削内圆弧面

3）推锉。双手横向握住锉刀两端，使用锉刀沿着工件弧面前后推动锉削，如图 B-4-36 所示。

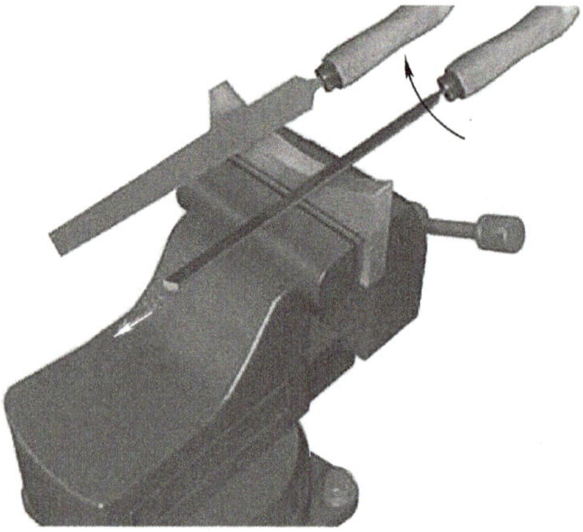

图 B-4-34　滚动锉

图 B-4-35　横弧锉

图 B-4-36　推锉

四、能力训练

1. 任务描述

根据图 B-4-37 所示的加工要求，完成内外圆弧锉削。

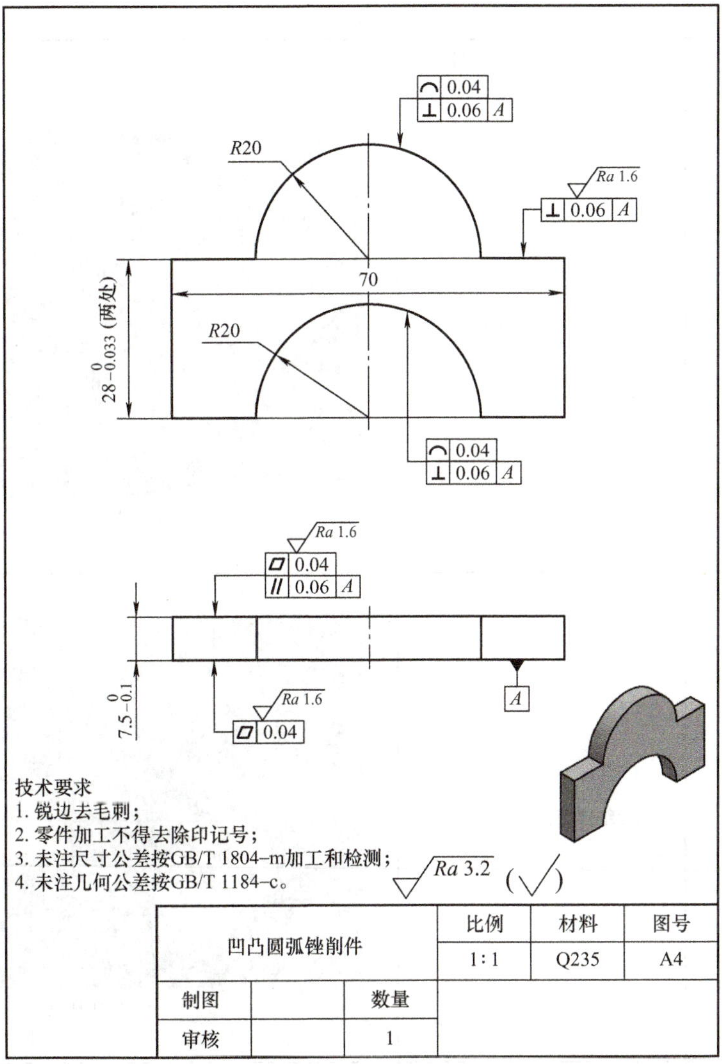

图 B-4-37 凹凸圆弧锉削件零件图

2. 操作条件

设备、工量具：直角尺、台虎钳、粗锉刀（圆锉、半圆锉）、细锉刀（圆锉、半圆锉）、*R*20 半径样板、游标卡尺。

材料：工件（已完成划线、锯削操作）。

3. 注意事项

1）锉削时，要经常使用钢丝刷清除锉齿上的切屑。

2）锉刀要避免沾水、沾油或其他脏物。

3）细锉刀不允许锉削软金属。

4. 内外圆弧锉削

内外圆弧锉削步骤见表 B-4-8。

表 B-4-8　内外圆弧锉削步骤

序号	步骤	操作方法及使用说明	质量标准
1	粗锉削外圆弧待加工面	预留精锉削余量 0.2mm	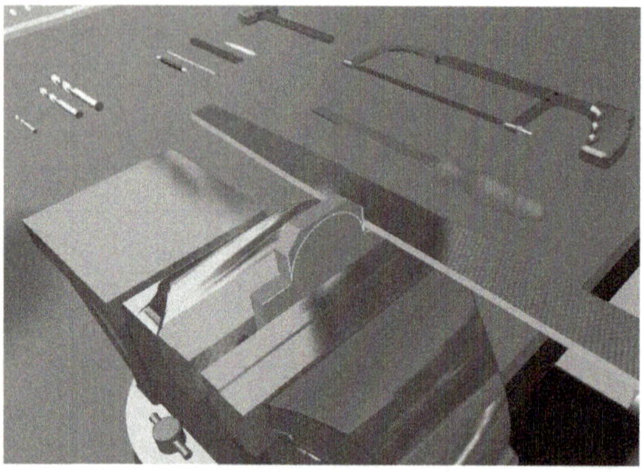 锉削操作规范
2	精锉削外圆弧待加工面	选择细锉刀锉削待加工面	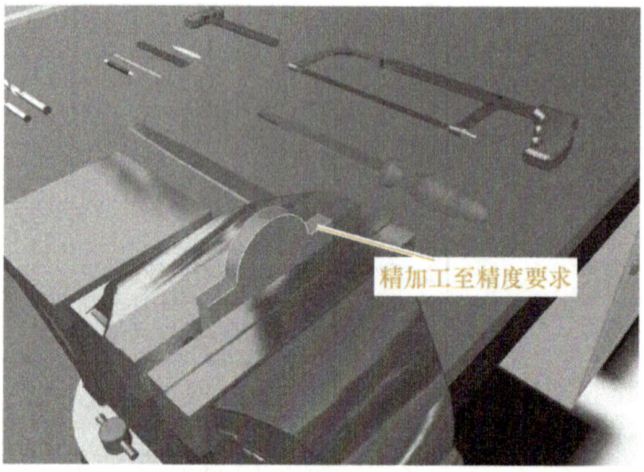 锉削操作规范
3	测量尺寸	用游标卡尺测量加工尺寸	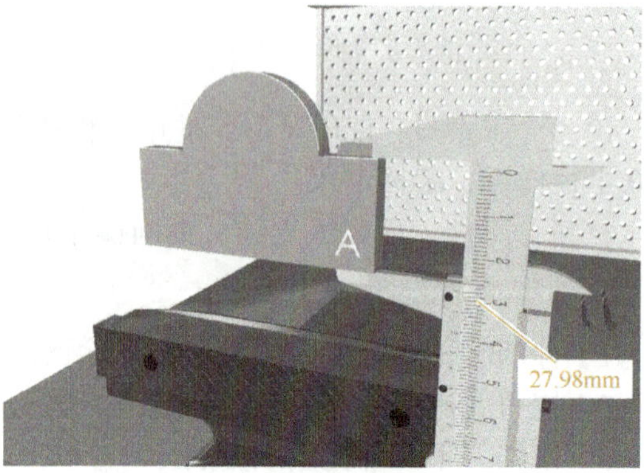 尺寸公差在图样要求范围内

（续）

序号	步骤	操作方法及使用说明	质量标准
4	测量尺寸	用游标卡尺测量加工尺寸	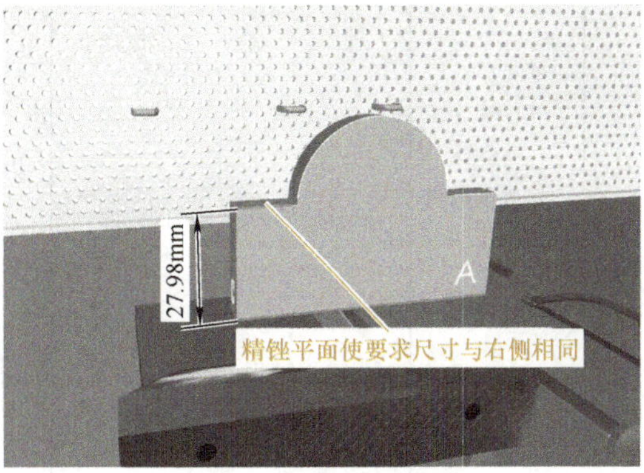 尺寸公差在图样要求范围内
5	测量外圆弧半径	用半径样板测量外圆弧半径	 尺寸精度符合图样要求
6	粗锉削内圆弧面	预留精锉削余量 0.2mm	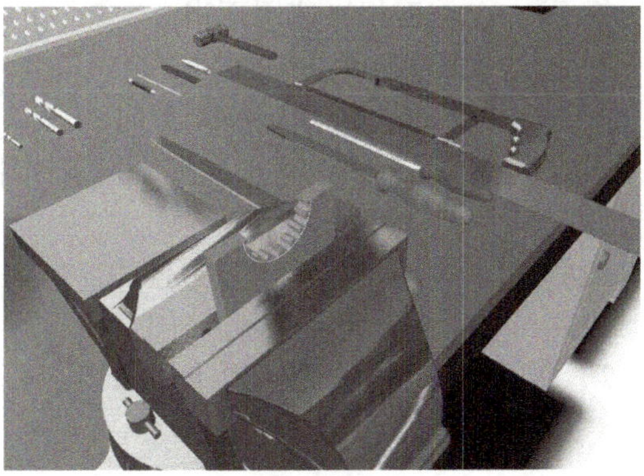 锉削操作规范

（续）

序号	步骤	操作方法及使用说明	质量标准
7	精锉削内圆弧面	选择细锉刀锉削内圆弧面	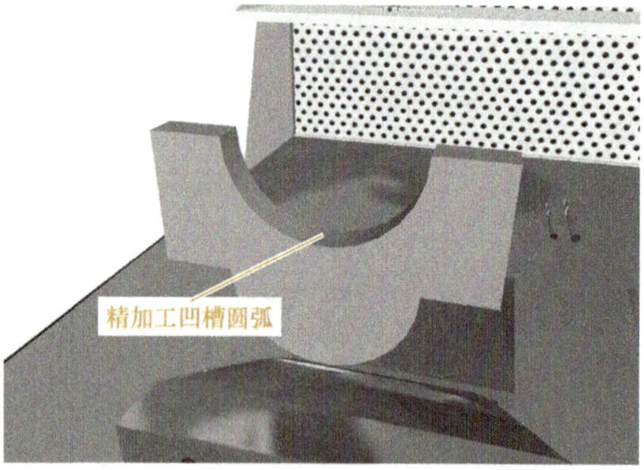锉削操作规范
8	测量内圆弧半径	用半径样板测量内圆弧半径	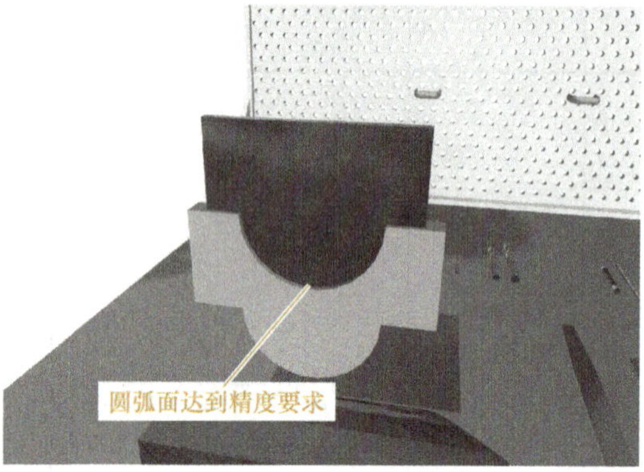尺寸精度符合图样要求

5. 问题情境

问题情境一：小明在锉削圆弧面时发现锉削表面粗糙度总是偏大，试分析其可能的原因。

提示：1）锉刀规格选用不当。

2）锉齿太深。

3）锉下的铁屑嵌在锉齿中未及时清理。

问题情境二：小明在锉削操作中发现锉掉了不应锉的部位，试分析其可能的原因及解决方案。

提示：1）原因：没选用光边锉刀。解决方案：锉削垂直面时应选用光边锉刀，如没有光边锉刀则用普通锉刀改制。

2）原因：锉刀打滑把临近平面挫伤。解决方案：注意锉刀不要打滑。

6. 学习结果评价

工件锉配评价表见表 B-4-9。

表 B-4-9　工件锉配评价表

班级：________　姓名：________　学号：________　成绩：________

序号	评价内容	评价标准	评价结果（优、良、合格、不合格）
1	内外圆弧面锉削动作要领	能概述内外圆弧面锉削的锉削要领	
2	圆弧面锉削操作方法	能完成外圆弧锉削操作	
		能完成内圆弧锉削操作	
3	安全文明	无安全隐患，无违章操作	

五、课后作业

1. 识图题

填写下列表中内圆弧锉削的方法。

		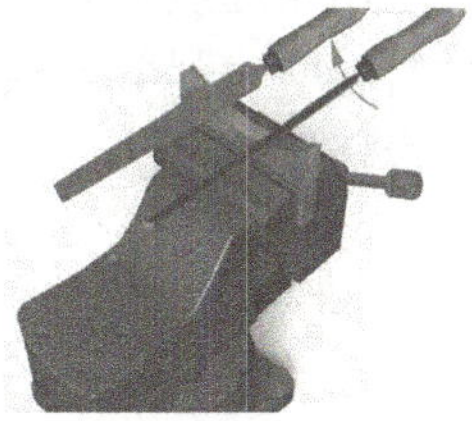

2. 选择题

（1）（　　）适用于狭长平面以及加工余量不大时的锉削。

A. 顺向锉　　B. 交叉锉　　C. 推锉　　D. 曲面锉削

（2）以下关于锉削方法叙述正确的是（　　）。

A. 锉削平面，在中间位置，两手使用相同的压力

B. 锉削平面，在开始位置，右手施加较大的压力，左手施加较小的压力

C. 锉刀在使用前用油涂抹以起润滑作用

D. 为了提高效率，前推和返回都施加压力进行锉削

（3）曲面锉削的方法是顺着圆弧锉削，锉刀绕（　　）摆动，从而锉出光滑的曲面。

A. 圆弧外侧　　B. 圆弧中心　　C. 曲面　　D. 平面

（4）使用锉刀时不能（　　）。

A. 推锉　　B. 来回锉　　C. 单手锉　　D. 双手锉

职业能力 B-4-4　能选用合适工量具对锉削工件进行质量检查

一、核心概念

光隙法　　着色法

二、学习目标

1. 能运用光隙法检测零件表面直线度、平面度和垂直度。
2. 能用百分表检测工件平行度。
3. 能用粗糙度样板检测零件表面粗糙度。
4. 培养学生科学、严谨、细致的学习态度，提高测量精度和效率，增强对测量工作的兴趣和责任感。

三、基本知识

1. 平面度检测

（1）平面度误差的形成及产生原因

平面度误差的形成及产生原因见表 B-4-10。

表 B-4-10　平面度误差的形成及产生原因

形式	产生形式
平面中凸	1）锉削时，锉刀不平衡 2）以右手为例，锉刀推出时，右手压力大，造成平面后部多锉；锉刀推到中间时，左手压力大，造成平面前部多锉 3）锉削姿势不正确 4）锉刀本身中凹
对角扭曲	1）左手或右手施加压力时重力偏在锉刀的一侧 2）工件夹持不紧固 3）锉刀表面扭曲
平面横向中凸或中凹	锉削时，锉刀左右移动不平衡以及受力不均匀

（2）定性检测平面度的方法

定性检测平面度的方法有刀口尺法和着色法。

刀口尺有镁铝合金与钢制两种，如图 B-4-38 所示。主要采用光隙法进行直线度和平面度检测。刀口尺的精度可以分为 0 级和 1 级。

图 B-4-38　刀口尺

1）光隙法。将刀口尺的刃口放在被测工件表面上，如被测表面不平直或并列两平面之间有微小的尺寸差异，则被测表面与刀口尺在接触处将有可见的光隙，如图 B-4-39 所示。利用此光隙来检测误差大小的方法称为光隙法。

在实际操作中，采用简化方法进行检测：把工件被测表面擦拭干净，使刀口尺与工件紧密接触。将刀口尺在被测表面的横向、纵向和对角线等多个方向上进行对比检测，观察刀口尺与工件之间的透光情况，如图 B-4-40 所示。如有透光，说明被测表面存在平面度误差。移动刀口尺时，应把它提起，并轻轻地放在新的位置上，不能使刀口尺在工件表面上来回拖拉移动。

图 B-4-39　检测不同表面平面度

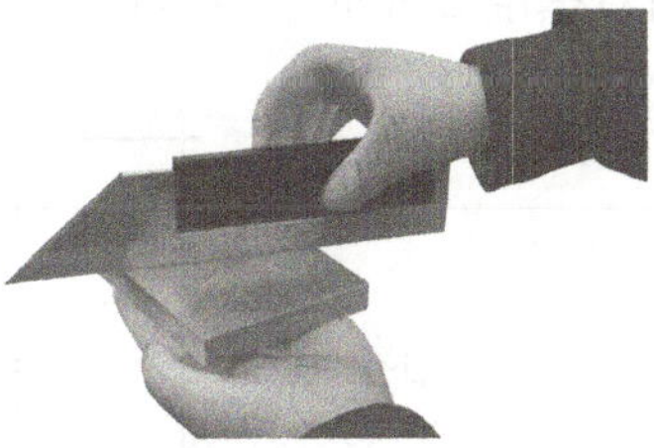

图 B-4-40　光隙法

2）着色法。把已经着色的被测工件表面与标准平面进行对研，观察被测工件表面的着色残留大小。颜料残留面积越小，平面度越好。标准平面通常为划线平台，如图 B-4-41 所示。

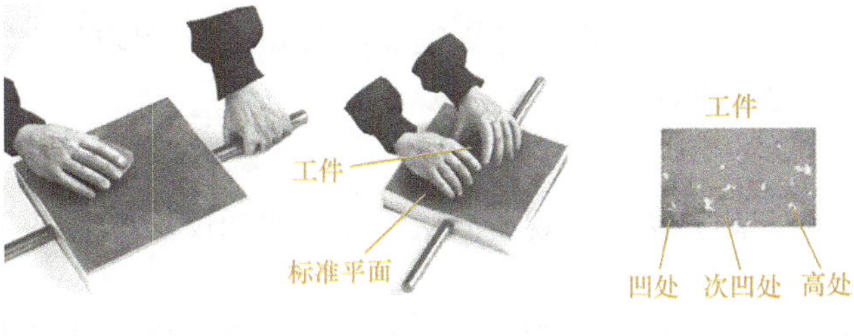

图 B-4-41　着色法

检测方法：在被测工件表面均匀涂上有色颜料（要薄而均匀）；在标准平面上作无规则的研磨动作；拿起被测工件，观察被测表面颜料的残留情况。

检测标准：以颜料残留面积小于或等于 25% 为合格。

2. 平行度检测方法

平行度是一平面（边）相对于另一平面（边）平行的误差最大允许值，是被测要素相对基准方向上允许的变动全量。

平行度公差 0.05mm 是指上表面必须位于距离为公差值 0.05mm 且平行于基准平面的两平行平面之间，如图 B-4-42 所示。

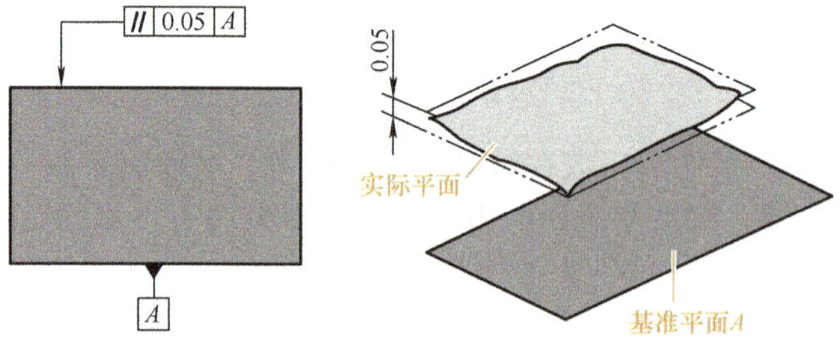

图 B-4-42　平行度公差

（1）平行度检测方法

把已检测合格的平面（d 面）贴合在划线平台上；用百分表从被测表面的一端连续检测到另一端并记录其中最大的数值；按任意检测路线，重复检测三次；三个数据的最大者，即为 b 面对基准 d 面的平行度误差值，如图 B-4-43 所示。

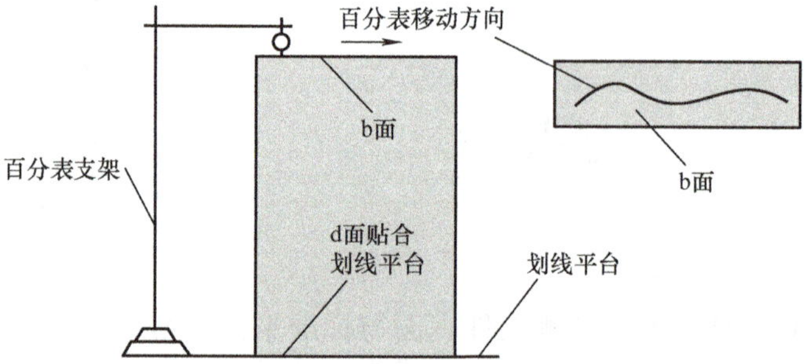

图 B-4-43　平行度检测方法

（2）平行度质量分析

根据公差原则，b 面的平面度误差是影响 b 面与 d 面平行度的根本原因。因此，平行度的问题就转化为平面度的问题。

3. 表面粗糙度检测

常用的表面粗糙度检测方法有直观检测法、比较法和仪器检测法三种。

（1）直观检测法

通过检测人员的目测、手感，直观感知表面质量是否合格。对于那些明显不需要用精确方法检测工件表面质量的场合，可用直观法检验。

（2）比较法

如果用直观检测法不能作出判断，可将被测表面与粗糙度样块进行比较判定，粗糙度样块如图 B-4-44 所示。

图 B-4-44　粗糙度样块

（3）仪器检测法

通过专用仪器，对加工表面进行量化检测的方法，如光切法、干涉法等。在机械工程作业中，常用的检测方法是直观检测法和比较法。

四、能力训练

1. 任务描述

利用刀口尺对锉削表面进行平面度质量检查。

2. 操作条件

设备：刀口尺。

材料：已完成锉削的零件。

3. 注意事项

1）检测过程中，在不同的检测位置应当将刀口尺提起后再放下，以免刀口磨损，影响检测精度。

2）使用时，不得碰撞，应确保其棱边的完整性，否则将影响测量精度。使用后，不得与其他工具堆放在一起，应单独存放或装入专用盒内保存。

4. 锉削表面质量检查

锉削表面质量检查见表 B-4-11。

表 B-4-11　锉削表面质量检查

序号	步骤	操作方法及使用说明	质量标准
1	检查情形 1	将刀口尺的刃口放在被测工件表面上，被测工件表面与刀口尺在接触处无光隙，锉削表面质量符合要求	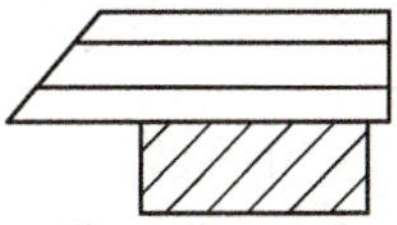 刀口尺操作规范、判定准确
2	检查情形 2	将刀口尺的刃口放在被测工件表面上，被测工件表面与刀口尺在接触处中间有光隙，则判定加工表面为凹形	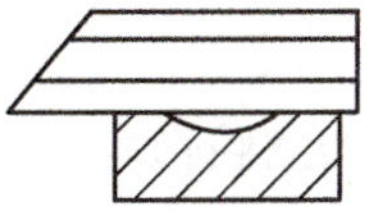 刀口尺操作规范、判定准确

（续）

序号	步骤	操作方法及使用说明	质量标准
3	检查情形 3	将刀口尺的刃口放在被测工件表面上，被测工件表面与刀口尺在接触处两侧有光隙，则判定加工表面为凸形	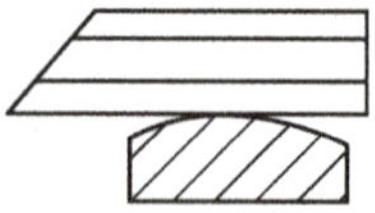 刀口尺操作规范、判定准确
4	检查情形 4	将刀口尺的刃口放在被测工件表面上，被测工件表面与刀口尺在接触处有间隔光隙，则判定加工表面为波浪形	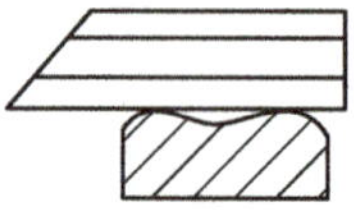 刀口尺操作规范、判定准确

5. 问题情境

问题情境：小明在对已加工表面进行平面度检测时，发现没有刀口尺，请帮其分析如何对已加工表面进行平面度检测。

提示：在工件的被测表面上均匀地涂上一层极薄的红丹粉或蓝油，再将工件放在标准平面上，平稳地前后左右移动几下，取下工件，观察被测工件表面摩擦痕迹的分布情况，就可以确定平面度的好坏，如图 B-4-45 所示。

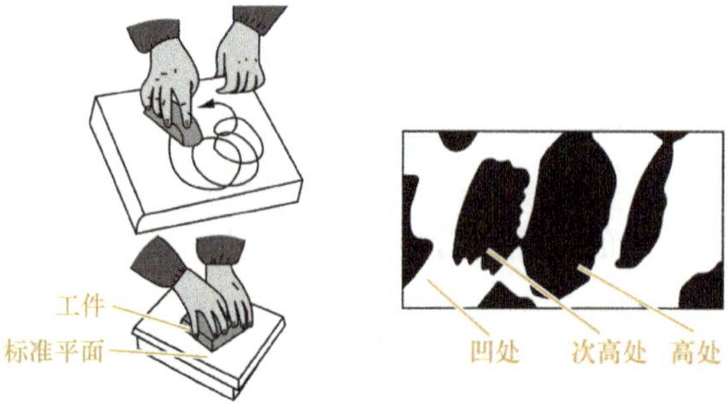

图 B-4-45　着色法操作过程

6. 学习结果评价

锉削表面质量检查评价表见表 B-4-12。

表 B-4-12　锉削表面质量检查评价表

班级：________　姓名：________　学号：________　成绩：________

序号	评价内容	评价标准	评价结果（优、良、合格、不合格）
1	锉削工件质量检查	能概述锉削工件质量检查方法	
2	锉削表面平面度质量检查	能正确使用刀口尺检查情形 1	
		能正确使用刀口尺检查情形 2	
		能正确使用刀口尺检查情形 3	
		能正确使用刀口尺检查情形 4	
3	安全文明	无安全隐患，无违章操作	

五、课后作业

1. 选择题

（1）粗糙表面的表面特征为微见加工痕迹，表面粗糙度值应不大于 *Ra*（　　）μm。

A. 5　　B. 10　　C. 15　　D. 20

（2）当表面特征为不可辨加工痕迹的方向，表面粗糙度值应不大于 *Ra*（　　）μm。

A. 0.33　　B. 0.43　　C. 0.53　　D. 0.63

（3）当表面特征为可辨加工痕迹的方向，表面粗糙度值应不大于 *Ra*（　　）μm。

A. 0.0125　　B. 0.125　　C. 1.25　　D. 12.5

2. 锉削练习

毛坯尺寸为 86mm × 66mm × 26mm，按照图 B-4-46 所示加工要求进行锉削。

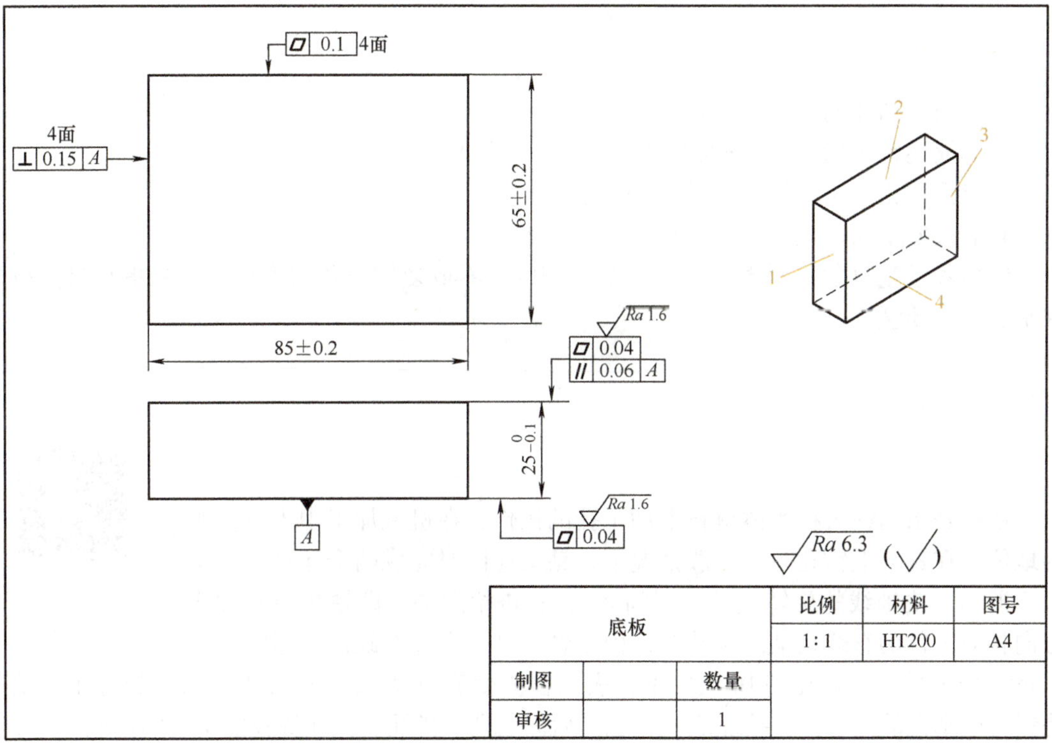

图 B-4-46　底板零件图

工作任务 B-5
钻削加工

职业能力 B-5-1　能根据加工要求规范操作钻床

一、核心概念

钻孔　　钻床

二、学习目标

1. 能简述钻孔的定义与作用。
2. 能简述钻床的结构与种类。
3. 能简述钻夹头、钻头套的使用方法。
4. 能按安全操作规范使用钻床。
5. 培养学生科学、严谨、细致的学习态度，养成爱护设备的意识，不断提高自身技能水平和产品质量。

三、基本知识

1. 钻孔

钻孔操作

钻孔是指用钻头在实体材料上加工孔的操作，在机械加工中占有重要的地位。在钻床上钻孔时，一般情况下，钻头应同时完成两个运动：主运动，即钻头绕轴线的旋转运动（切削运动）；进给运动，即钻头沿着轴线方向相对工件的直线运动。钻孔时，由于钻头结构上存在缺点，影响加工质量，加工精度一般在 IT10 级以下，表面粗糙度值为 $Ra12.5\mu m$ 左右，属于粗加工。钻孔是钳工应掌握的基本操作技能之一，也是后面锪孔、扩孔、铰孔等技能学习的基础。

2. 钻床

钻床的结构

钻床指用钻头在工件上加工孔的机床。钻床结构简单、加工精度相对较低，可钻通孔、不通孔，更换特殊刀具后可进行扩孔、锪孔、铰孔或攻螺纹等操作。钻床的特点是工件固定不动，刀具做旋转运动和直线运动。

3. 钻床的结构

如图 B-5-1 所示，钻床主要由立柱、主轴箱、摇臂、主轴、机座和工作台组成。

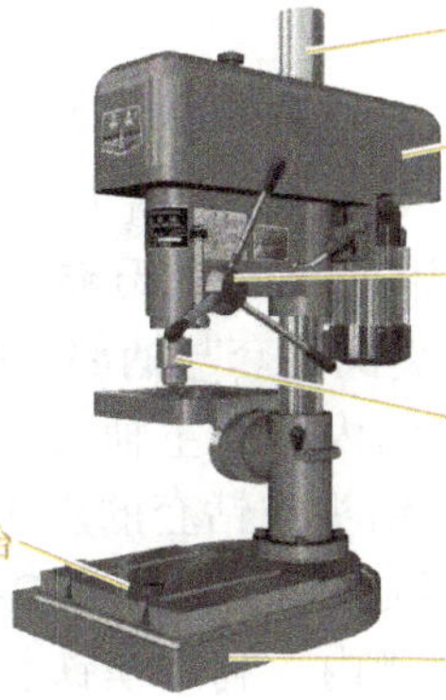

图 B-5-1 钻床的结构

4. 钻床的种类

钻床的种类见表 B-5-1 所示。

表 B-5-1 钻床的种类

类型	特点	示意图
台式钻床	台式钻床是一种小型钻床，是孔加工中的常用设备。它大都安装在钳台上，钻床主轴下端有安装钻夹头的钻卡，由于钻夹头的限制，适用于零件小型孔的钻削，一般可以钻 ϕ13mm 以内的孔 台式钻床通过电动机、塔轮、V 带带动钻头旋转，扳动手柄可以使钻头直线运动，进行钻削工作	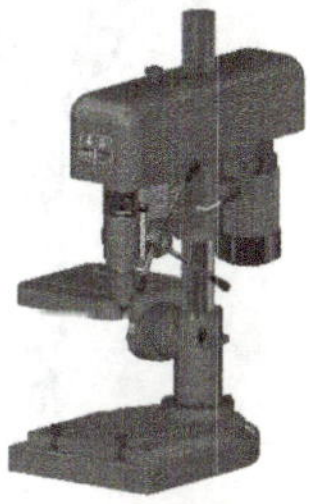
立式钻床	立式钻床具有自动进刀机构，可选择较大的切削用量，生产效率较高，并能得到较高的加工精度 立式钻床主轴转速和进给量有较大的变动范围，适用于不同材质的刀具，能够进行钻孔、锪孔、铰孔和攻螺纹等操作。立式钻床最大钻孔直径有 25mm、35mm、40mm、50mm 几种，适用于钻削中型孔	
摇臂钻床	摇臂钻床也称横臂钻。由底座、立柱、摇臂、主动箱、工作台等主要部分组成。摇臂能回转 360°，并能自动升降和夹紧定位。主轴箱可在摇臂上左右移动，并可以随摇臂绕立柱回转。摇臂还可沿外柱上下升降，可以适应加工不同高度的工件 较小的工件可安装在工作台上，较大的工件可直接放在机床底座或地面上。摇臂钻床加工范围广，可用来钻削大型工件的各种螺纹孔、螺纹底孔和油孔等。钻孔的尺寸精度可达 IT11 ～ IT10，表面粗糙度值可达 $Ra100 \sim Ra25\mu m$ 常用的摇臂钻床型号为 Z380，最大钻孔直径为 80mm	

5. 钻头的装夹

对于直径小于 13mm 的直柄钻头，直接在钻夹头中夹持。钥匙扳手插入钻夹头上的一个孔并转动，可以使三个卡爪伸出或缩进，将钻头夹紧或松开，如图 B-5-2 所示。

对于 ϕ13mm 以上的锥柄钻头，用柄部的莫氏锥体直接与钻床的主轴相连，较小的钻头则可选用相应的莫氏钻套与柄部连接，再进行钻孔。每个钻套的上端有一扁尾，并且套筒的内腔和主轴的锥孔上端均有一个扁槽，如图 B-5-3a 所示。安装时，将钻头或钻套的扁尾沿锥孔的方向装入扁槽中，以传递转矩，并使钻头能顺利切削，如图 B-5-3b 所示。拆卸时，用楔铁敲入套筒或主轴锥孔的扁槽内，利用楔铁斜面的向下作用力使钻头与套筒或主轴分离，如图 B-5-3c 所示。

安装钻头

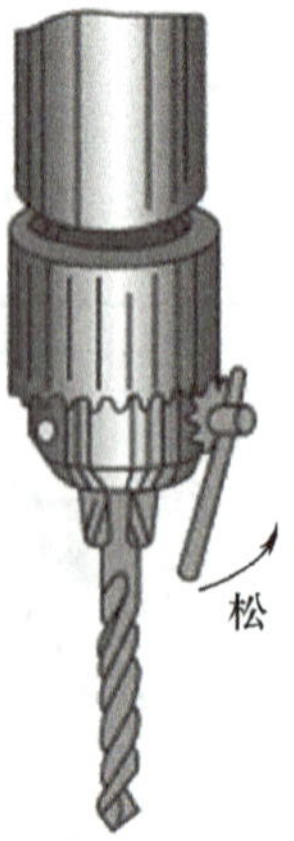

图 B-5-2 钻头夹紧或松开

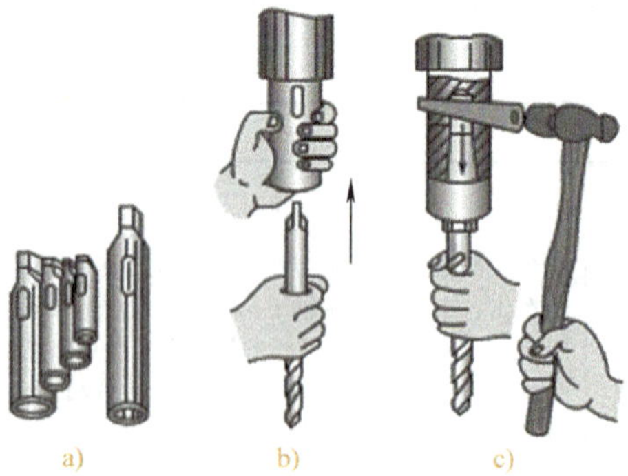

图 B-5-3 钻头的装卸

6. 钻头直径与转速对照表

钻头直径与转速对照表体现钻头的直径与其转速的对应关系，也就是直径越大，所需的转速越低，反之亦然。钻头直径与转速对照表见表 B-5-2。

表 B-5-2 钻头直径与转速对照表

钻头直径 /mm	钻头转速 /（r/min）
0.5	25000
1	14000
1.5	10000
2	8000
2.5	6000
3	5000
4	4000
5	3000
6	2500

正确选择钻头直径以及对应的转速对于加工出精细的产品非常重要。钻头的直径决定了要求的转速，选择正确的转速十分重要，这将有助于确保钻削效率，避免钻头的耗损，而且也可以提高加工精度和产出质量。

四、能力训练

1. 任务描述

基于需进行钻孔操作的六面体毛坯件，熟悉钻孔加工的基本操作过程。

2. 操作条件

设备：钻床。

材料：六面体毛坯件。

3. 注意事项

1）钻孔时，操作者的衣袖应扎紧，严禁戴手套操作，头部不要离钻头太近，长发者必须带工作帽操作。

2）工件夹紧牢固，严禁用手按住工件钻孔，以防发生工件旋转甩出的危险状况。

3）清除切屑要用刷子或铁钩，不要用棉纱或嘴吹，也不要用手直接清除。高速钻削时，应注意断屑，以免发生安全事故。

4）严禁在开机状态下装卸钻头和工件。检测工件和变换转速必须在关闭钻床电源状态下进行。

5）钻通孔时，工件下面要放垫铁，以免钻伤工作台表面。

6）工作前要检查地线是否接地，工作时要脚踏绝缘板进行操作。

4. 钻床操作

钻床操作步骤见表 B-5-3。

表 B-5-3　钻床操作步骤

序号	步骤	操作方法及使用说明	质量标准
1	安装机用虎钳	根据待加工工件尺寸、刀具位置确定机用虎钳安装位置	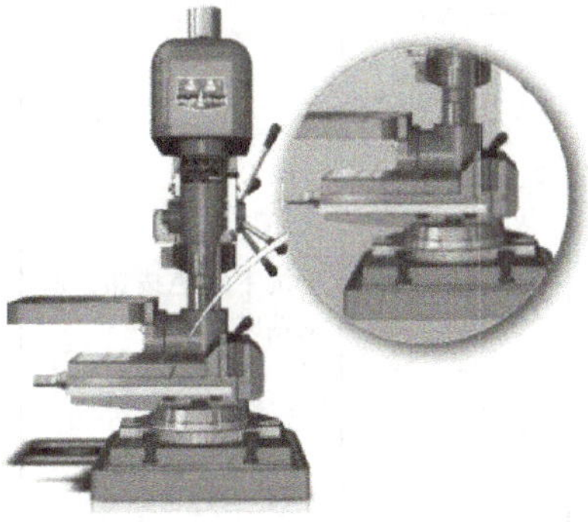 机用虎钳位置安装恰当

（续）

序号	步骤	操作方法及使用说明	质量标准
2	装夹工件	夹紧待加工工件，并调整工件位置，确保钻头处于加工位置的正上方	 工件装夹规范
3	夹紧钻头	选择合适大小的钻头，并固定在机器上	 钻头装夹操作规范
4	开启钻床	按下绿色按钮，起动钻床	 安全、规范操作

（续）

序号	步骤	操作方法及使用说明	质量标准
5	进给手柄	控制进给手柄加工工件	 安全规范操作
6	关闭钻床	加工完成后，按下红色按钮关闭钻床	 安全、准确操作

5. 问题情境

问题情境：小明需要在某一工件上加工不同直径和精度的孔，请分析如何操作。

提示：当钻床在同一工件上加工多个不同直径和标准公差等级的孔时，需要多次换装钻头等孔加工刀具，此时若使用普通的装夹工具（如钻夹头、钻头套等），停机换刀会浪费很多时间，而且操作麻烦，安装和拆卸过程中的敲击会影响机床的精度、刀具和钻头套的精度，采用快换钻夹头，可以在主轴旋转时更换刀具，减少更换刀具的时间，简化操作，提高生产率，减少对机床精度的影响，快换钻夹头如图 B-5-4 所示。

图 B-5-4　快换钻夹头

6. 学习结果评价

钻床操作评价表见表 B-5-4。

表 B-5-4　钻床操作评价表

班级：________　姓名：________　学号：________　成绩：________

序号	评价内容	评价标准	评价结果（优、良、合格、不合格）
1	钻床概念	能概述钻床的概念与作用	
2	钻床操作	能正确使用机用虎钳装夹工件	
		能正确安装钻头	
		能正确操作钻床	
3	安全文明	无安全隐患，无违章操作	

五、课后作业

1. 识图题

（1）基于下图球标序号，填写钻床各部件名称。

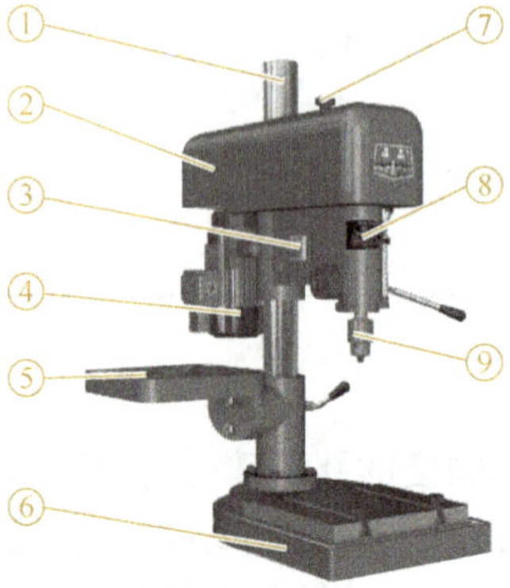

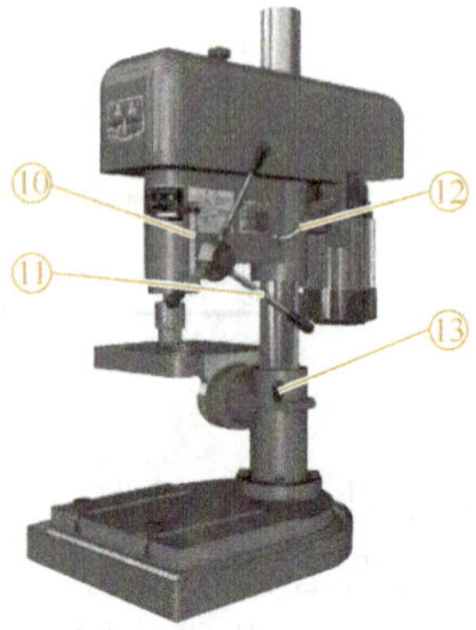

（2）识别钻削刀具。

	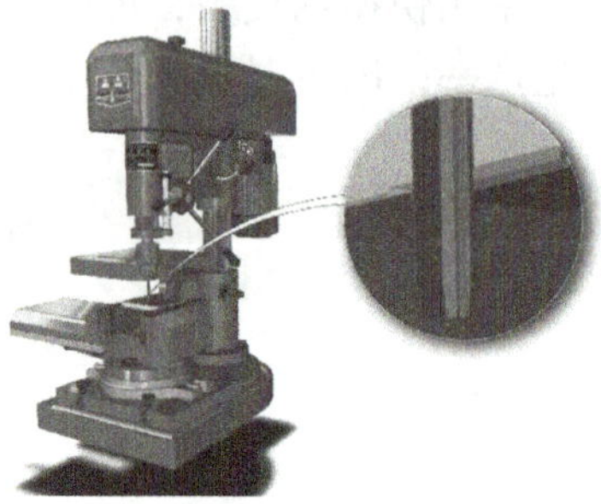
刀具名称：	刀具名称：

（续）

刀具名称：

2. 选择题

（1）台式钻床在工作前，应接通电源，低速运转（　　）min，确定正常后才能开始进行工作。

A. 1 ～ 2　　B. 2 ～ 3　　C. 3 ～ 5　　D. 5 ～ 10

（2）使用钻床时，必须把工件（　　）。清除钻孔内金属碎屑时，必须先停止钻头的转动，不准用手直接清除铁屑。

A. 固定牢固　　B. 放置正确　　C. 中心对齐　　D. 固定

3. 简答题

请查阅资料分析台钻的安全水平如何调整。

职业能力 B-5-2　能根据加工要求合理选用孔加工刀具

一、核心概念

中心钻　　麻花钻　　扩孔钻

二、学习目标

1. 能简述常用孔加工刀具的种类与用途。
2. 能简述麻花钻的结构和优缺点。
3. 能简述麻花钻的修磨方法。
4. 能根据加工要求，正确选用麻花钻。
5. 培养学生科学、严谨、细致的学习态度，养成爱护工具的意识，不断提高自身技能水平。

三、基本知识

1. 钳工常用的孔加工刀具

在实体材料上加工出孔或扩大已有孔的刀具称为孔加工刀具，如中心钻、麻花钻和扩孔钻等，如图 B-5-5 ～ 图 B-5-7 所示。

图 B-5-5　中心钻

图 B-5-6　麻花钻

图 B-5-7　扩孔钻

2. 中心钻

中心钻是机械加工中的常用刀具，在实际生产中起着重要的作用。用于加工中心孔和孔加工的预制精确定位。中心钻有 A 型和 B 型两种。

1）A 型：不带护锥的中心钻，如图 B-5-8 所示。

2）B 型：带护锥的中心钻，如图 B-5-9 所示。

中心钻由高速钢制成，能加工直径 $\phi 1$ ～ $\phi 10$mm 的中心孔。

图 B-5-8　A 型

图 B-5-9　B 型

3. 麻花钻（GB/T 17948—2010）

麻花钻是一种定尺寸刀具，通过绕固定轴线的旋转切削来切削工件的圆孔。因其容屑槽成螺旋状形似麻花而得名。

（1）麻花钻的材料

麻花钻通常采用高速钢（W18Cr4V 或 W9Cr4V2）制成，淬硬后可达 62 ～ 68HRC。镶（焊）硬质合金刀片的麻花钻适于加工铸铁、淬硬钢和非金属材料等。

（2）麻花钻的分类

1）直柄麻花钻。钻头直径一般为 ϕ14mm 以下，多用于台式钻床配以钻夹头使用，如图 B-5-10 所示。

2）锥柄麻花钻。最大直径为 ϕ80mm，多用于立式钻床或摇臂钻配以钻头套使用，如图 B-5-11 所示。

图 B-5-10　直柄麻花钻

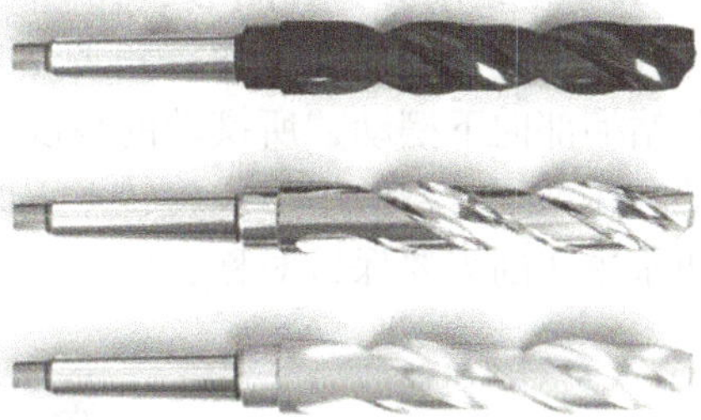

图 B-5-11　锥柄麻花钻

（3）麻花钻的整体结构

如图 B-5-12 所示，麻花钻由柄部、颈部和工作部分组成。

1）柄部。麻花钻的夹持部分。

2）颈部。用来连接柄部和工作部分。

3）工作部分。由导向部分和切削部分组成。

（4）麻花钻的优缺点

因为麻花钻的结构特殊，所以麻花钻在使用中具有鲜明的优缺点。

1）优点。

① 麻花钻上有螺旋槽并形成不必刃磨的前刀面。

② 麻花钻上的棱边导向作用好，轴线不易歪斜。

③ 切削时，双刃对称，受力平衡，不易产生振动。

2）缺点。

① 麻花钻越靠近中心处，前角越小，切削条件越差。

② 横刃太长，加工时因挤压刮削耗能较大，且容易发热。

③ 切削刃长，切屑较宽，成螺旋状，排屑困难，又阻碍冷却润滑液流入。

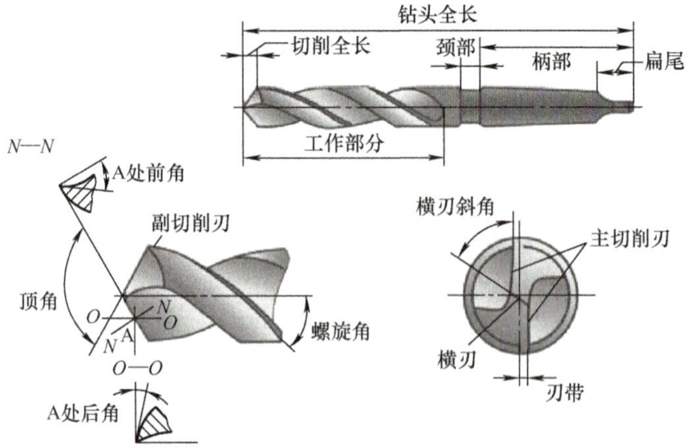

图 B-5-12　麻花钻的整体结构

（5）麻花钻的修磨

1）修磨主切削刃。如图 B-5-13 所示，双手握住麻花钻靠在砂轮机的搁架上，麻花钻的中心线和砂轮面的夹角等于锋角的 1/2（60° 左右）。修磨时右手使刃口接触砂轮，左手使麻花钻柄部向下摆动，所摆动的角度即是麻花钻的后角，当麻花钻柄部向下摆动时，右手捻动麻花钻绕自身的中心线旋转。刃磨好一条主切削刃后，再磨另一条主切削刃。修磨后的两条主切削刃要保持对称。

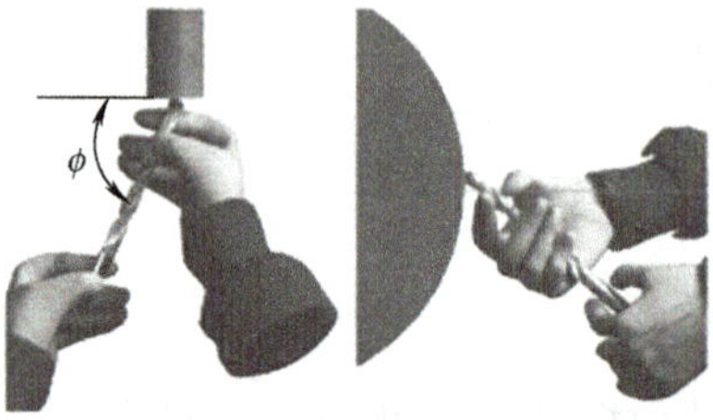

图 B-5-13　修磨主切削刃

2）修磨横刃。如图 B-5-14 所示，修磨横刃时，磨削点大致在砂轮机中心平面以上，麻花钻中心线在水平面内相对砂轮侧面成 α=15°（向左偏），与砂轮中心面成 ϕ=55°。修磨开始时，麻花钻横刃先与砂轮圆角接触，磨削点逐渐向钻心处移动，直至横刃磨尖。

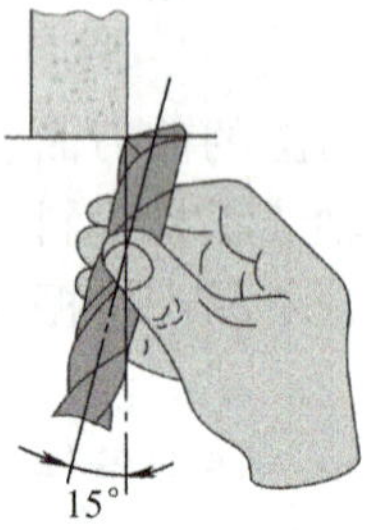

图 B-5-14　修磨横刃

3）刃磨要求。两条主切削刃要等长；顶角应被麻花钻的中心线平分。麻花钻顶角可用样板检测，如图 B-5-15 所示，也可目测。此外，还可在钻床上进行试钻。

如果两主切削刃不对称，应继续修磨，直至对称，否则，钻孔时会产生如图 B-5-16 所示的情形。

注意：修磨时，柄部摆动不得高于砂轮中心平面；应由刃口磨向刃背，以防止磨出负后角；为防止刃口退火，必须经常将麻花钻浸入水中冷却，保持麻花钻切削部分的硬度。

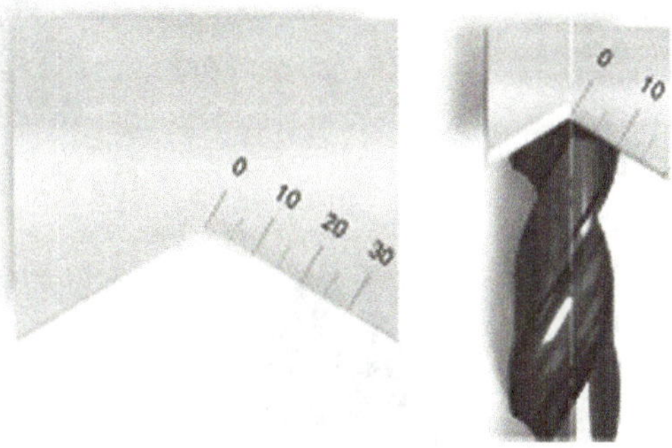

图 B-5-15　麻花钻顶角检测

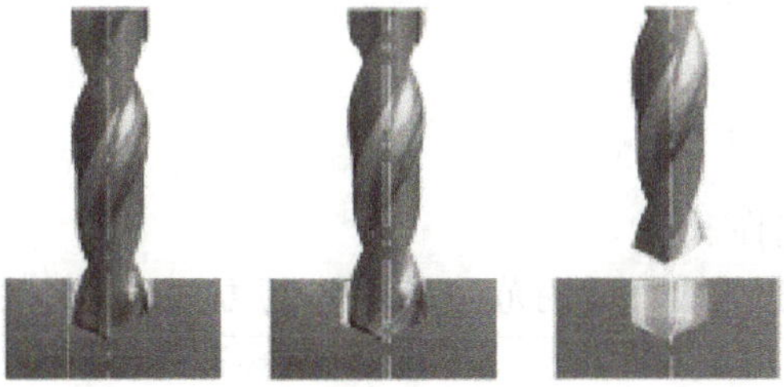

a) 角度不对称　b) 主刃长度不等长　c) 存在两种错误

图 B-5-16　刃磨错误

4. 扩孔钻

如图 B-5-17 所示，扩孔钻一般用于孔的半精加工或终加工，用于铰孔或磨孔前的预加工或毛坯孔的扩大。扩孔钻有 3 ～ 4 条切削刃，无横刃，前角和后角沿切削刃的变化小，加工时导向效果好，轴向抗力小，切削条件优于钻孔。

图 B-5-17　扩孔钻

5. 锪钻

锪钻用来加工各种沉孔和锪平孔口端面。锪钻通常通过其定位导向结构（如导向柱）来保证被锪孔或端面与原有孔的同轴度或垂直度要求，如图 B-5-18 ～ 图 B-5-20 所示。

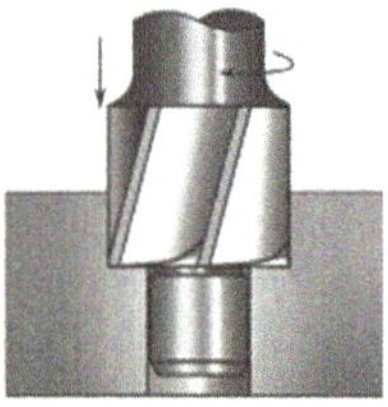

图 B-5-18　圆柱形埋头锪钻

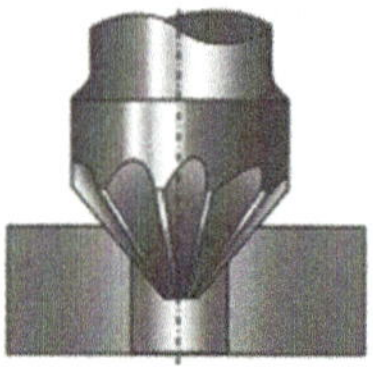

图 B-5-19　圆锥形埋头锪钻

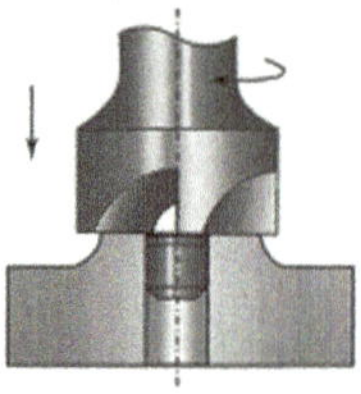

图 B-5-20　孔端平面锪钻

锪孔操作

6. 孔加工刀具选择原则

（1）根据加工效率选择

普通高速钢麻花钻成本低、适用范围广、修磨方便，这也是其被广泛使用的主要因素。但其切削线速度制约了它的转速，直径越大，转速越低，且孔的表面粗糙度差。

硬质合金刀具的优点是耐高温、耐磨性好、硬度高、适合高速钻削加工，加工效率高、精度好、孔的表面粗糙度好；缺点是价格偏高，刀片损坏后不能重复修磨使用。

（2）根据钻孔深度选择

对于钻孔深度 / 钻孔直径≤5 的孔，可采用可转位刀片的硬质合金钻头，这种钻头加工效率高、成本相对较低，且钻孔的表面粗糙度好。

（3）根据工件的材质选择

若材质硬度高，采用可转位刀片的硬质合金钻头；若材料较黏不容易断屑，可采用整体硬质合金的可断屑钻头。

（4）根据主轴锥孔选择

若主轴为莫氏锥孔，只能选择高速钢麻花钻；若主轴锥孔采用 7∶24 的锥度且可自动拉刀，可选用包括麻花钻在内的各种不同刀具。

四、能力训练

1. 任务描述

基于图 B-5-21 中 ϕ6mm 和 ϕ8.7mm 孔加工要求，选择正确的孔加工刀具。

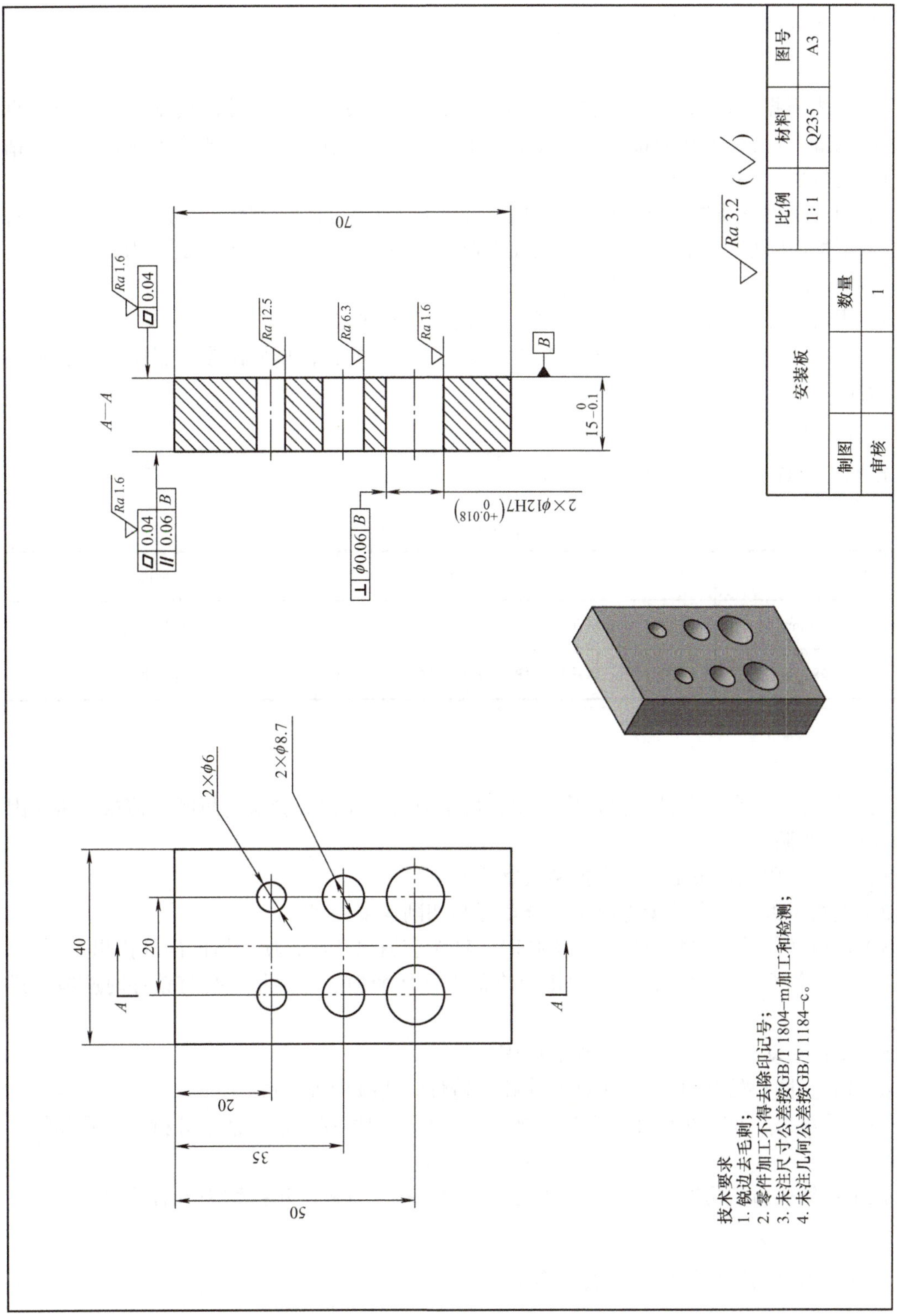

图 B-5-21　安装板零件图

2. 操作条件

刀具：ϕ6mm 麻花钻和 ϕ8.7mm 扩孔钻。

3. 注意事项

1）首先根据工件图样中孔的尺寸和精度来选用钻头尺寸。若孔的要求不高，可以直接选择与孔同等直径尺寸的钻头，若孔的要求高，需要铰孔或镗孔，则需要预留余量，钻头直径选择则要小 0.1 ～ 0.2mm。

2）根据工件材质选择合适的刀具材质及涂层。一般的有色金属工件使用高速钢钻头；一般的钢件使用硬质合金钻头。随着现代工业技术的发展，涂层技术广泛应用，涂层刀具的寿命和加工效率获得了极大的提升。

3）中心孔注切削液。钻深孔时需要往中心孔注切削液。

4）如钻不锈钢材料，钻深度为 3 倍钻头直径以上的孔，排屑困难，温度过高容易使钻头断损。

4. 孔加工刀具的选择

孔加工刀具的选择方法见表 B-5-5。

表 B-5-5　孔加工刀具的选择方法

序号	步骤	操作方法及使用说明	质量标准
1	ϕ6mm 孔	选择 ϕ6mm 麻花钻	刀具选择准确
2	ϕ8.7mm 孔	选择 ϕ6mm 麻花钻、ϕ8.7mm 扩孔钻	刀具选择准确

5. 问题情境

问题情境一：小明在钻孔操作中发现孔加工刀具工作部分会发生折断，请帮分析原因及如何进行预防。

提示：1）用钝钻头工作。应把钻头磨锋利。

2）进给量太大。应减少进给量，合理提高切削速度。

3）切屑塞住钻头的螺旋槽。钻深孔时，钻头应退出几次，使切屑能向外排出。

4）孔将钻穿时，由于进刀阻力迅速降低而突然增加了进给量。孔将钻穿时应减少进给量。

5）工件松动。应将工件可靠地加以固定。

6）钻铸件时碰到缩孔。钻预计有缩孔的铸件时要减少进给量。

问题情境二：小明在钻孔中发现孔加工刀具切削刃磨损迅速，请帮分析原因及如何进行预防。

提示：钻头刃磨角度与工件硬度不适应。应根据工件硬度选择钻头刃磨角度。

6. 学习结果评价

孔加工刀具的选择评价表见表 B-5-6。

表 B-5-6　孔加工刀具的选择评价表

班级：________　姓名：________　学号：________　成绩：________

序号	评价内容	评价标准	评价结果（优、良、合格、不合格）
1	钻孔刀具	能概述常用孔加工刀具的种类与用途	
2	孔加工刀具选择	能正确选择钻 ϕ6mm 孔所需刀具	
		能正确选择钻 ϕ8.7mm 孔所需刀具	
3	安全文明	无安全隐患，无违章操作	

五、课后作业

1. 识图题

识别表 B-5-7 中刀具名称，并简述其应用场景。

表 B-5-7　刀具名称及应用场景

图例	名称	应用场景

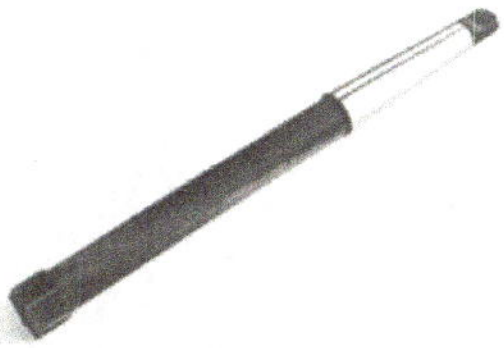		

2. 选择题

（1）孔将钻穿时，进给量必须（　　）。

A. 减小　　B. 增大　　C. 保持不变　　D. 无所谓

（2）钻削加工是利用钻头对工件做相对（　　）运动的切削加工方法。

A. 曲线　　B. 直线　　C. 圆周　　D. 旋转

（3）钻削时钻头刃口磨钝、（　　）会造成钻孔孔径减小。

A. 前角太大　　B. 前角太小　　C. 后角太大　　D. 后角太小

（4）标准麻花钻钻削（　　）时，会产生严重的加工硬化现象，越钻越硬，钻头磨损很快，产生毛刺严重。

A. 强度大、硬度高的钢材　　B. 高锰钢、奥氏体不锈钢

C. 韧而黏的钢材　　D. 铝合金

职业能力 B-5-3　能根据孔加工要求装夹工件

一、核心概念

工件装夹　　六点定位原理

二、学习目标

1. 能使用机用虎钳、压板、专用夹具等装夹工件。
2. 能简述工件定位的原理及类别。
3. 培养学生安全操作、爱护工具和严谨工作的意识，树立良好的竞争意识和学习态度。

三、基本知识

1. 工件装夹

钻孔前一般都须将工件夹紧固定，以防钻孔时工件移动折断钻头或使钻孔位置偏移。工件夹紧的方法主要根据工件的大小、形状和工件要求而定。

机用虎钳夹持工件

1）当钻 6mm 以下的小孔，工件自重大于扭力时，可用手虎钳装夹工件钻孔，如图 B-5-22 所示。此方法比较方便，但工件上锋利的边、角必须倒钝，以防割手。有些细长工件虽可用手握住，但还应靠在钻床工作台上螺钉处，以防伤手。当孔将钻穿时，减慢进给速度，以防发生事故。

2）机用虎钳装夹工件如图 B-5-23 所示。在平整工件上钻孔时，一般把工件装夹在机用虎钳上。钻孔直径较大时，可将机用虎钳用螺钉固定在钻床工作台上，防止钻孔时产生振动。

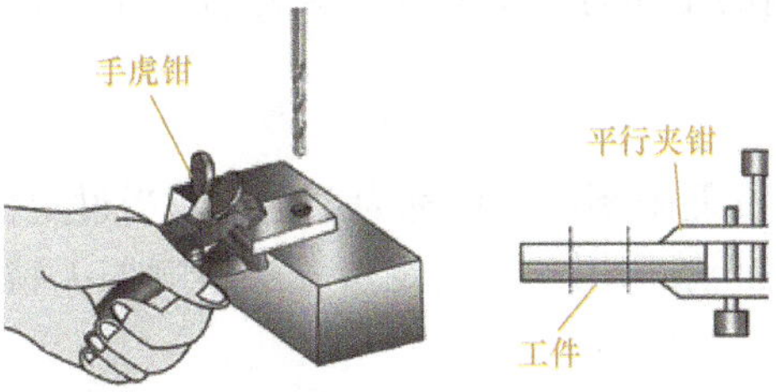

图 B-5-22　手虎钳装夹工件

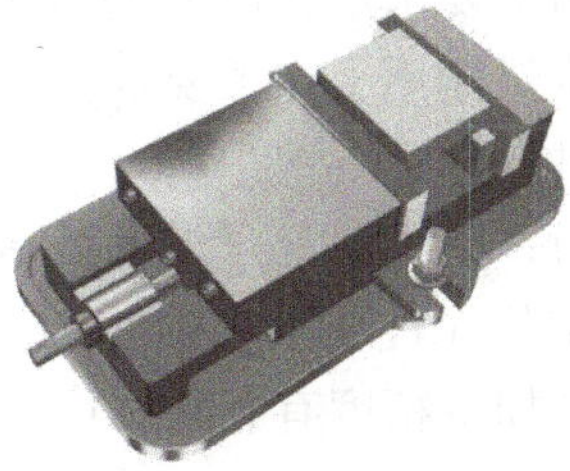

图 B-5-23　机用虎钳装夹工件

3）在套筒或圆柱形工件上钻孔时，一般把工件放在 V 形块上并配以压板压紧，以免工件在钻孔时转动，如图 B-5-24 所示。

4）钻大尺寸孔或钻不适宜用机用虎钳装夹的工件，可直接用压板、螺栓把工件固定在钻床工作台上，如图 B-5-25 所示。使用压板时要注意以下几点。

① 压紧螺栓应尽量靠近工件。
② 垫铁高度稍高于工件的压紧表面。
③ 对已精加工过表面的压紧应垫以铜皮等物，以免压出印痕。

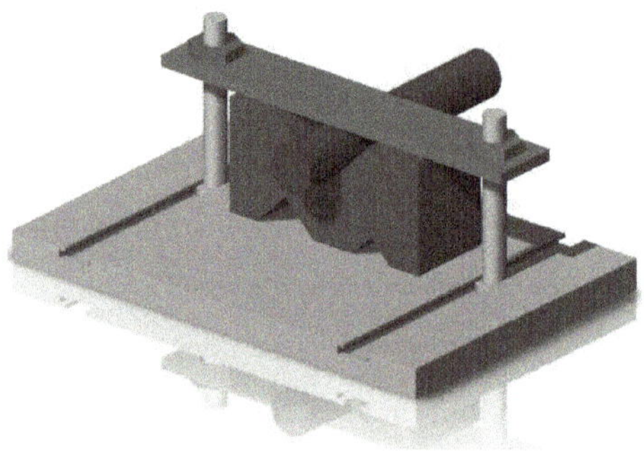

图 B-5-24　V 形块装夹工件

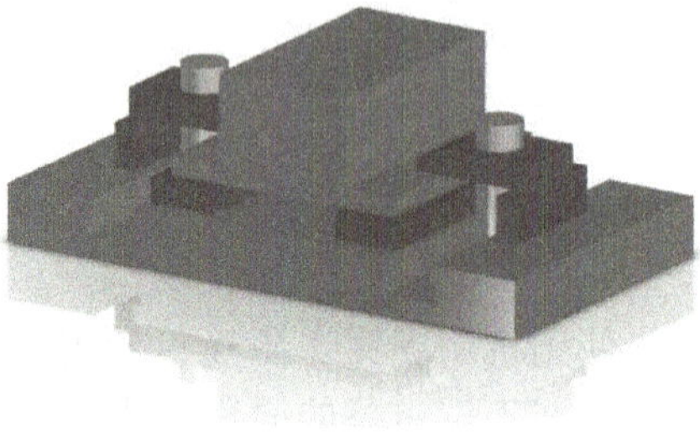

图 B-5-25　压板装夹工件

2. 工件定位

六点定位是指工件在空间具有六个自由度，即沿 x、y、z 三个直角坐标轴方向的移动自由度和绕这三个坐标轴的转动自由度。因此，要完全确定工件的位置，就必须消除这六个自由度，通常用六个支承点（即定位元件）来限制工件的六个自由度，其中每一个支承点限制相应的一个自由度。

（1）完全定位

工件的六个自由度全部被夹具中的定位元件所限制，在夹具中占有完全确定的唯一位置，称为完全定位。

（2）不完全定位

根据工件加工表面的不同加工要求，定位支承点的数目可以少于六个。有些自由度对加工要求有影响，有些自由度对加工要求无影响，这种定位情况称为不完全定位。不完全定位是允许的。

（3）欠定位

按照加工要求应该限制的自由度没有被限制的定位称为欠定位。欠定位是不允许的，因为欠定位保证不了加工要求。

（4）过定位

工件的一个或几个自由度被不用的定位元件重复限制的定位称为过定位。当过定位导致工件或定位元件变形，影响加工精度时，应该严禁采用。当过定位并不影响加工精度，反而对提高加工精度有利时，应尽量采用。

四、能力训练

1. 任务描述

根据不同钻孔情境，选择正确装夹方式。

情境一：在一块 10mm × 10mm × 5mm 薄板上钻 ϕ6mm 小孔，选择合适夹具。

情境二：在 80mm × 60mm × 25mm 平整工件上钻孔，选择合适夹具。
情境三：在 ϕ20mm × 60mm 柱形轴类工件上钻孔，选择合适夹具。

2. 操作条件

设备：手虎钳、机用虎钳、V 形块。

3. 注意事项

1）工件装夹要松紧适当。
2）强力作业时，尽量使力朝向固定钳身。
3）不允许在活动钳身和光滑平面上敲击、作业。
4）对丝杠、螺母副等活动表面应经常清洗、润滑。

4. 根据不同零件选择夹具

不同钻孔情境下的装夹方式选择见表 B-5-8。

表 B-5-8 装夹方式选择

序号	步骤	操作方法及使用说明	质量标准
1	选择钻 ϕ6mm 以下的小孔装夹方式	采用手虎钳装夹工件	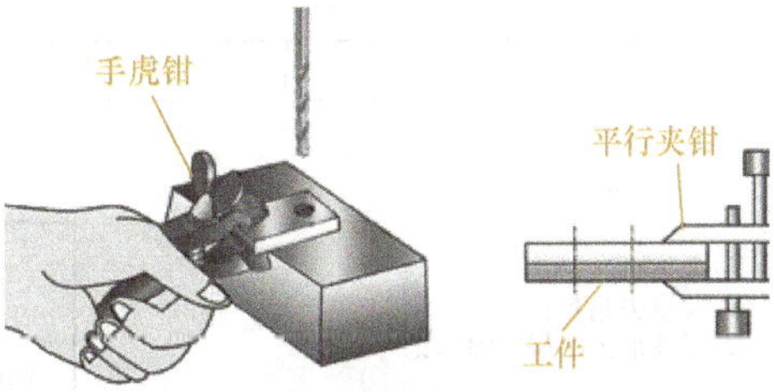 装夹方式选择正确
2	选择在平整工件上钻孔装夹方式	采用机用虎钳装夹工件	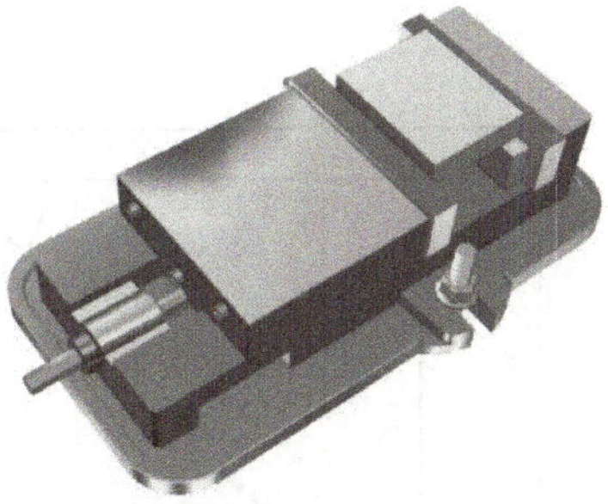 装夹方式选择正确
3	选择在圆柱形轴类工件上钻孔装夹方式	采用 V 形块装夹工件	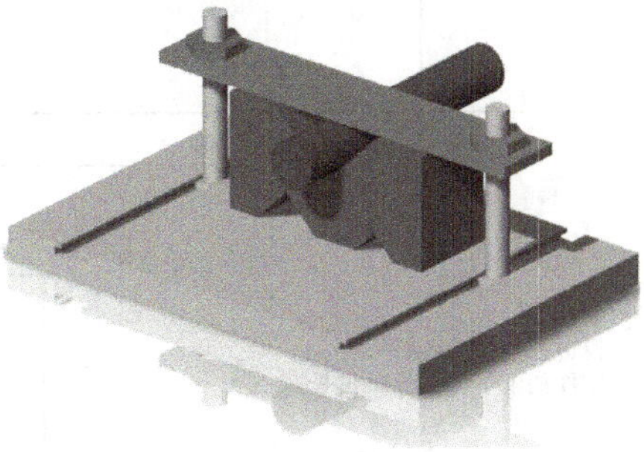 装夹方式选择正确

5. 问题情境

问题情境：小明现在需要在工件上钻半圆孔及缺圆孔，请分析如何对工件进行装夹操作。

提示：在工件上钻半圆孔，可用与工件相同材料的物体与工件并在一起，夹在机用虎钳上；也可用工装将其夹紧，或采用点焊的方法焊接在一起（钻孔后将焊口凿开），找出中心后钻孔，拆开后即是要钻的半圆孔，如图 B-5-26 所示。钻缺圆孔，是将与工件相同的材料嵌入工件内，与工件合在一起钻孔，然后拆开，如图 B-5-27 所示。

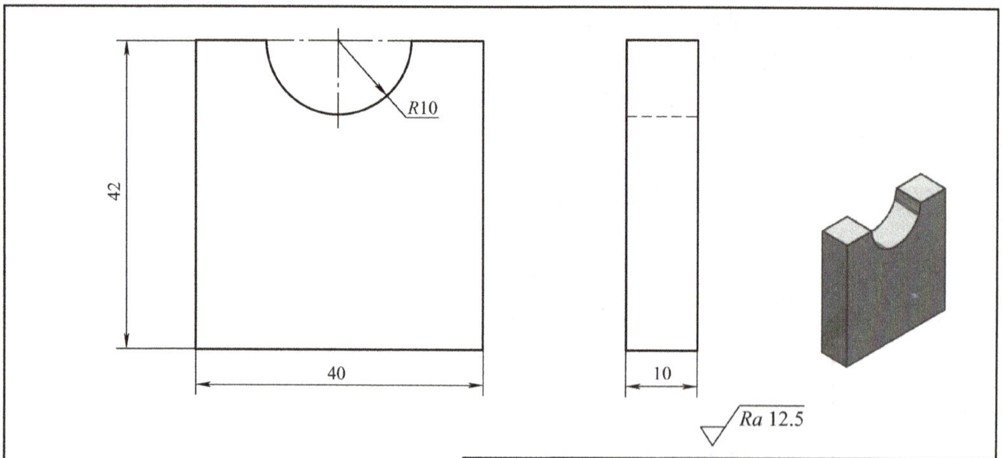

技术要求
1. 锐边去毛刺；
2. 零件加工不得去除印记号。

半圆孔	比例	材料	图号
	1:1	HT200	A4
制图		数量	
审核		1	

图 B-5-26　半圆孔零件图

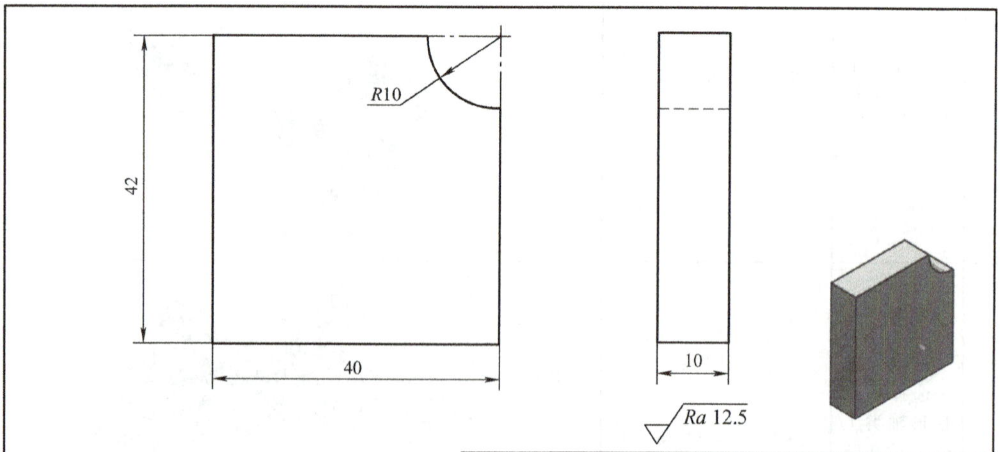

技术要求
1. 锐边去毛刺；
2. 零件加工不得去除印记号。

缺圆孔	比例	材料	图号
	1:1	HT200	A4
制图		数量	
审核		1	

图 B-5-27　缺圆孔零件图

6. 学习结果评价

装夹方式选择评价表见表 B-5-9。

表 B-5-9 装夹方式选择评价表

班级：________ 姓名：________ 学号：________ 成绩：________

序号	评价内容	评价标准	评价结果（优、良、合格、不合格）
1	工件定位类别	能概述工件定位的原理及类别	
2	装夹方式选择	能正确选择钻 ϕ6mm 以下的小孔装夹方式	
		能正确选择在平整工件上钻孔装夹方式	
		能正确选择在圆柱形轴类工件上钻孔装夹方式	
3	安全文明	无安全隐患，无违章操作	

五、课后作业

1. 识图题

简述下列工件装夹方法的应用场景。

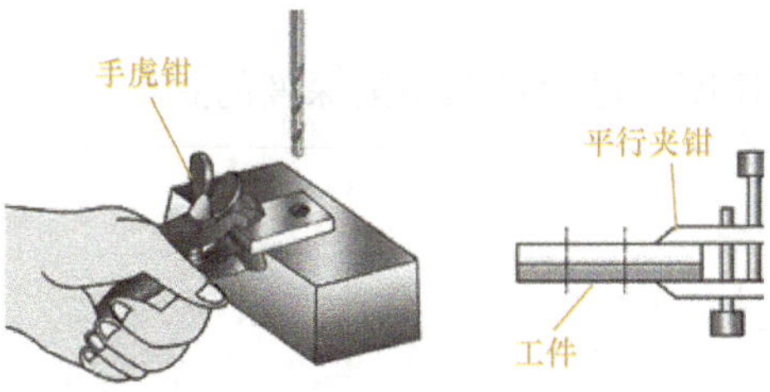

应用场景：

应用场景：

2. 选择题

（1）过定位是指定位时工件的同一（　　）被两个定位元件重复限制的定位状态。

A. 平面　　B. 自由度　　C. 圆柱面　　D. 方向

（2）工件的一个或几个自由度被不同的定位元件重复限制的定位称为（　　）。

A. 完全定位　　B. 欠定位　　C. 过定位　　D. 不完全定位

职业能力 B-5-4 能完成钻孔操作

一、核心概念

钻削用量　　钻削要点

二、学习目标

1. 能正确选择切削用量对零件进行钻孔操作。
2. 能简述钻头折断、切削刃磨损、孔径误差、孔壁粗糙、位置偏移、孔歪斜、孔不圆等造成废品的原因。
3. 培养学生科学、严谨、细致的学习态度，不断提高自身技能水平和产品质量。

三、基本知识

1. 钻削用量及选择

钻削用量是指钻头在钻削加工过程中，切削速度、进给量和切削深度的总称。

（1）切削速度 v

$$v=\frac{\pi dn}{1000}$$

式中，d——钻头直径，单位为 mm；

n——钻床主轴转速，单位为 r/min；

v——切削速度，单位为 m/min。

（2）进给量 f

钻头每转一周，相对工件沿主轴轴线移动的距离，单位为 mm/r。

（3）切削深度 a_p

指已加工表面与待加工表面之间的垂直距离。对钻削而言，$a_p=d/2$。

（4）钻削用量的选择

在允许的范围内，尽量选择较大的进给量，当进给量 f 受到表面粗糙度和钻头刚度的限制时，可以选择较大一点的切削速度 v。

2. 钻削步骤

钻削步骤见表 B-5-10。

表 B-5-10 钻削步骤

项目	说明
钻孔前准备工作	1）钻孔前，应先在孔中心打出样冲眼 2）检查工作场地，清除附近障碍物，检查钻床润滑及防护装置，准备好工具、夹具等，工件、刀具装夹要稳固 3）选择合理的切削用量，备好切削液 4）试车（空转），检查各部分运转是否良好，刀具、工件安装是否无误
在平面上钻孔	1）试钻，观察钻头是否对准孔中心，如发现偏心，应及时校正（可用錾槽法校正） 2）开启切削液系统。当材料较硬或钻深孔时，应经常将钻头退出孔外以排除切屑。孔即将钻穿时，应及时减小进给量
在斜面上钻孔	首先用中心钻打出锥窝孔，然后换麻花钻钻孔
钻半圆孔	把两个工件的要钻半圆孔的平面对合起来夹紧，或用同样材料的物体和工件对合在一起，在结合处找出中心便可钻孔

3. 钻削要点

（1）精确划线

用游标高度卡尺精确划线，划线时划线脚与工件划线平面之间形成 40° ～ 60° 的夹角（沿划线方向），以便划出的线条清晰、均匀。要注意划线基准面的选择，基准面要加工精确，保证本身的平面度及与相邻面的垂直度。孔位十字线划出后，为了钻孔时便于找正，应用样冲在十字线上冲出中心点（要求冲点要小，位置要准）。

（2）正确装夹

通常情况下，对于直径小于 6mm 的孔，若精度不高，可用手固定工件进行钻孔；对于 6 ～ 10mm 的孔，若工件规则平正，可用机用虎钳夹持，并检测工件表面与钻床主轴是否垂直。钻直径较大的孔时，必须将机用虎钳用螺栓压板固定；对于较大工件且钻孔直径大于 10mm 的，应用压板夹紧的方法进行钻孔。

（3）准确找正

工件装夹完毕，不要急于钻削，应首先进行找正。找正有静态找正和动态找正。所谓静态找正，就是指在钻床起动之前进行找正，使钻床主轴中心线与工件十字线交点对正，此种方法对于初学者安全方便，易于掌握，但是由于未考虑钻床主轴的摆动等不确定因素，钻孔精度较低。动态找正是在钻床起动后，按初钻孔的情形进行纠正，精度相对较高。

（4）认真检测

检测能够准确、及时地发现问题，以便采取必要措施进行补救。对于精度要求较高的孔，一般采取钻孔、扩孔、铰孔的加工工艺。具体方法：第一步钻小孔后用游标卡尺检测底孔的中心到基准面的误差偏移量，经实测换算出底孔与理想中心的位置，若误差量小于 0.10mm，可采用在扩孔时适当加大钻头顶角，削弱自动定心作用，并向找正方向适当推动工件，逐步加大钻尖直径的方法进行补救。若误差大于 0.10mm，可用圆锉刀对底孔两侧壁进行修整，修整部分应与底孔圆弧平滑过渡相接。

4. 钻孔时常见的废品形式及产生的原因

钻孔时常见的废品形式及产生的原因见表 B-5-11。

表 B-5-11　钻孔时常见的废品形式及产生的原因

废品形式	产生的原因
孔径大于规定尺寸	1）钻头的两个主切削刃长短不等或高度不一致 2）钻头的主轴有摆动或工作台未锁紧 3）因钻头弯曲或在钻夹头中未装好，引起摆动
孔径多棱形	1）钻头的后角太大 2）钻头的两个主切削刃长短不等、角度不对称
孔位置偏移	1）工件划线不正确或装夹不正确 2）样冲眼的中心不准 3）因钻头的横刃太长，定心不稳 4）起钻过偏，并没有纠正
孔壁粗糙	1）钻头不锋利 2）进给量太大 3）切削液性能差或供给不足 4）切屑堵塞了螺旋槽
孔歪斜	1）钻头与工件的表面不垂直，或钻床的主轴与工作台不垂直 2）进给量过大，并造成钻头弯曲 3）在工件安装时，安装接触面上的切屑等污物未能被及时地清除 4）工件装夹不牢固，钻孔时产生歪斜或工件有砂眼
钻头的工作部分被折断	1）钻头切削刃已钝情况下继续钻孔 2）进给量太大 3）未及时排屑，切屑阻塞在钻头螺旋槽中 4）孔快钻穿时未减小进给量 5）工件未被夹紧，钻孔时有松动 6）在钻黄铜等软金属或薄板料时，钻头未被修磨 7）孔已严重歪斜，还在继续钻削
切削刃迅速磨损或碎裂	1）切削速度太高 2）工件材料的硬度高 3）工件有硬块或砂眼 4）进给量太大 5）切削液供给不足

四、能力训练

1. 任务描述

基于图 B-5-28 中孔的加工要求，完成孔加工操作。

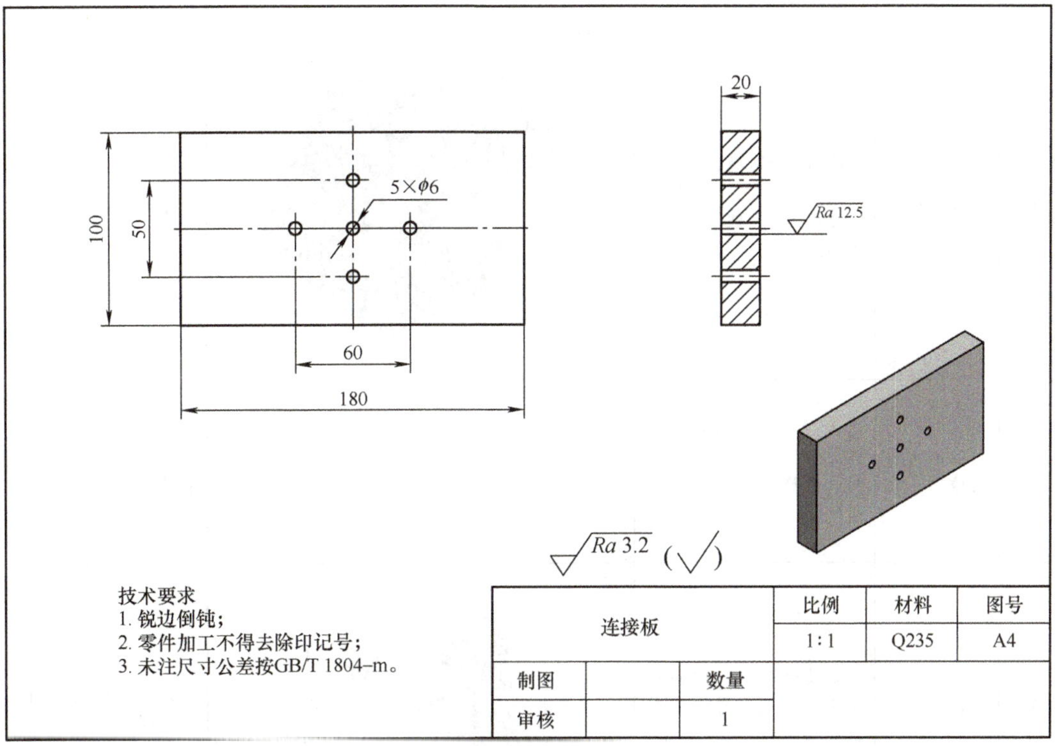

图 B-5-28 连接板零件图

2. 操作条件

设备、工量具：$\phi6$ 钻头、台钻、切削液、游标卡尺。

材料：长方体板料（已完成划线操作）。

3. 注意事项

1）钻孔时，操作者的衣袖应扎紧，严禁戴手套操作，头部不要离钻头太近，长发者必须带工作帽操作。

2）工件夹紧要牢固，严禁用手按住工件钻孔，以防发生人身伤害事故。

3）清除切屑要用刷子，不能用棉纱或嘴吹，也不能用手直接清除。高速钻削时，应注意甩出的断屑，以免发生安全事故。

4）禁止在开车时用手拧钻夹头，变速时应先关闭钻床电源后变速。

5）钻通孔时，工件下面要放垫铁，以免钻伤工作台表面。

6）工作前要检查地线是否接地，工作时要脚踏绝缘板。

4. 钻削加工

钻削加工步骤见表 B-5-12。

表 B-5-12　钻削加工步骤

序号	步骤	操作方法及使用说明	图例	质量标准
1	装夹工件	清洁装夹区域、垫铁上的切屑及油污。将两垫铁垫靠在钳口，把工件放在中间，用扳手夹紧	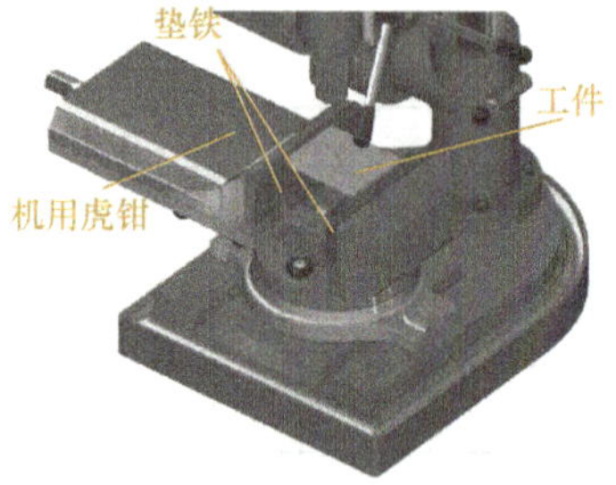	工件保持水平夹紧
2	确定切削参数	确定台钻的转速。根据麻花钻直径和工件材料，计算出切削转速和进给量		参数选用合理，计算正确
3	装夹钻头	安装麻花钻。用钻夹头夹持钻头，并安装在台钻中		钻头规格选择恰当，夹紧规范
4	开启台钻	点动台钻。观察机床运转情况，并检查钻头夹紧和旋转状态		安全、规范
5	试钻	起动台钻，目测找正，在工件上试钻出一个圆轮廓（锥窝孔），与划线形状进行对比	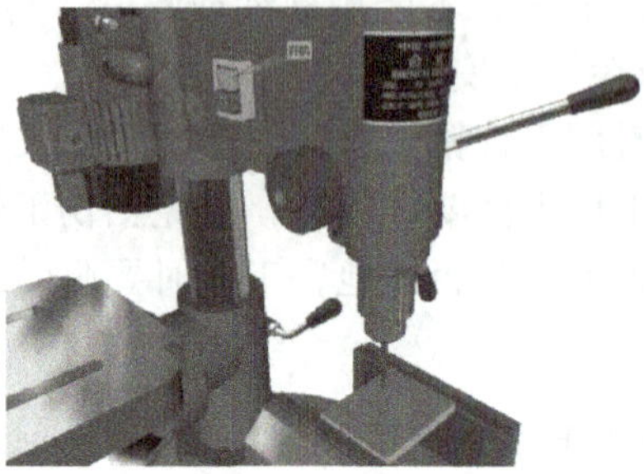	钻孔位置正确

（续）

序号	步骤	操作方法及使用说明	图例	质量标准
6	钻削加工	经试钻确认后，起动冷却水泵，进行钻削。钻削时注意切屑的排出和清理	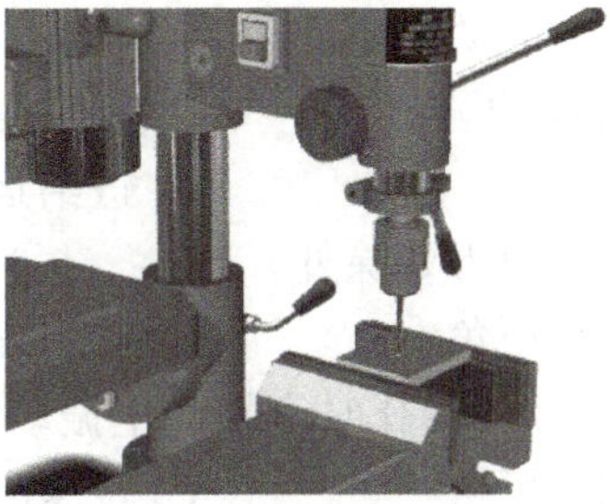	操作规范，注意排屑
7	关闭台钻	按下红色按钮，关闭台钻		操作规范、准确
8	检测	检测孔是否达到加工要求		检测规范

5. 问题情境

问题情境：小明需要在工件上钻削平行孔（孔距有精度要求），请分析如何进行操作。

提示：按精度要求先钻出一孔，然后用小钻头钻第二孔，深度为 0.5 ～ 1mm（可选用中心钻钻小孔），然后用游标卡尺测量并计算出孔距。如超出要求，则修正小孔中心位置，达到要求后，再将孔按尺寸钻出。

6. 学习结果评价

钻削加工评价表见表 B-5-13。

表 B-5-13　钻削加工评价表

班级：________　姓名：________　学号：________　成绩：________

序号	评价内容	评价标准	评价结果（优、良、合格、不合格）
1	钻削	能概述钻削操作要点	
2	钻孔操作	能正确装夹工件	
		能正确选择切削用量	
		能正确装夹钻头	
		能正确操作机床钻孔	
3	安全文明	无安全隐患，无违章操作	

五、课后作业

1. 选择题

（1）钻削由（　　）运动组成。

A. 切削运动、进给运动　　B. 旋转运动

C. 切削运动　　D. 进给运动

（2）钻头前角太小（横刃处除外）与（　　）有关。

A. 后角　　B. 顶角　　C. 螺旋角　　D. 钻头直径

（3）由于钻头（　　），钻孔时容易产生振动。

A. 细而长　　B. 短粗　　C. 转速高　　D. 转速低

2. 简答题

（1）为保证钻孔质量应采取哪些措施？

（2）钻孔时主轴转速过快或过慢，对工件和钻头有什么影响？

职业能力 B-5-5　能完成扩孔、锪孔操作

一、核心概念

扩孔　　锪孔

二、学习目标

1. 能简述扩孔、锪孔的加工工艺过程。
2. 能按图样加工要求使用扩孔钻、锪钻进行扩孔和锪孔操作。
3. 培养学生科学、严谨、细致的学习态度，不断提高自身技能水平和产品质量。

三、基本知识

1. 扩孔

用扩孔工具扩大工件孔径的加工方法称为扩孔。扩孔精度一般可达 IT9 ～ IT10，表面粗糙度值达 Ra6.3μm 左右。扩孔时切削深度 $a_p=(D-d)/2$，常应用于孔的半精加工及铰孔前的预加工。常用的扩孔工具为麻花钻和扩孔钻等。

（1）用麻花钻扩孔

先在零件上加工出孔径较小的预制孔，然后再用与图样尺寸一致的麻花钻扩大至所要求的孔径，如图 B-5-29 所示。

（2）用扩孔钻扩孔

扩孔钻的形状与麻花钻相似，不同之处为：扩孔钻有 3 ～ 4 条切削刃，顶端平且没有横刃，螺旋槽较浅，钻芯粗实，具有刚性好、不易变形、导向性好的特点，如图 B-5-30 所示。

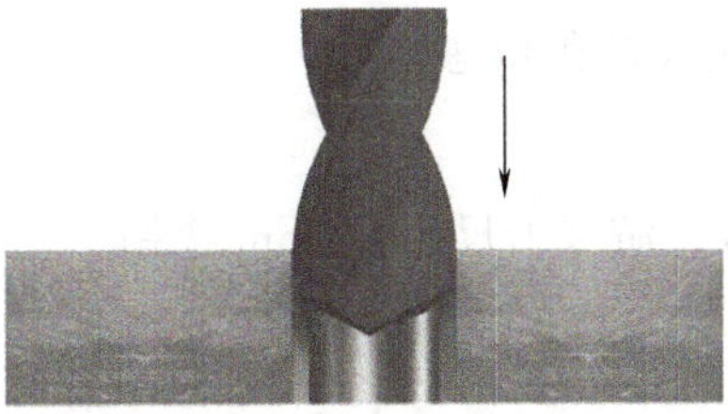

图 B-5-29　用麻花钻扩孔

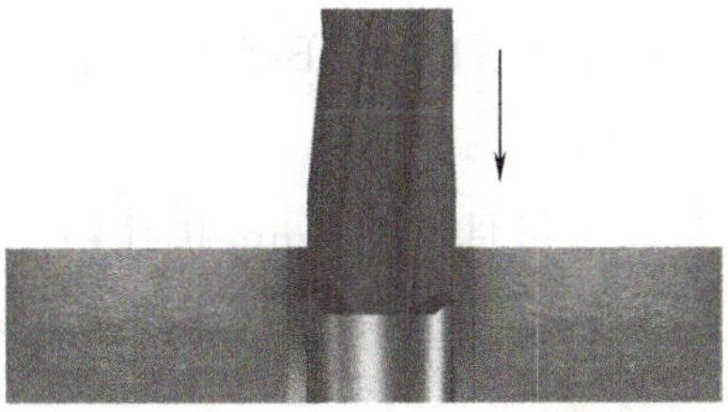

图 B-5-30　用扩孔钻扩孔

2. 锪孔

用锪钻在孔端锪圆柱形沉孔、锪锥形沉孔和锪平面的加工过程称为锪孔。

（1）圆柱形埋头锪钻

锪钻前端有导柱，导柱直径与工件上原有孔为紧密的间隙配合，以保证良好的定心和导向。导柱一般是可拆的，也可以把导柱和锪钻做成一体，适用于锪圆柱形沉孔，如图 B-5-31 所示。

（2）圆锥形埋头锪钻

锥形锪钻的锥角有 60°、75°、90° 和 120° 四种，齿数为 4 ～ 12 个，为改善钻尖处的容屑条件，一般每隔一齿将切削刃切去一块。适用于锪圆锥形沉孔，如图 B-5-32 所示。

（3）孔端平面锪钻

端面锪钻的端面刀齿为切削刃，前端导柱用来定心导向，适用于锪平孔口端面，如图 B-5-33 所示。

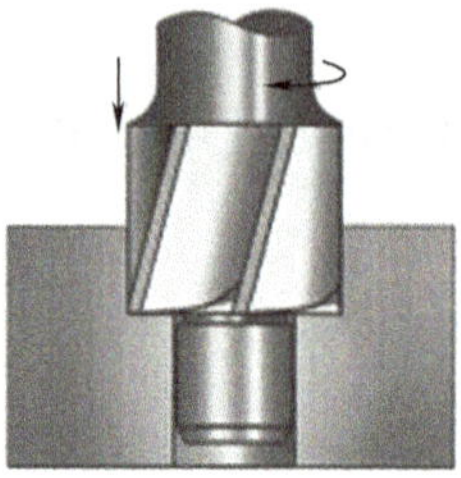

图 B-5-31　圆柱形埋头锪钻

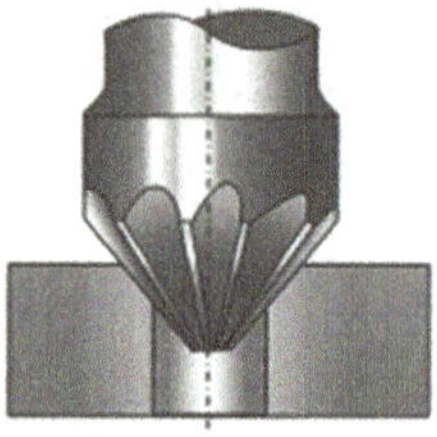

图 B-5-32　圆锥形埋头锪钻

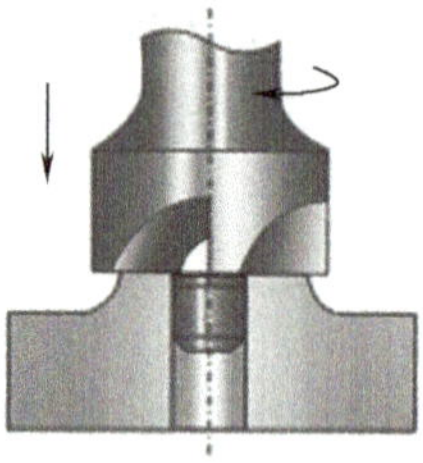

图 B-5-33　孔端平面锪钻

3. 锪孔的目的

为了保证孔口与孔中心线的垂直度，以便使与孔连接的零件位置正确，连接可靠。在工件的连接孔端面锪出柱形或锥形沉孔，用沉螺钉埋入孔内把有关零件连接起来，使外观整齐，装配位置紧凑。将孔口端面锪平，并与孔中心线垂直，能使连接螺栓（或螺母）的端面与连接件保持良好的接触精度。

四、能力训练

1. 任务描述

基于图 B-5-34 和图 B-5-35 中孔的加工要求，完成扩孔和锪孔操作。

2. 操作条件

设备、工量具：ϕ8.5mm 扩孔钻、台钻、切削液、游标卡尺、ϕ13mm 锪钻。

材料：长方体板料（已完成 ϕ6mm 孔钻削）。

3. 注意事项

1）成批加工采用专用扩孔钻，小批量加工可用钻头磨制成扩孔钻。

2）用麻花钻扩孔时，应先按（0.5 ～ 0.7）D 钻底孔；再用扩孔钻将底孔扩至 0.9D（D 为孔径）。

3）用麻花钻扩较深的孔时，要经常把钻头退出清除切屑。与麻花钻相比，扩孔钻扩孔时切削余量较小，排屑较少。

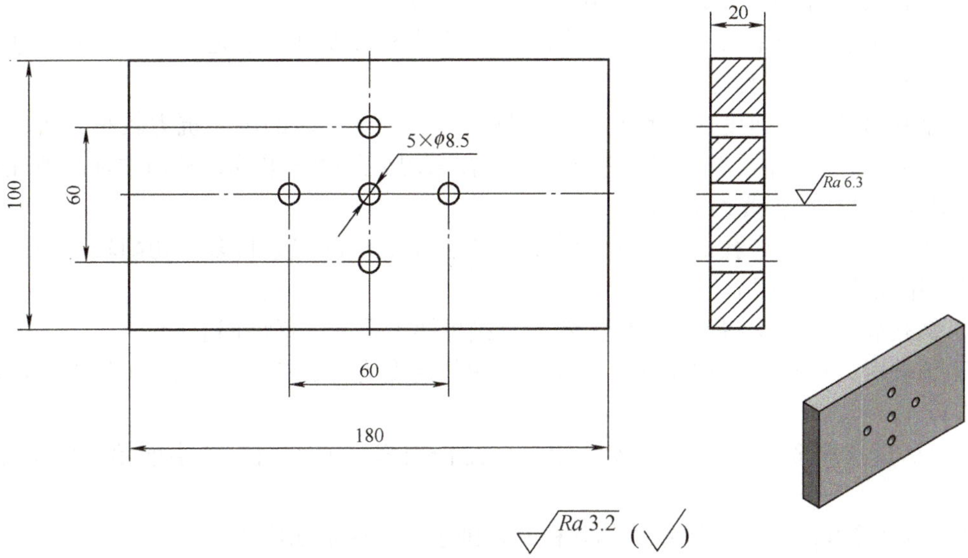

技术要求
1. 锐边倒钝；
2. 零件加工不得去除印记号；
3. 未注尺寸公差按GB/T 1804−m。

定位板		比例	材料	图号
		1:1	HT200	A4
制图		数量		
审核		1		

图 B-5-34　定位板零件图

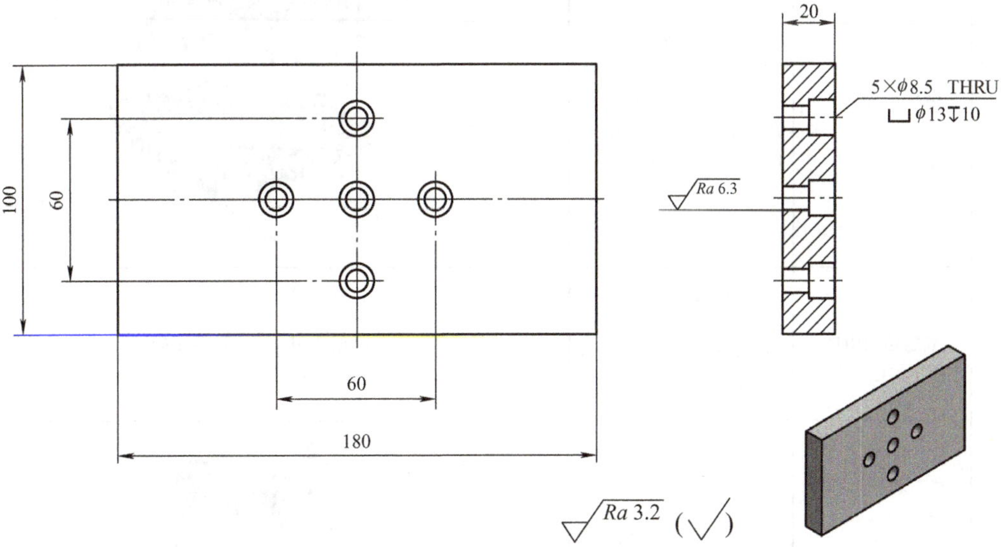

技术要求
1. 锐边倒钝；
2. 零件加工不得去除印记号；
3. 未注尺寸公差按GB/T 1804−m。

固定板		比例	材料	图号
		1:1	HT200	A4
制图		数量		
审核		1		

图 B-5-35　固定板零件图

4）通孔快要钻透时，要减少进给量。

5）钻削前要检查钻头是否弯曲，钻头、钻夹头柄部及钻头套是否干净，防止钻削时孔径扩大或钻柄在尾座套筒内打滑。

6）锪孔时的切削速度应比钻孔时低，同时，由于锪孔时的轴向抗力较小，所以手动进给压力不宜过大，并要求均匀。精锪时，往往采用关闭钻床电源，利用主轴的惯性来锪孔，以减少振动而获得光滑表面。

7）锪孔时，由于锪孔的切削面积小，标准锪钻的切削刃数目多，切削较平稳，所以进给量为钻孔的 2 ～ 3 倍。

8）钻孔后，不改变钻头与工件位置，直接更换扩孔钻，保证同心度。

9）锪孔时，进给量为钻孔的 2 ～ 3 倍，切削速度为钻孔的 1/3 ～ 1/2（精锪时可用惯性锪孔）。

10）尽量选用较短的钻头来改磨锪钻，需仔细修磨前刀面，减小前角，以防扎刀、振动。

11）钢件锪孔时，应在锪钻前端导柱和切削表面处注加切削液。

4. 扩孔、锪孔加工

扩孔、锪孔加工步骤见表 B-5-14 和表 B-5-15。

表 B-5-14　扩孔加工步骤

序号	步骤	操作方法及使用说明	质量标准
1	装夹工件	用猪鬃刷清洁装夹区域、两垫铁上的切屑及油污。将两垫铁垫靠在钳口，把工件放在中间，用扳手夹紧	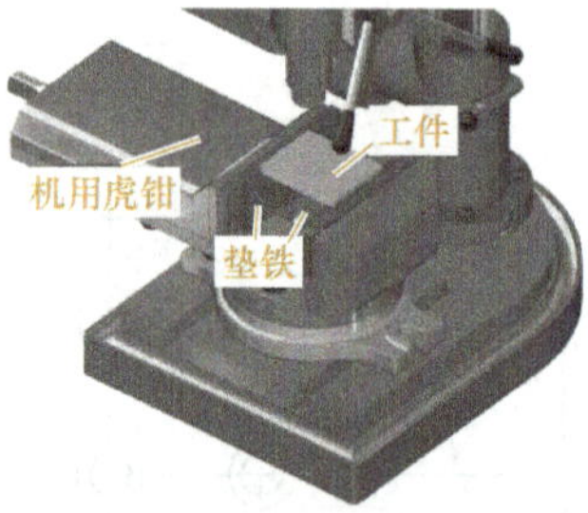 工件保持水平夹紧
2	确定切削用量	确定台钻的转速。根据扩孔钻直径和工件材料，计算出切削速度和进给量	数据选用合适，计算正确
3	安装扩孔刀具	扩孔时，可以选用直径合适的麻花钻，也可以选用扩孔钻	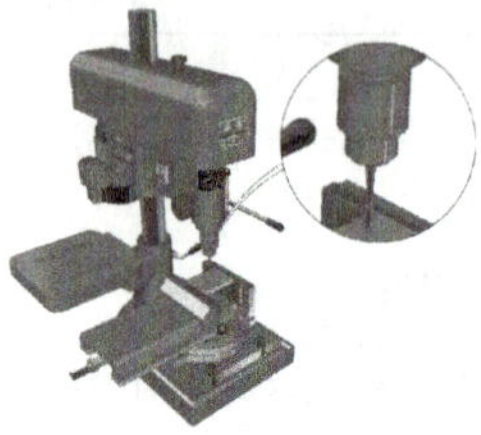 刀具选用恰当

（续）

序号	步骤	操作方法及使用说明	质量标准
4	开启台钻	点动台钻。观察机床运转情况，并检查钻头夹紧和旋转状态	 操作安全、准确
5	钻削加工	起动冷却水泵，进行钻削。钻削时注意切屑的排出和清理	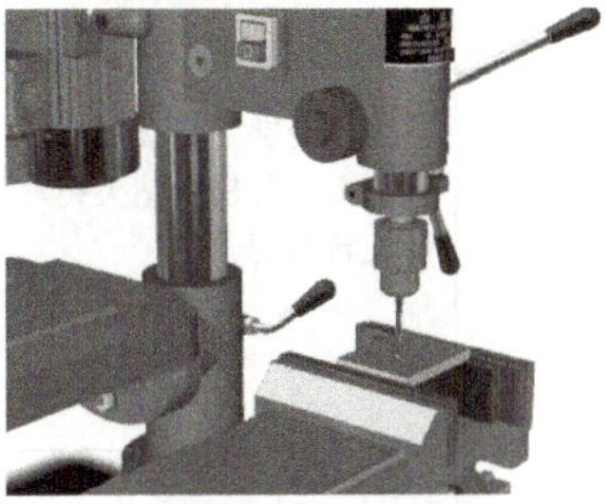 操作规范，注意排屑
6	关闭台钻	按下红色按钮，关闭台钻	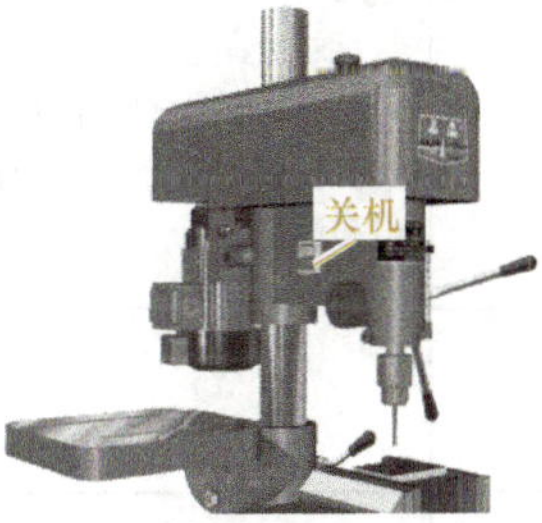 操作规范、准确

表 B-5-15　锪孔加工步骤

序号	步骤	操作方法及使用说明	质量标准
1	装夹工件	用猪鬃刷清洁装夹区域、两垫铁上的切屑及油污。将两垫铁垫靠在钳口，把工件放在中间，用扳手夹紧	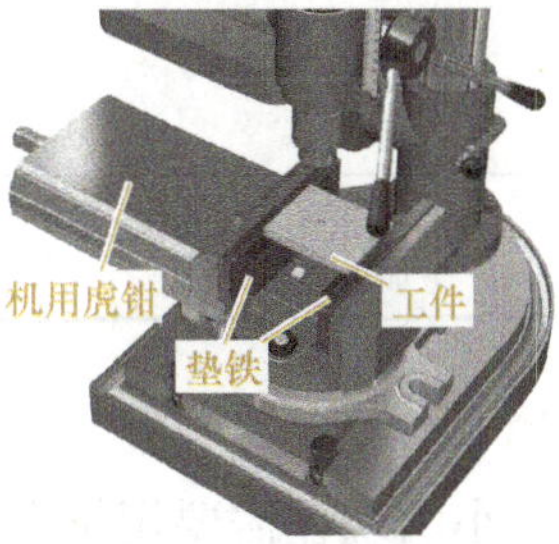 工件保持水平夹紧
2	确定切削用量	确定台钻的转速。根据圆柱形埋头锪钻直径和工件材料，计算出切削速度和进给量	数据选用合适，计算正确

（续）

序号	步骤	操作方法及使用说明	质量标准
3	安装锪孔刀具	在已有的孔上，用圆柱形埋头锪钻，锪出沉头孔	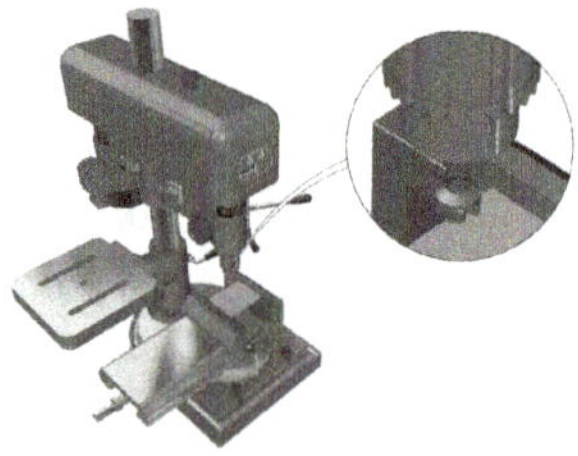 刀具选择恰当
4	开启台钻	点动台钻。观察机床运转情况，并检查钻头夹紧和旋转状态	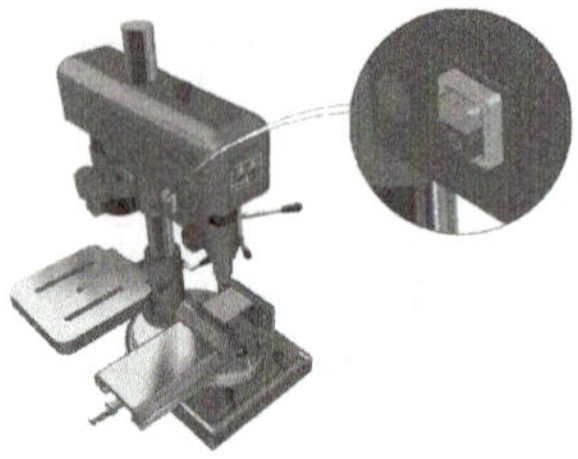 操作安全、准确
5	锪孔加工	起动冷却水泵，进行锪钻。钻削时注意切屑的排出和清理	 操作规范，注意排屑
6	关闭台钻	按下红色按钮，关闭台钻	 操作规范、准确
7	检测	检测加工工件是否达到加工要求	检测规范

5. 问题情境

问题情境：小明现在需要用扩孔钻进行扩孔操作，请帮分析一下与麻花钻相比，扩孔钻在结构与切削情况上有哪些优点。

提示：1）扩孔钻刀齿较多（一般有 3 ～ 4 个），这样就增加了刀具的导向作用，因而切削较平稳，加工质量和生产效率都高于麻花钻。

2）由于扩孔钻没有横刃，这就避免了横刃对切削造成的不良影响。

3）由于切削深度小，切屑窄，易排出，所以不易擦伤已加工表面。

4）由于排屑容易，所以可将容屑槽做得较小、较浅，从而加粗了钻心直径。因此，大大提高了扩孔钻的刚度。

5）由于扩孔钻刚度较高，所以扩孔时的切削用量和加工质量也随之得以改善。如，扩孔时的进给量约为钻孔时的 1.2 ～ 2 倍，切削速度约为钻孔时的 1/2，扩孔时的加工精度一般可达到 IT9 ～ IT10，孔的表面质量也大大提高。

6. 学习结果评价

扩孔、锪孔加工评价表见表 B-5-16。

表 B-5-16　扩孔、锪孔加工评价表

班级：________　姓名：________　学号：________　成绩：________

序号	评价内容	评价标准	评价结果（优、良、合格、不合格）
1	扩孔、锪孔概念	能概述扩孔、锪孔概念及所需刀具	
2	扩孔操作	能正确选择切削用量	
		能正确安装扩孔刀具	
		能正确使用钻床扩孔操作	
3	锪孔操作	能正确选择切削用量	
		能正确安装锪孔刀具	
		能正确使用钻床锪孔操作	
4	安全文明	无安全隐患，无违章操作	

五、课后作业

简答题

（1）简述扩孔时常见的废品产生原因，将结果填入表 B-5-17。

表 B-5-17　扩孔时常见的废品形式及产生原因

废品形式	产生原因
表面粗糙度差	

（续）

废品形式	产生原因
孔轴线与底平面不垂直	
孔呈椭圆形	
扩孔位置偏斜或歪斜	

（2）简述锪孔时常见的废品产生原因，将结果填入表 B-5-18。

表 B-5-18　锪孔时常见的废品形式及产生原因

废品形式	产生原因
锪孔表面呈多角形	
表面粗糙度差	
平面呈凹凸形	

职业能力 B-5-6 能根据加工要求完成铰孔操作

一、核心概念

铰孔　　铰削方法与步骤

二、学习目标

1. 能简述铰孔方式及使用设备。
2. 能简述铰刀的作用及结构形式。
3. 能简述切削用量选择原则及影响因素。
4. 能简述铰孔注意事项与缺陷原因。
5. 培养学生科学、严谨、细致的学习态度，不断提高自身技能水平和产品质量。

三、基本知识

1. 铰孔切削过程

铰孔是用铰刀从工件孔壁上切除微量金属层，以提高其尺寸精度和表面粗糙度的方法，如图 B-5-36 所示。铰孔是孔的精加工方法之一，在生产中应用很广。对于直径较小的孔，相对于内圆磨削及精镗而言，铰孔是一种较为经济实用的加工方法。根据孔径的大小和铰刀的类别，铰孔的切削深度亦有不同，直线槽和螺旋槽铰刀的切削深度达到 0.2 ～ 0.6mm，用于长屑工件材料的去皮铰刀则最大达 0.8mm。铰孔切削速度约为钻孔速度的一半。进给量则根据工件材料、孔径和所需表面质量等因素而定，一般为 0.05 ～ 1.00mm/r，如图 B-5-37 所示。

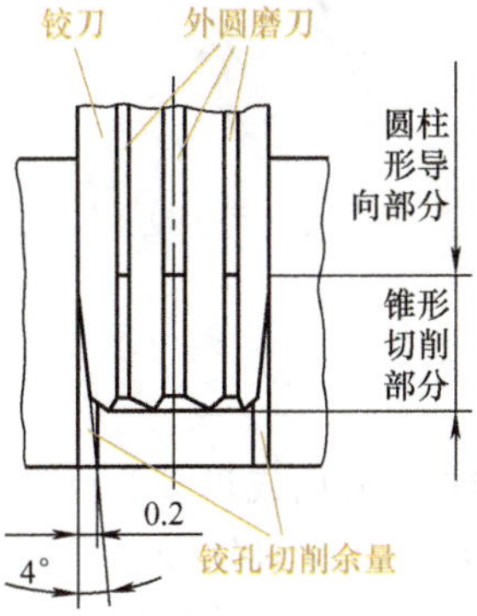

图 B-5-36　铰孔切削过程

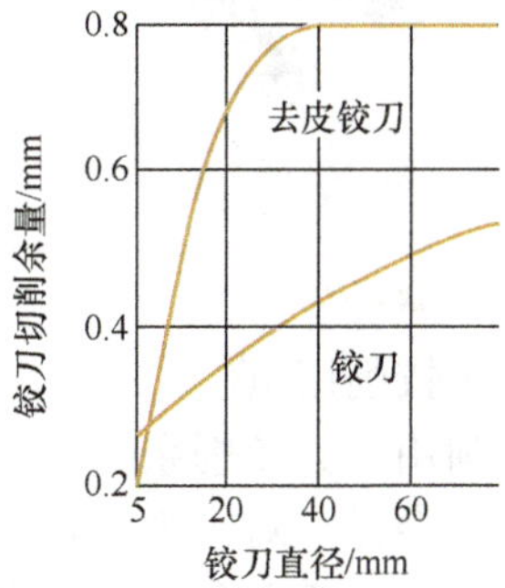

图 B-5-37　铰刀切削余量与直径的关系

2. 铰刀

铰刀是具有直刃或螺旋刃的旋转精加工刀具，用于扩孔和修孔。

（1）铰刀的作用及结构形式

铰刀由工作部分、颈部、柄部组成。工作部分主要起切削和校准功能，校准部分的直径有倒锥度。柄部则用于被夹具夹持，有直柄和锥柄之分。铰刀的结构如图 B-5-38 所示。

铰刀结构

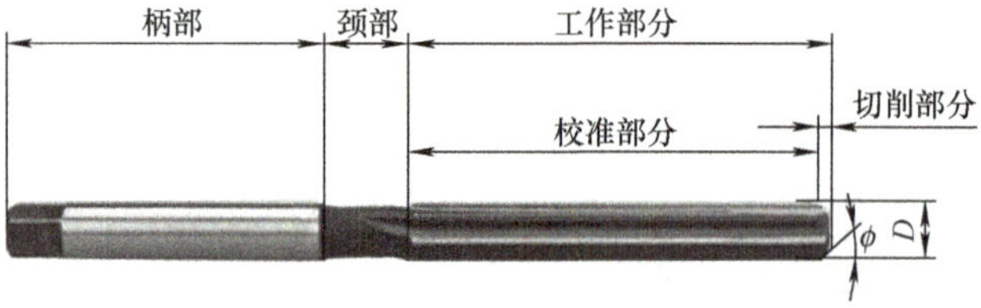

图 B-5-38　铰刀的结构

（2）铰刀的种类及材质

铰刀的种类很多，如图 B-5-39 ～ 图 B-5-42 所示。按使用方式可分为手用铰刀和机用铰刀，机用铰刀又可分为高速钢机用铰刀和硬质合金机用铰刀；按铰刀的柄部可分为直柄、锥柄和套式。

图 B-5-39　硬质合金机铰刀

图 B-5-40　整体圆柱铰刀

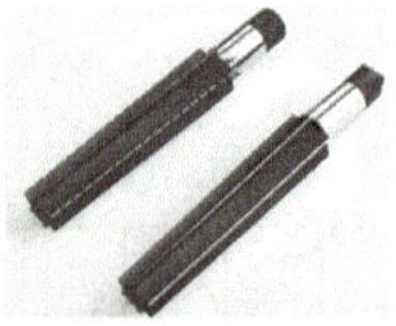

图 B-5-41　锥铰刀

图 B-5-42　可调节手铰刀

3. 铰削用量的选择

（1）手工铰削用量

手工铰削用量为铰削余量。铰削余量是指从上道工序（钻孔或扩孔）留下的、在直径方向上的加工余量。对铰削余量的选择，应考虑到直径大小、材料软硬、尺寸精度、表面粗糙度、铰刀的类型等因素。如果铰削余量太大，则孔不光洁，且铰刀易磨损；若过小，则从上道工序残留的变形难以被纠正，并且原有的刀痕无法去除，因此影响铰孔质量。一般铰削余量的选用可参考表 B-5-19。

表 B-5-19　铰削余量的选用

铰孔直径 /mm	<5	5 ～ 20	20 ～ 32	32 ～ 50	50 ～ 70
铰削余量 /mm	0.1 ～ 0.2	0.2 ～ 0.3	0.3	0.5	0.8

此外，铰削的精度还与上道工序的加工质量有直接的关系，因此还要考虑铰孔的工艺过程。一般孔的工艺过程是：钻孔→扩孔→铰孔；对于精度 IT8 级以上、表面粗糙度值 *Ra*1.6μm 以下的孔，工艺过程是：钻孔→扩孔→粗铰→精铰。

（2）机用铰削用量

机动铰削用量包括切削速度和进给量。当采用机动铰削时，应选择适当的铰削用量。铰削钢材时，切削速度应小于 8m/min，且进给量应控制在 0.4mm/r 以内；铰削铸铁材料时，切削速度应小于 10m/min，且进给量应控制在 0.8mm/r 以内。

4. 铰削方法与步骤

铰削的方法分手工铰削和机动铰削两种。

手工铰削的步骤如下：

1）将工件装夹牢固。

2）选用适当的切削液，涂抹在孔及切削刃表面上。

3）铰孔时两手用力要均匀，只按顺时针方向转动。

4）铰孔时施于铰刀上的压力不能太大，进给量要适当且均匀。

5）铰孔完毕后，仍按顺时针方向退出铰刀。

铰削操作

注意： 铰圆锥孔时，对于锥度小、直径小而且较浅的圆锥孔，可先按锥孔小端直径钻孔，然后用锥铰刀铰孔。对于锥度大、直径大而且深的孔应先钻出阶梯孔，再用锥铰刀铰削预钻的阶梯孔，如图 B-5-43 所示。

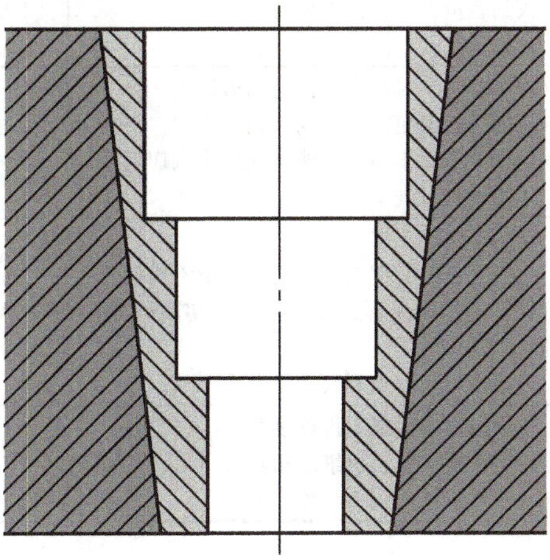

图 B-5-43　预钻阶梯孔

5. 铰孔所用切削液

铰孔所用切削液见表 B-5-20。

表 B-5-20　铰孔所用切削液

工件的材料	切削液
钢	1）10% ～ 20% 乳化液 2）铰孔要求较高时，可采用 30% 菜油加 70% 肥皂水 3）铰孔要求更高时，可用菜油、柴油、猪油等
铸铁	1）不用 2）可用煤油，但会引起孔径缩小，最大缩小量为 0.02 ～ 0.04mm 3）3% ～ 5% 低浓度的乳化液
铜	5% ～ 8% 低浓度的乳化液
铝	煤油、松节油

6. 铰孔常见问题分析

铰孔常见问题分析见表 B-5-21。

表 B-5-21　铰孔常见问题分析

形式		产生原因	预防措施
铰孔废品	表面粗糙度达不到要求	1）铰削余量太大或太小 2）铰刀的切削刃不锋利 3）未用切削液或用不适合的切削液 4）切削速度太快 5）铰刀退出时反转	1）合理预留铰削余量 2）修磨切削刃 3）选择合适的切削液 4）降低切削速度 5）铰刀退出时应正转
	孔径扩大	1）铰刀与孔的中心不重合 2）手动铰孔时，两手用力不均匀 3）没有加切削液 4）铰刀直径不符合要求 5）铰锥孔时没用圆锥销检查	1）采用浮动夹头铰孔 2）两手用力要平衡 3）合理使用切削液 4）选择合适的铰刀 5）配合圆锥销检查
	孔径缩小	1）铰刀破损 2）铰刀切削刃不锋利	1）更换新铰刀 2）修磨铰刀切削刃
	孔呈多边形	1）铰削余量太大，铰刀振动 2）铰孔前底孔不圆	1）分 2 ～ 3 次铰孔 2）铰孔前进行扩孔
铰刀损坏	铰刀过早磨损	1）刃磨时未及时冷却，使切削刃退火 2）切削刃表面粗糙，初期磨损严重 3）切削液选用不当或未能顺利地流入切削区 4）工件材料过硬	1）刃磨时应及时冷却 2）修磨切削刃 3）合理选择和使用切削液 4）分多次铰削或采用硬质合金铰刀
	铰刀崩坏	1）切削刃强度不够 2）机铰时铰刀偏摆太大，铰削用量不均匀 3）铰刀退出时反转，使切屑卡入切削刃与孔壁之间 4）刃磨产生切削刃裂纹	1）修磨切削刃，减小铰刀前角和后角 2）工件安装正确、夹牢，合理选用铰刀及铰削用量 3）铰刀退出时应正转 4）刃磨时应及时冷却
	铰刀折断	1）铰削余量太大或工件硬度高 2）铰刀已被卡住，仍继续扭转 3）两手在铰杠上用力不均匀	1）分次铰孔或采用硬质合金铰刀 2）铰刀被卡住时，应小心将铰刀旋出 3）两手用力要平衡

四、能力训练

1. 任务描述

基于图 B-5-44 所示孔加工要求，完成零件孔的加工操作。

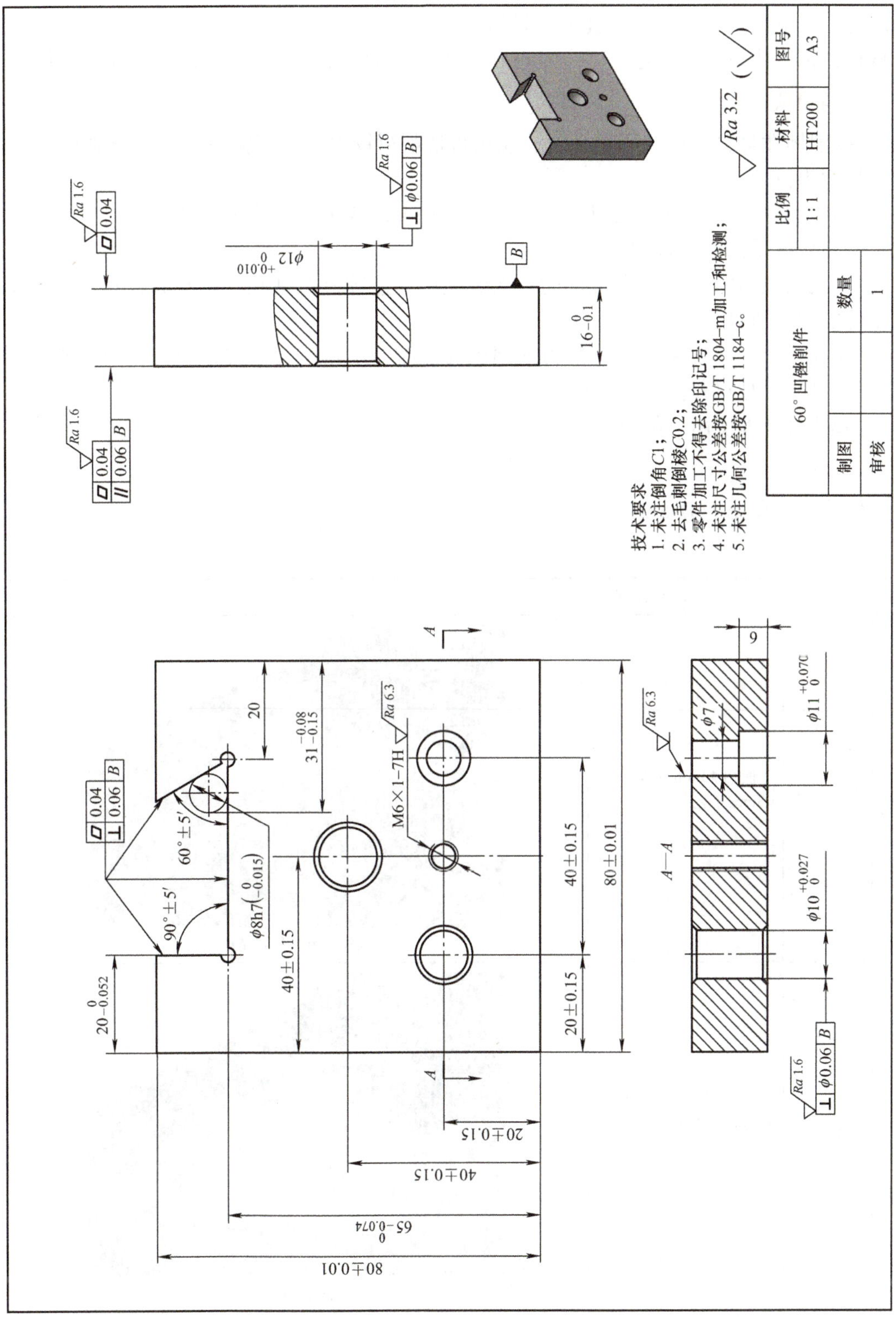

图 B-5-44 60° 凹锉削件零件图

2. 操作条件

设备、工量具：麻花钻、扩孔钻、铰刀、台钻、铰杠、切削液、游标卡尺。

材料：长方体板料（工序尺寸：80mm × 80mm × 16mm，已完成划线、打样冲操作）。

3. 注意事项

1）铰削韧性材料或铰削不通孔时，应用短切削刃铰刀；铰削脆性材料或铰削通孔时，应用长切削刃铰刀。

2）用手用铰刀铰孔时，铰刀必须与孔端面垂直，两手均匀用力下压，顺时针方向旋转铰刀，不允许反向旋转铰刀。

3）用机用铰刀时，最好在工件的一次装夹中，连续进行钻孔、扩孔和铰孔，以便于保证工件的加工质量。

4）铰孔过程中，切屑卡住切削刃或遇到硬点时，不得用力扭转，应把铰刀小心地旋出。工作完毕，也应顺时针方向旋出铰刀。

5）铰孔时合理使用切削液。

4. 工件铰孔

工件铰孔步骤见表 B-5-22。

表 B-5-22　工件铰孔步骤

序号	步骤	操作方法及使用说明	质量标准
1	钻工艺孔	使用 ϕ3mm 钻头，钻 ϕ3mm 工艺孔	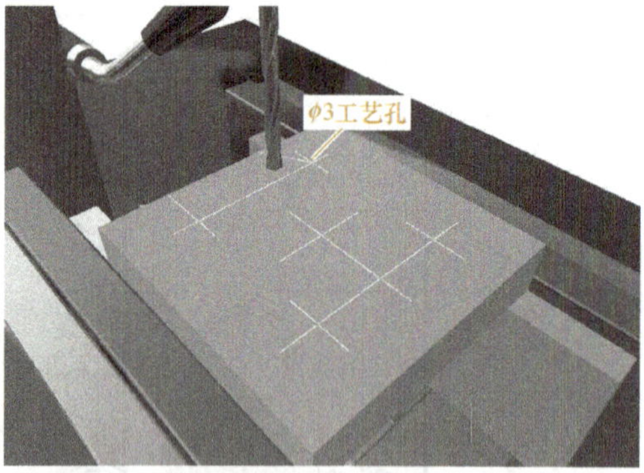 操作规范，位置精确
2	扩孔	首先扩孔至 ϕ5 ~ ϕ7mm，再扩孔至 ϕ9.8mm 和 ϕ11.8mm，留 0.2mm 的铰削余量	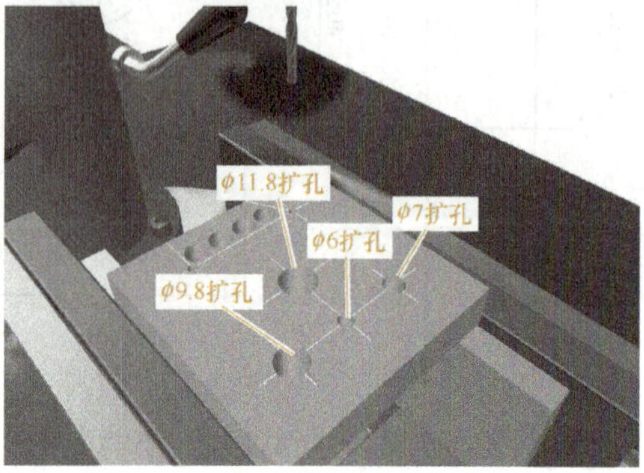 操作规范

（续）

序号	步骤	操作方法及使用说明	质量标准
3	锪孔	钻沉头孔	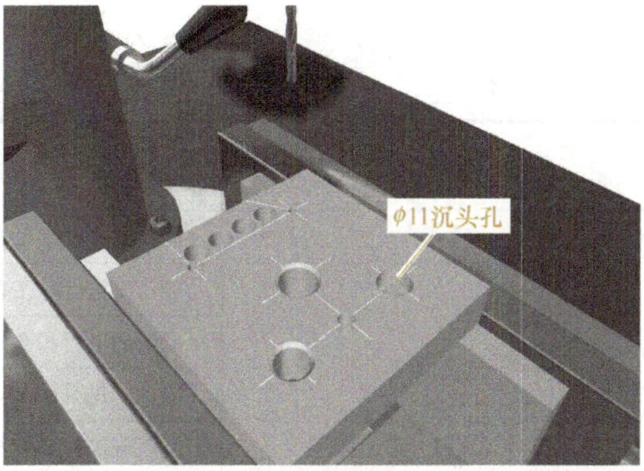 操作规范
4	铰孔	用直角尺检测铰刀与孔的垂直度，铰杠夹紧铰刀，实施铰孔	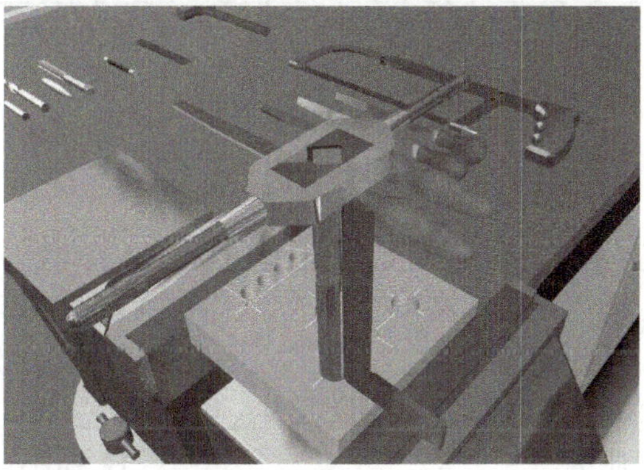 操作规范
5	倒角	正反面倒角	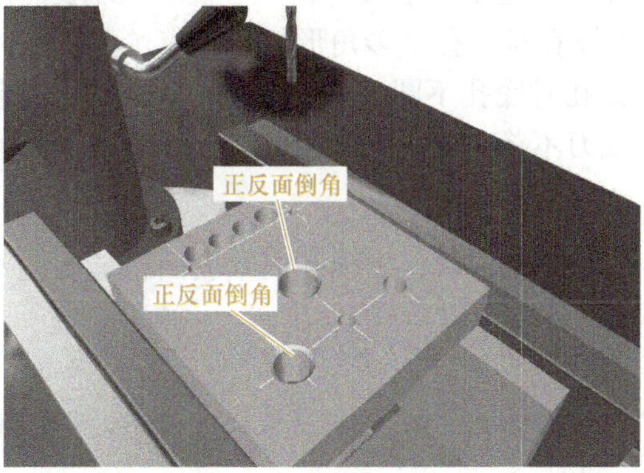 操作规范

5. 问题情境

问题情境：在铰孔结束时，请分析要不要关闭钻床电源退出铰刀。

提示：为避免铰孔时孔表面留下刀痕，应先退出铰刀，再关闭钻床电源。

6. 学习结果评价

工件铰孔评价表见表 B-5-23。

表 B-5-23　工件铰孔评价表

班级：________　姓名：________　学号：________　成绩：________

序号	评价内容	评价标准	评价结果（优、良、合格、不合格）
1	铰削概念	能概述铰孔切削过程	
2	铰孔操作	能正确进行钻工艺孔操作	
		能正确进行扩孔操作	
		能正确进行倒角操作	
		能正确进行铰孔操作	
3	安全文明	无安全隐患，无违章操作	

五、课后作业

1. 选择题

（1）使用钻床铰孔时，铰刀如果倒转，可能发生（　　）。

A. 切屑飞入眼睛里　　B. 铰刀和孔壁之间容易挤住切屑

C. 孔壁划伤　　D. 铰刀切削刃崩裂

（2）铰孔时如铰削余量太大，则孔（　　）。

A. 胀大　　B. 缩小

C. 表面粗糙度值增大　　D. 表面硬化

（3）铰孔时，孔呈多角形的原因有（　　）。

A. 铰孔时底孔不圆　　B. 铰削余量太大

C. 铰刀不锋利　　D. 铰削速度慢

2. 简答题

（1）铰孔完毕后，发现孔内壁表面粗糙度达不到要求时，如何处理？

（2）铰制不通孔时，铰刀断裂在孔内，如何取出？

3. 钻削练习

基于图 B-5-45 所示加工要求进行铰孔练习。

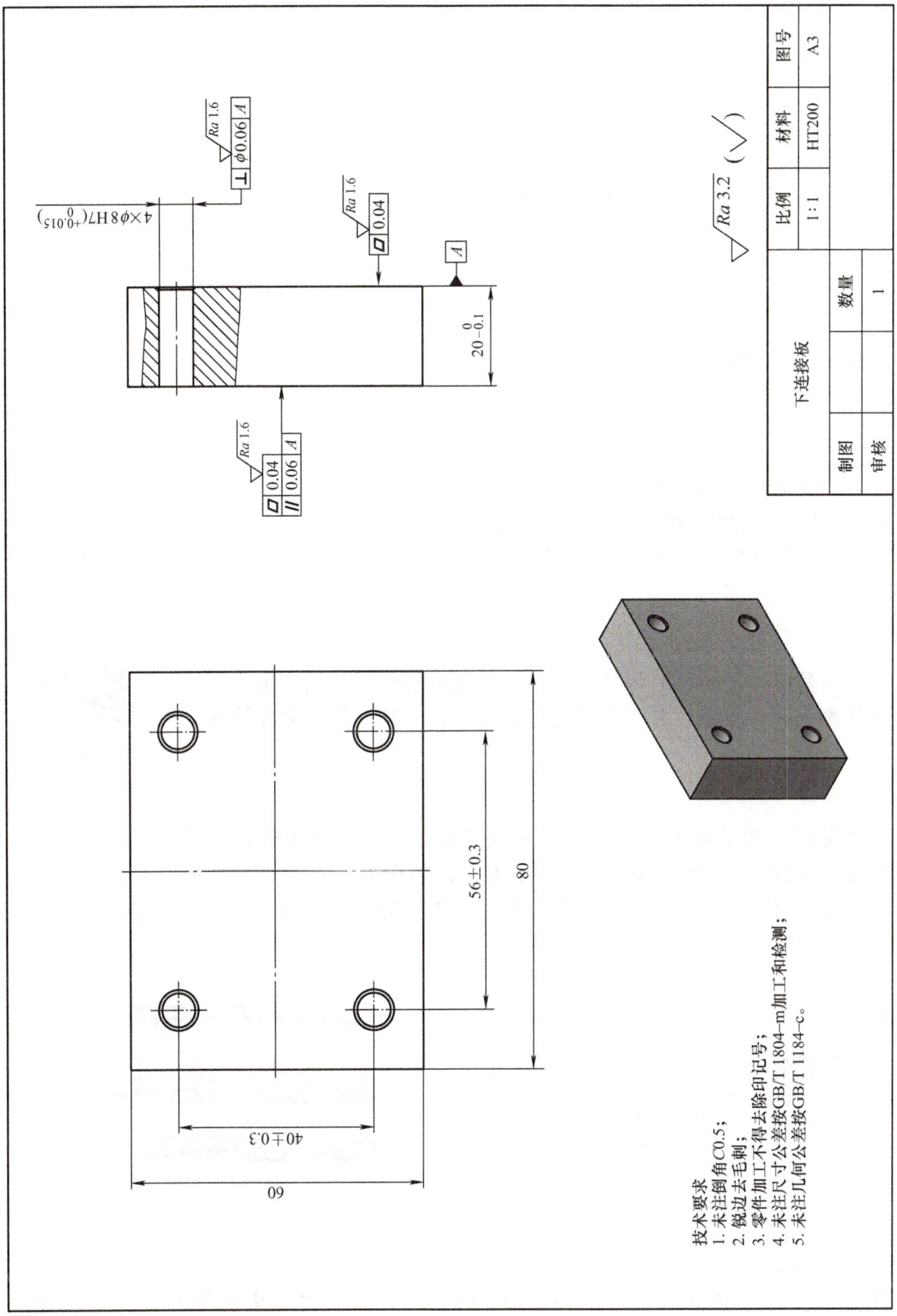

图 B-5-45 下连接板零件图

工作任务 B-6
螺纹加工

职业能力 B-6-1　能根据加工要求合理选择攻螺纹工具

一、核心概念

攻螺纹　　丝锥

二、学习目标

1. 能举例说明丝锥的分类和结构。
2. 能根据零件材料和图样要求选择丝锥。
3. 培养学生科学、严谨、细致的学习态度，不断提高自身技能水平和产品质量。

三、基本知识

攻螺纹操作

攻螺纹是用一定的扭矩将丝锥旋入紧固件胚料底孔中加工出内螺纹的金属切削工艺。攻螺纹常用工具为丝锥和铰杠。铰杠是用来夹持丝锥的工具。

1. 丝锥

丝锥是用来加工较小直径内螺纹的成形刀具，一般选用合金工具钢（9SiGr）制成，并经热处理后方可使用，如图 B-6-1 所示。通常 M6 ～ M24 的丝锥为两支一套，称为头锥和二锥；M24 以上为三只一套，称为头锥、二锥和三锥，如图 B-6-2 所示。

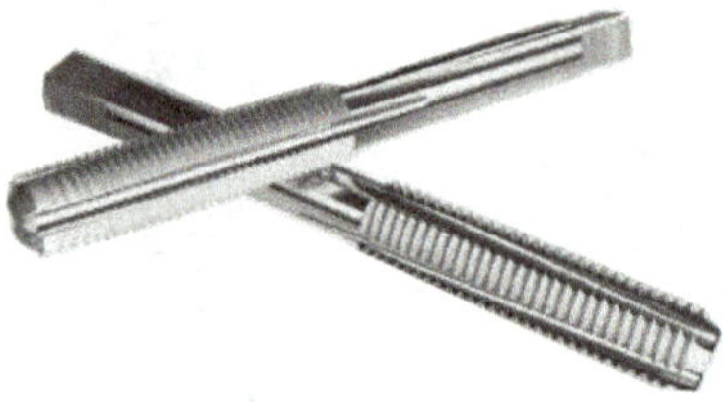

图 B-6-1　丝锥

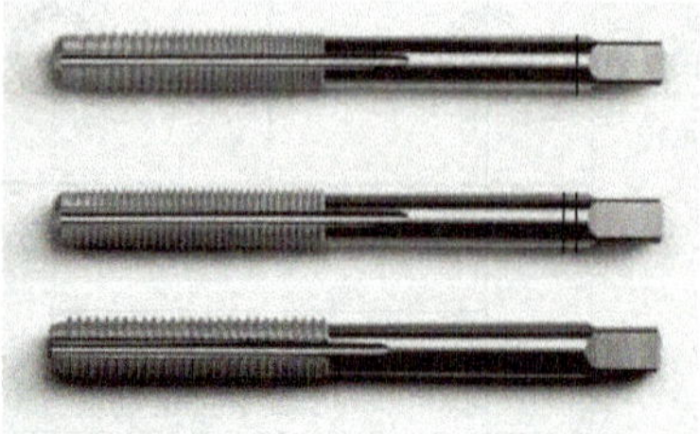

图 B-6-2　头锥、二锥、三锥

（1）丝锥的结构

丝锥由工作部分和柄部构成，如图 B-6-3 所示。工作部分又分切削部分和校准部分。

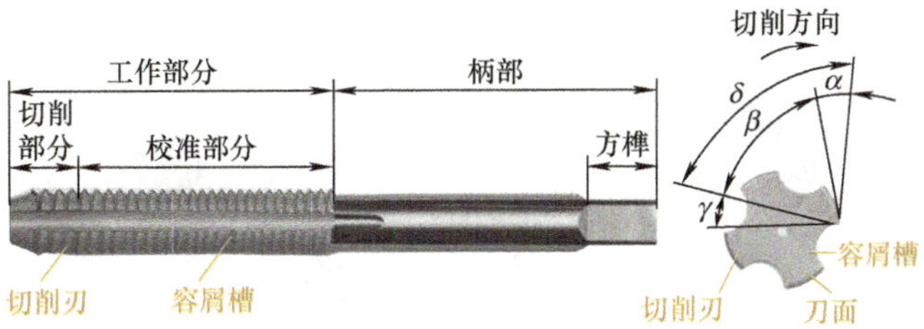

图 B-6-3　丝锥的结构

1）切削部分。丝锥前端呈圆锥形，有锋利的切削刃，切削刃的前角（γ）为 8° ～ 10°，后角（α）为 4° ～ 6°。切削部分主要完成切削螺纹工作。

2）校准部分。具有完整的齿形，它可以修光和校准已切出的螺纹，并引导丝锥沿轴向运动。校准部分是丝锥刃磨的后续部分，后角（α）为 0°。

3）容屑槽。有容纳、排除切屑和形成切削刃的作用，常用的丝锥上有 3 ～ 4 个容屑槽。

4）柄部。其形状和作用与铰刀相同。

（2）丝锥的种类

常用的丝锥有直槽丝锥、螺旋槽丝锥、螺尖丝锥和挤压丝锥等，其性能各有所长。

直槽丝锥通用性最强，通孔或不通孔、有色金属或黑色金属均可加工，价格也最便宜。但是针对性也较差。螺旋槽丝锥比较适合加工不通孔螺纹，加工时切屑向后排出。由于螺旋角的缘故，丝锥实际切削前角会随螺旋角增大而增大，加工黑色金属时，螺旋角选的小一点，一般在 30° 左右，保证螺旋齿的强度；加工有色金属时，螺旋角选的大一点，可在 45° 左右，切削刃锋利一些。螺尖丝锥加工螺纹时切屑向前排出。挤压丝锥比较适合加工有色金属。

（3）丝锥的排屑方式

丝锥排屑方向和应用场合见表 B-6-1。

表 B-6-1　丝锥排屑方向和应用场合

种类	直槽丝锥	螺旋槽丝锥	螺尖丝锥	挤压丝锥
排屑方向	下排屑	上排屑	下排屑	无排屑
应用场合	用于通孔	用于不通孔	用于通孔	用于通孔或不通孔

2. 铰杠（丝锥扳手）

手工攻螺纹时，铰杠用来夹持丝锥柄部的方榫，从而带动丝锥旋转的工具，有固定式铰杠、活络式绞杠和丁字式铰杠三类，如图 B-6-4 ～ 图 B-6-6 所示。常用铰杠规格见表 B-6-2。

图 B-6-4　固定式铰杠

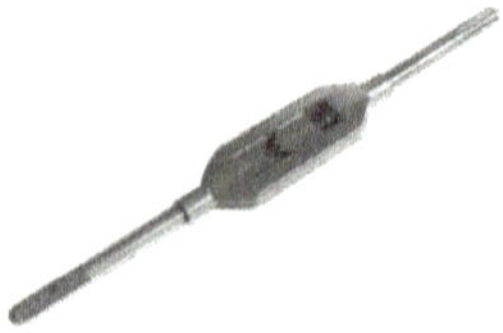

图 B-6-5　活络式铰杠

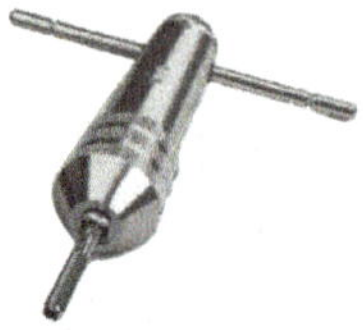

图 B-6-6　丁字式铰杠

表 B-6-2　常用铰杠规格

丝锥直径 /mm	≤6	8 ～ 10	12 ～ 14	≥16
铰杠长度 /mm	150 ～ 220	200 ～ 250	250 ～ 300	400 ～ 450

3. 普通粗牙螺纹底孔的计算

攻螺纹时丝锥对金属有切割和挤压作用，使金属扩张，底孔直径偏小，排屑不好造成切屑堵塞，造成丝锥损坏与折断。因此，螺丝底孔直径要比螺纹内径稍大些。

攻韧性材料

$$d=D-P$$

攻脆性材料

$$d=D-1.1P$$

式中，d——底孔直径（mm）；

D——螺纹公称直径（mm）；

P——螺距（mm）。

例 1　软钢或纯铜上攻 M10 × 1.5 螺纹，求底孔直径。

解：$d=D-P=10-1.5=8.5$（mm）

例 2　在铸铁或青铜上攻 M10 × 1.5 螺纹，求底孔直径。

解：$d=D-1.1P=10-1.1\times1.5=8.35$（mm）

4. 不通孔螺纹深度的确定

如图 B-6-7 所示，攻不通孔的螺纹时，因丝锥不能攻到底，所以孔的深度要大于螺纹的长度，孔的深度一般为

$$h=H+0.7D$$

式中，D——螺纹公称直径（mm）；

h——孔的深度（mm）；

H——螺纹长度（mm）。

图 B-6-7　攻不通孔

四、能力训练

1. 任务描述

基于图 B-6-8 所示螺纹孔的加工要求，选择合适的丝锥。

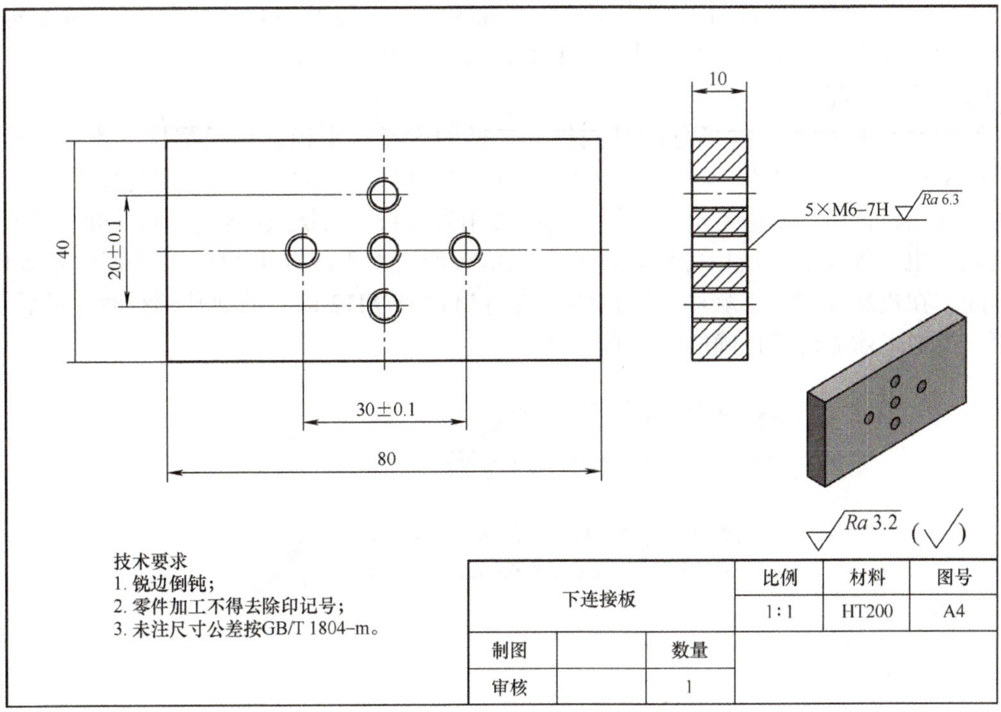

图 B-6-8　下连接板零件图

2. 操作条件

设备：不同规格麻花钻、不同规格丝锥。

3. 注意事项

攻不通孔螺纹时，因丝锥不能攻到底，所以孔的深度要大于螺纹长度，一般 $h=H+0.7D$。

4. 刀具选用

刀具选用方法见表 B-6-3。

表 B-6-3 刀具选用方法

序号	步骤	操作方法及使用说明	质量标准
1	计算底孔直径	$d=D-P=6-1=5$（mm），选用 ϕ5mm 麻花钻	孔直径计算准确
2	选择丝锥规格	选用 ϕ6mm 丝锥	丝锥规格选择准确

5. 问题情境

小明现在需要用成套丝锥进行螺纹孔加工操作，请分析其如何进行切削余量分配。

提示：在成套丝锥中，切削余量的分配有两种形式，即锥形分配和柱形分配，如图 B-6-9 所示。

（1）锥形分配

如图 B-6-9a 所示，每套中丝锥的大径、中径、小径都相等，只是切削部分的长度及锥角不同。头锥的切削部分长度为 5 ～ 7 个螺距，二锥切削部分长度为 2.5 ～ 4 个螺距，三锥切削部分长度为 1.5 ～ 2 个螺距。小于 M12 的丝锥采用锥形分配切削量。

（2）柱形分配

如图 B-6-9b 所示，柱形分配其头锥、二锥的大径、中径、小径都比三锥小。头锥、二锥的中径一样，大径不一样，头锥的大径小，二锥的大径大。柱形分配的丝锥，其切削余量分配比较合理，使每支丝锥磨损均匀，使用寿命长，攻螺纹时较省力。同时，因三锥的两侧刃也参加切削，所以螺纹表面粗糙度值较低。大于或等于 M12 的手用丝锥采用柱形分配，在攻螺纹时丝锥顺序不能搞错，攻制 M12 或 M12 以上的通孔螺纹时，最后一定要用三锥加工才能得到正确的螺纹直径。

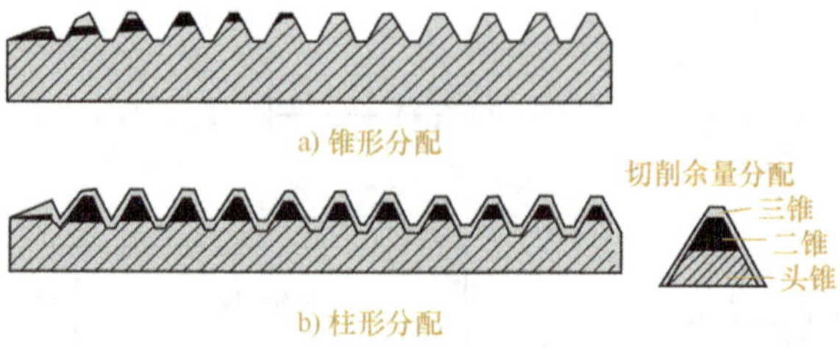

图 B-6-9 丝锥切削余量分配

6. 学习结果评价

刀具选用评价表见表 B-6-4。

表 B-6-4 刀具选用评价表

班级：________ 姓名：________ 学号：________ 成绩：________

序号	评价内容	评价标准	评价结果（优、良、合格、不合格）
1	攻螺纹概念	能概述攻螺纹方法及螺纹类型	
2	刀具选用	能正确计算底孔直径并选用合适刀具	
		能正确确定丝锥规格并选用合适刀具	
3	安全文明	无安全隐患，无违章操作	

五、课后作业

1. 选择题

（1）丝锥常用（　　）制成。

A. 高速钢　　B. 低碳钢　　C. 碳素工具钢　　D. 合金工具钢

（2）在较硬材料上攻螺纹时，要头锥、（　　）锥交替使用，以防丝锥扭断。

A. 五　　B. 四　　C. 三　　D. 二

（3）丝锥的结构由（　　）组成。

A. 切削部分和柄部　　B. 切削部分和校准部分

C. 工作部分和校准部分　　D. 工作部分和柄部

（4）丝锥的校准部分具有（　　）的牙形。

A. 较大　　B. 较小　　C. 完整　　D. 不完整

2. 简答题

攻螺纹时，底孔过大会使螺纹牙出现什么样的后果？

职业能力 B-6-2　能完成攻螺纹操作

一、核心概念

内螺纹　　攻螺纹

二、学习目标

1. 能简述攻螺纹方式及使用的设备。
2. 能手动攻螺纹。
3. 培养学生科学、严谨、细致的学习态度，不断提高自身技能水平和产品质量。

三、基本知识

1. 内螺纹的形式

内螺纹是指圆柱内表面（即圆孔）上的螺纹。有两种类型的孔可以定义螺纹，即通孔和不通孔。

（1）通孔

贯穿表面的孔，如图 B-6-10 所示。因此，螺纹长度是特定零件的厚度。

（2）不通孔

不能完全穿过表面的孔，如图 B-6-11 所示。因此，需要单独指定深度。

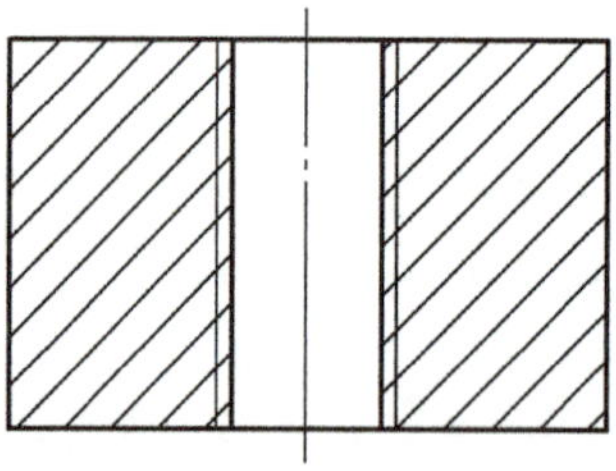

图 B-6-10　通孔

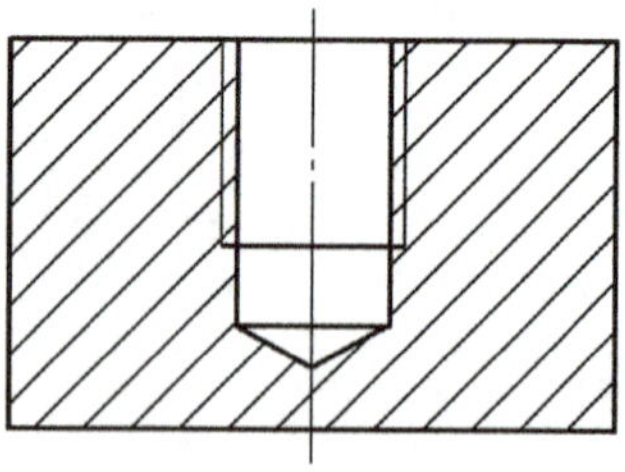

图 B-6-11　不通孔

2. 攻螺纹

用丝锥在工件孔中切削出内螺纹的加工方法。

3. 攻螺纹分类

（1）手工攻螺纹

1）丝锥轴线必须与底孔轴线重合。

2）若是长屑工件材料和较大直径螺纹，应通过回转丝锥来切断切屑。此时应有新的切削液到达切削刃。

（2）机器攻螺纹

1）机器攻螺纹时使用固定夹紧丝锥、螺纹切削头或纵向平衡丝锥卡盘。

2）使用固定夹紧丝锥时，主轴转动和轴向进给运动必须同步进行，这样才能加工出均匀的高质量螺纹。

4. 手工攻螺纹

（1）攻螺纹切削过程

攻螺纹指的是用一定的扭矩将丝锥旋入要钻的底孔中加工出内螺纹，如图 B-6-12 所示。

普通公制螺纹内螺纹先钻底孔，底孔直径 d 不允许小于公称直径 D 减去螺距 P。那是因为用丝锥攻螺纹时，丝锥主要是用来切削金属，但也伴随有严重的挤压作用。

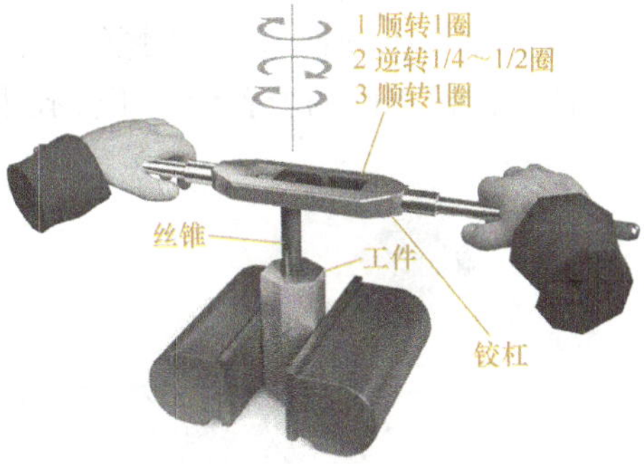

图 B-6-12　攻螺纹切削过程

攻螺纹时，切削刃一方面在切削金属，一方面也在挤压金属，因而会产生金属凸起并向牙尖流动的现象，这一现象对于韧性材料尤为显著，工件材料塑性越好，挤压变形越显著，从而使攻螺纹后螺纹小径小于原底孔直径。若攻螺纹前底孔直径与螺孔小径相同，则攻螺纹时因挤压变形作用，使螺纹牙顶与丝锥牙底之间没有足够的容屑空间，被丝锥挤出的金属会卡住丝锥甚至将其折断，此现象在攻塑性较好材料时更为严重。因此攻螺纹时，底孔直径应比螺纹小径略大，这样，挤出的金属流向牙尖正好形成完整螺纹，又不易卡住丝锥。

（2）丝锥切削运动

丝锥执行切削运动和进给运动，进给量由螺纹的螺距决定。

1）丝锥的锥形切削部分执行切削。根据切削部分斜角的大小，丝锥的前 2 ～ 8 圈切削螺纹。丝锥的导向部分引导丝锥进入已形成的螺纹。

2）切削时，丝锥略微向内挤压比它更软的工件材料，从而使孔变得更小。

3）当用一把 90° 锪钻对底孔进行倒角后，丝锥更容易切入，外侧螺纹也不会被挤出。对于不通孔螺纹而言，底孔的钻孔深度要大于可使用螺纹的长度，因为不可能一直攻到底孔底部。

4）为了获得良好的工件表面质量，需对各种不同工件材料选用合适的切削液（如切削油用于钢，乳浊液用于灰口铸铁和铜，压缩空气用于镁合金和塑料等）。

5. 攻螺纹的方法及要领

1）螺纹底孔的孔口要倒角，倒角处的直径可略大于螺纹大径。这样，可使开始切削时丝锥容易切入，并可防止孔口出现被挤压出的凸边。

2）工件的装夹位置要正确，并尽量使底孔的中心线处于水平或垂直位置，以使得在攻螺纹时，容易判断出丝锥的轴线是否垂直于工件平面。

3）用头锥起攻时，应尽量把丝锥放正。一只手用手掌按住铰杠中部，并沿丝锥轴线加压；另一只手配合转动铰杠，如图 B-6-13 所示。两只手握住铰杠两端，均匀地施加压力，使丝锥顺向旋进，如图 B-6-14 所示，以保证丝锥的中心线与孔的中心线重合。在丝锥攻入 1 ～ 2 圈后，应及时从前后、左右方向，用直角尺检测垂直度，如图 B-6-15 所示，如发现不垂直，应立即纠正，直至符合螺纹精度要求。

在开始攻螺纹时，为了保持丝锥的正确位置，可在丝锥上旋上同样规格的光制螺母，或将丝锥放入导向套的孔中，如图 B-6-16 所示。在攻螺纹时，只要把光制螺母或导向套压紧在工件表面上，就能够保证丝锥按正确的位置切入工件孔中。

图 B-6-13　一只手按压，一只手转动

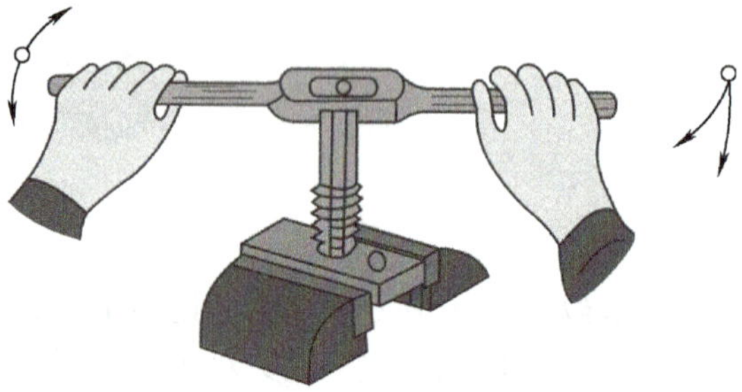

图 B-6-14　双手同时按压转动

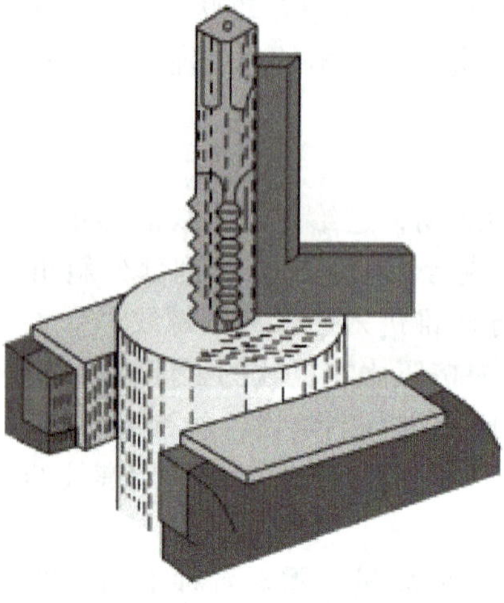

图 B-6-15　用直角尺检测垂直度

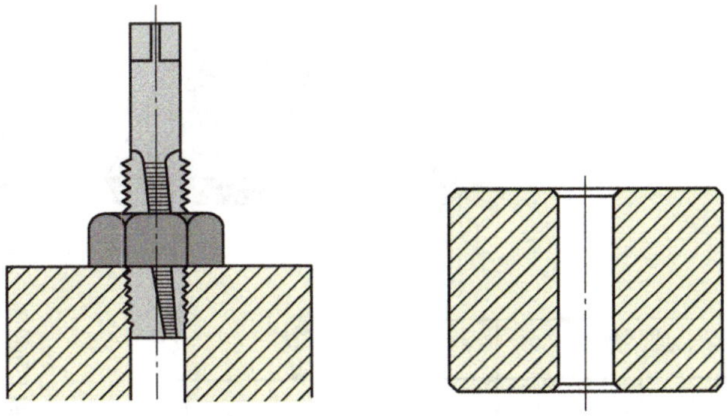

a) 以光制螺母导向　　b) 以导向套导向

图 B-6-16　攻螺纹时导向工具

4）丝锥切削时，铰杠不需再施加压力。为避免切屑过长而咬死丝锥，在攻螺纹时，铰杠每转动 1 圈，就应倒转 1/4 ～ 1/2 圈，以使切屑碎断后容易排出。

5）攻螺纹时，应按头锥、二锥、三锥的顺序攻至标准尺寸。在较硬材料上攻螺纹时，可轮换丝锥，交替攻下，以减少切削部分的负荷，并防止丝锥被折断。

6）调换丝锥时，先用手旋入丝锥，然后才可用铰杠转动，以免损坏螺纹并可防止乱牙。退出丝锥时，也要避免快速地转动铰杠，因此最好用手旋出，以保证已攻好的螺纹质量不受影响。

7）在攻不通孔时，可在丝锥上做好深度标记，并经常退出丝锥，以排除孔中的切屑，防止因切屑堵塞而使丝锥折断，或达不到深度要求。当工件不便倒向时，可用弯曲的管子吹去切屑，或用磁铁吸出切屑。

8）攻塑性或韧性材料螺纹时，要加注切削液，以减小切削阻力，并减小表面粗糙度值，延长丝锥的寿命。通常在攻钢料螺纹时，可使用机油或浓度较大的乳化液；当螺纹的质量要求高时，可用植物油；攻铸铁螺纹时，可使用煤油。

四、能力训练

1. 任务描述

基于图 B-6-17 所示加工要求，完成工件中螺纹孔加工操作。

2. 操作条件

设备、工量具：M6 丝锥、铰杠、切削液、游标卡尺。

材料：长方体板料（已完成钻孔操作）。

3. 注意事项

1）攻螺纹时应该在底孔的孔口倒角，倒角深度大于或等于螺纹螺距。

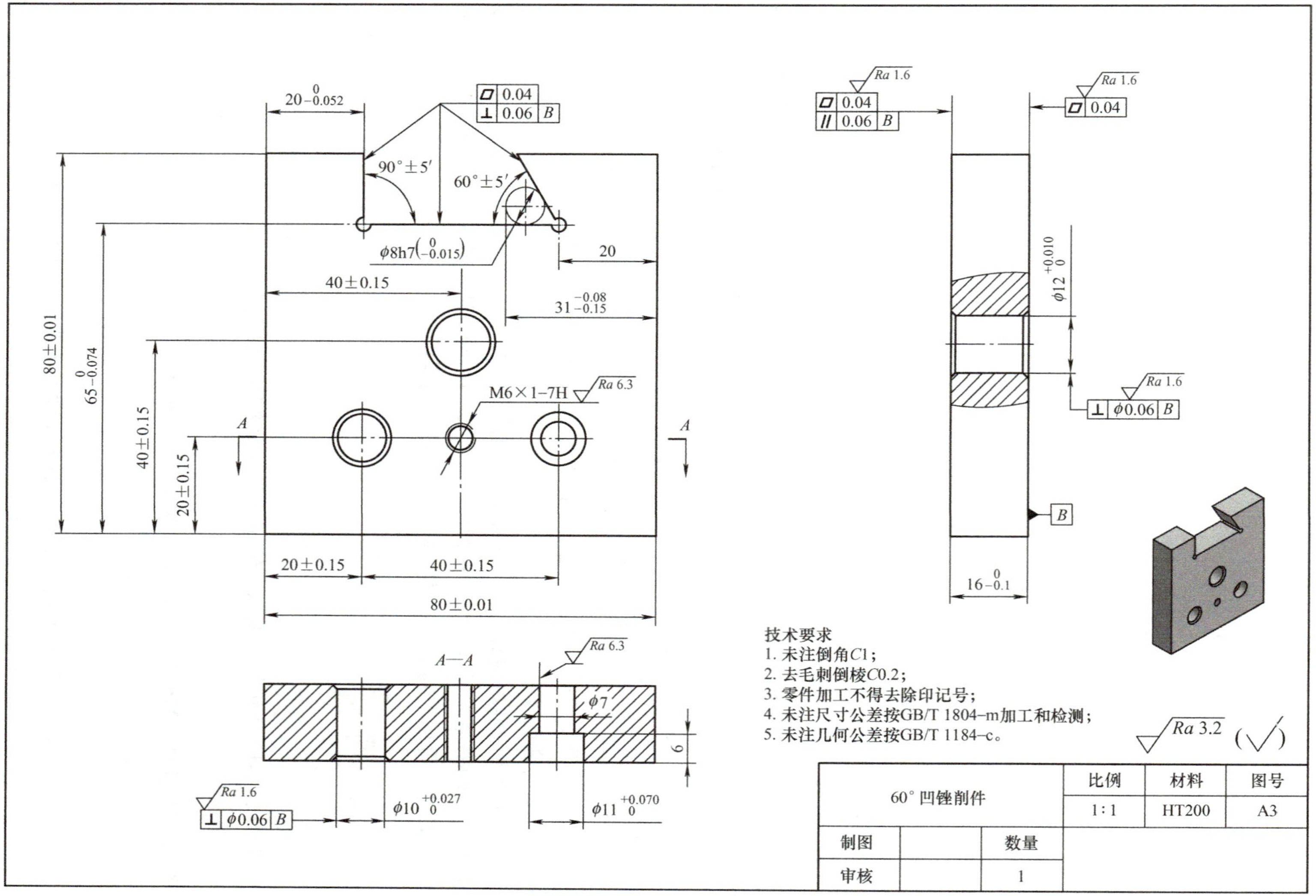

技术要求
1. 未注倒角C1；
2. 去毛刺倒棱C0.2；
3. 零件加工不得去除印记号；
4. 未注尺寸公差按GB/T 1804–m加工和检测；
5. 未注几何公差按GB/T 1184–c。

60° 凹锉削件			比例	材料	图号
			1∶1	HT200	A3
制图		数量			
审核		1			

图 B-6-17　60° 凹锉削件零件图

2）攻螺纹时，铰杠安装头锥，用右手掌按住铰杠中部沿丝锥轴线用力加压，左手配合做顺时针旋进，保证丝锥中心线与孔中心线重合（可以目测或用直角尺测量）。在转动的同时要加入切削液或机油，起润滑作用。

3）为避免切屑过长咬住丝锥，攻螺纹时应该经常反转 1/4 ～ 1/2 圈，断掉切屑，还应该注意丝锥与工件表面始终是垂直的。

4）丝锥攻入 3 ～ 4 牙后，双手分开握住铰杠不再加压，均匀转动铰杠，同时要经常反转断屑，并适当加入切削液，直至攻丝到底。

5）反转丝杠退出丝锥，清除丝锥上面的切屑，并放好。

6）用手直接在螺孔内旋转二维，至转不动时，安装铰杠并旋紧手柄。按照前述方法对已加工完毕的螺纹孔修光。

7）双手均匀反转退出丝锥，清理切屑。

4. 攻螺纹操作

攻螺纹操作步骤见表 B-6-5。

表 B-6-5　攻螺纹操作步骤

步骤	操作方法及使用说明	质量标准
攻螺纹	铰杠夹紧丝锥攻螺纹	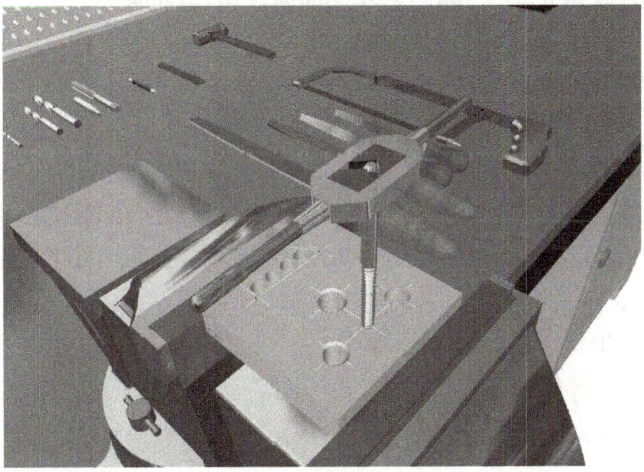 操作规范

5. 问题情境

问题情境：小明在攻螺纹时发现螺纹直径有时扩大，有时缩小，有时会产生锥度，请帮其分析原因。

提示：1）手工攻螺纹时，用力不平衡，铰杠掌握不稳；机动攻螺纹时，机床主轴和钻夹头的径向跳动过大或丝锥切削刃磨得不对称等，均能使螺纹孔攻大或攻成喇叭口状。

2）丝锥磨损严重时，加工出的螺纹孔直径易缩小。

6. 学习结果评价

攻螺纹操作评价表见表 B-6-6。

表 B-6-6　攻螺纹操作评价表

班级：________　姓名：________　学号：________　成绩：________

序号	评价内容	评价标准	评价结果（优、良、合格、不合格）
1	内螺纹概念	能概述内螺纹的形式及加工方法	
2	攻螺纹操作	能完成手工攻螺纹操作	
3	安全文明	无安全隐患，无违章操作	

五、课后作业

1. 选择题

（1）攻螺纹过程中，丝锥（　　）。

A. 只能正转

B. 只能反转

C. 一定要正转、反转交替进行

D. 既可正转、也可反转，具体视情况而定

（2）攻螺纹时，起牙结束进入正常攻螺纹后（　　）。

A. 要加大压力　B. 不要加压　C. 适当加压　D. 可随意加压

（3）攻螺纹时，所钻螺纹底孔的钻头直径主要根据（　　）确定。

A. 所攻螺纹的直径　B. 所攻螺纹的长度

C. 所钻材料　D. 所攻螺纹牙型

（4）攻螺纹时丝锥切削刃对材料产生挤压，因此攻螺纹前底孔直径应（　　）螺丝大径尺寸。

A. 小于　B. 等于　C. 大于

2. 简答题

分别在钢材和铸铁上攻 M16 和 M12 × 1 螺纹，试确定攻螺纹前钻底孔的钻头直径。

职业能力 B-6-3　能完成套螺纹操作

一、核心概念

套螺纹　　板牙　　板牙架

二、学习目标

1. 能简述套螺纹加工工艺过程。
2. 能按图样加工要求使用板牙和板牙架进行套螺纹操作。
3. 培养学生科学、严谨、细致的学习态度，不断提高自身技能水平和产品质量。

三、基本知识

1. 套螺纹工具

（1）板牙

板牙是加工外螺纹的刀具，由合金工具钢 9SiCr 制成并经热处理淬硬。其外形像一个圆螺母，只是上面钻有几个排屑孔，并形成切削刃。

板牙由切削部分、校准部分、排屑孔组成。排屑孔的两端有 60° 的锥度，起着主要的切削作用。校准部分起修光作用。板牙的外圆有一条深槽和四个锥坑，锥坑用于定位和紧固板牙，当板牙的定径部分磨损后，可用片状砂轮沿槽将板牙切割开，借助调紧螺钉将板牙直径缩小，如图 B-6-18 所示。

（2）板牙架

板牙架是用来夹持板牙、传递扭矩的工具。不同外径的板牙应选用不同的板牙架，如图 B-6-19 所示。

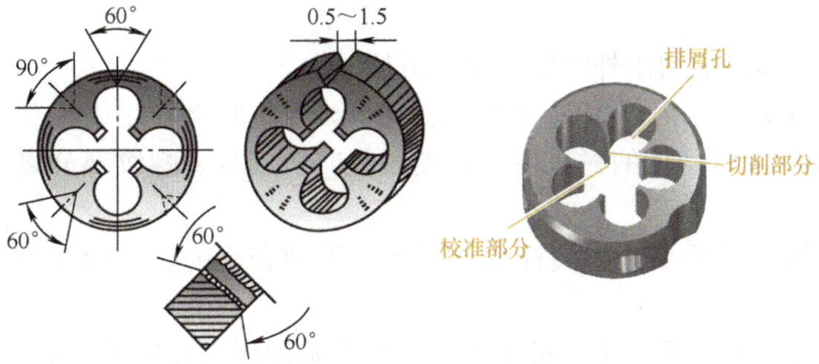

图 B-6-18　板牙

图 B-6-19　板牙架

2. 套螺纹前圆杆直径的确定和倒角

（1）圆杆直径的确定

与攻螺纹相同，套螺纹时有切削作用，也有挤压金属的作用。故套螺纹前必须检测圆杆直径。圆杆直径应稍小于螺纹大径，圆杆直径可查表或按经验公式计算，如图 B-6-20 所示。经验公式：

$$d_{杆}=d-0.13P$$

式中，d——螺纹大径（mm）；

P——螺距（mm）。

（2）圆杆端部的倒角

套螺纹前圆杆端部应倒角，使板牙容易对准工件中心，同时也容易切入。倒角长度应大于一个螺距，斜角为 15° ～ 20°，如图 B-6-21 所示。

倒角可以用锉刀进行，也可以在车床上进行。

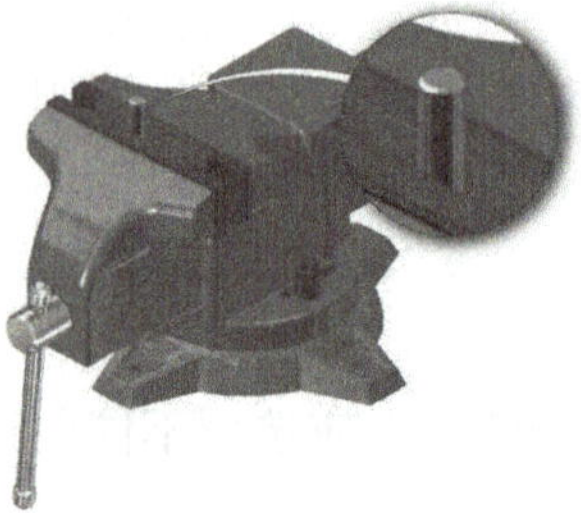

图 B-6-20　圆杆直径的确定

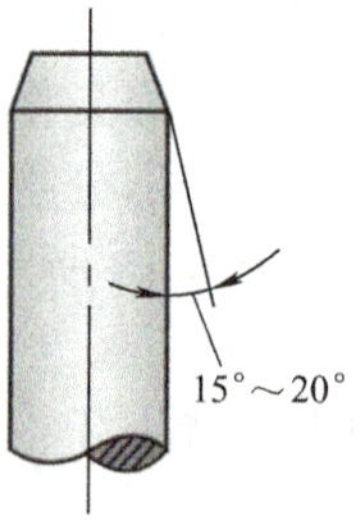

图 B-6-21　圆杆端部的倒角

3. 套螺纹要点

套螺纹是指在圆杆上切出外螺纹的加工方法。

为了防止圆杆夹持时出现偏斜和夹出痕迹，圆杆应装夹在用硬木制成的 V 形钳口或软金属制成的衬垫中，在夹衬垫时，圆杆套螺纹部分离钳口要尽量近。

套螺纹操作

套螺纹时应保持板牙端面与圆杆轴线垂直，否则套出的螺纹两面会有深有浅，甚至烂牙。

开始套螺纹时，可用手掌按住板牙中心，适当施加压力并使板牙架转动。当板牙切入工件 1 ～ 2 牙时，应目测检查和校正板牙的位置。当板牙切入圆杆 3 ～ 4 牙时，应停止施加压力，平稳地转动板牙架，使板牙螺纹自然旋入，如图 B-6-22 所示。为了避免切屑过长，套螺纹过程中板牙应经常倒转。

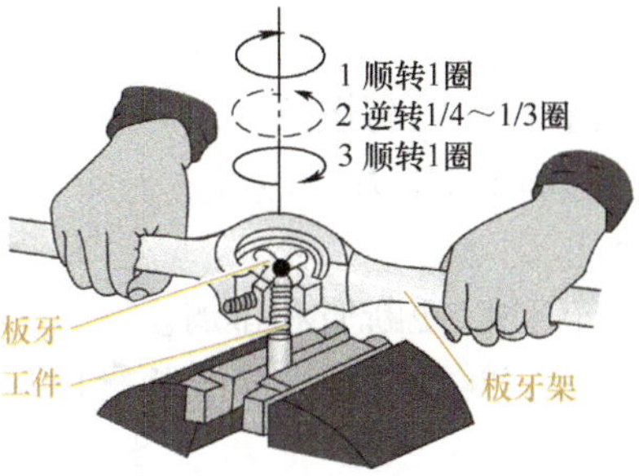

图 B-6-22　套螺纹

在钢件上套螺纹时要加切削液，以延长板牙的使用寿命，减小螺纹的表面粗糙度值。

四、能力训练

1. 任务描述

基于图 B-6-23 所示的加工要求，完成螺纹加工。

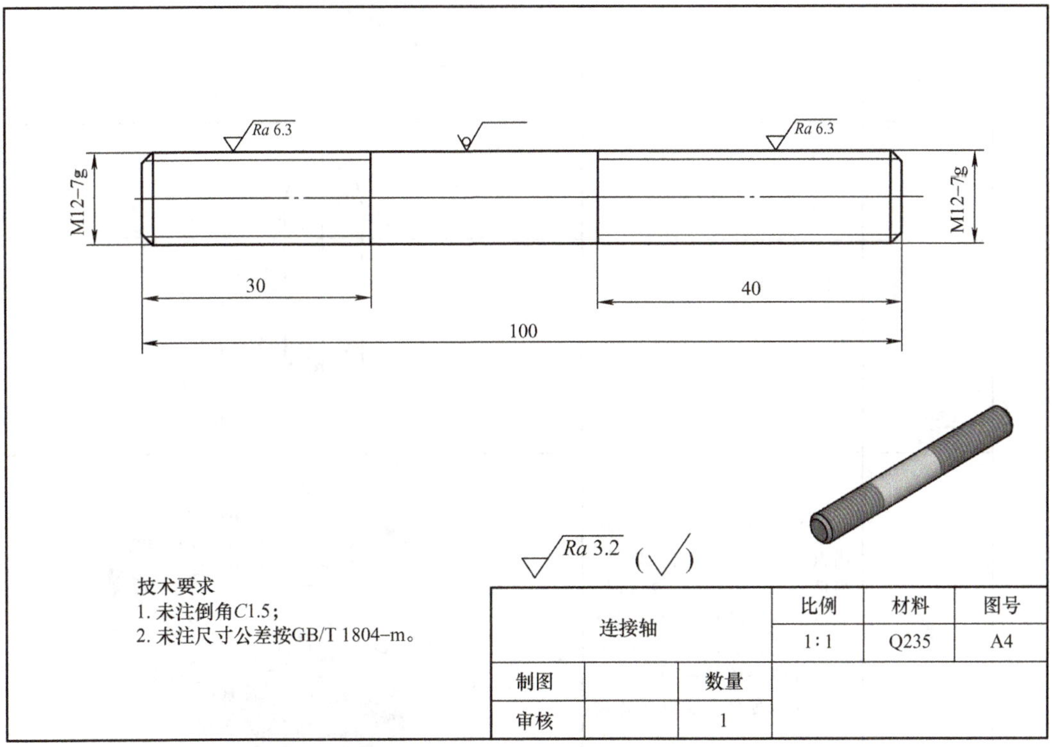

图 B-6-23　连接轴零件图

2. 操作条件

设备、工量具：板牙、板牙架、虎钳。

材料：圆杆。

3. 注意事项

1）板牙端面应与圆杆轴线垂直，以防螺纹歪斜。

2）开始套入时，应适当加以轴向压力，切入 3 ～ 4 牙后不再用压力，使板牙旋转自然切入，以免损坏螺纹和板牙。

3）套螺纹过程中要经常反转，以便断屑和排屑。

4）一般应加切削液，以提高套螺纹质量，延长板牙的使用寿命。

4. 套螺纹加工

套螺纹加工操作方法见表 B-6-7。

表 B-6-7　套螺纹加工操作方法

序号	步骤	操作方法及使用说明	质量标准
1	安装工具	选用合适的板牙、板牙架，将板牙安装到板牙架上	 板牙、板牙架选用适当
2	倒角圆杆	用锉刀或车床进行倒角	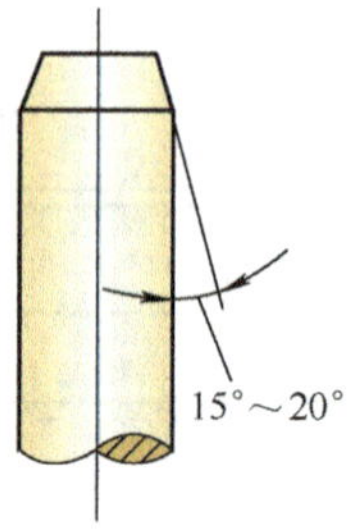 斜角为 15° ～ 20°
3	套螺纹	用手掌按住板牙中心，适当施加压力并使板牙架转动。当板牙切入工件 1 ～ 2 牙时，应目测检查和校正板牙的位置。当板牙切入圆杆 3 ～ 4 牙时，应停止施加压力，平稳地转动板牙架，使板牙螺纹自然旋入	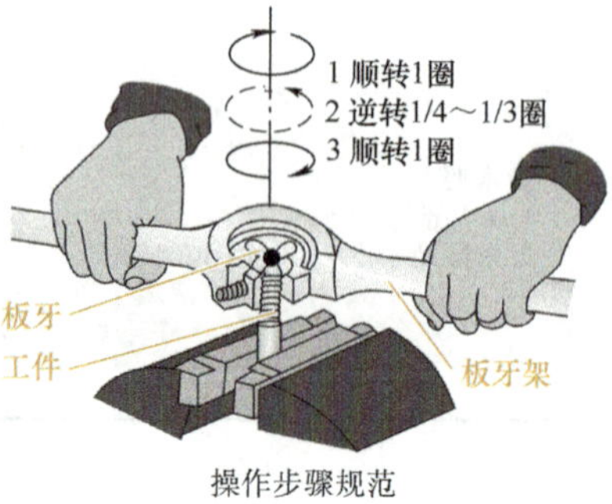 操作步骤规范

5. 问题情境

问题情境：小明套螺纹后发现螺纹乱牙，请帮其分析原因。

提示：1）套螺纹时圆杆直径太大，倒角太小，起套困难。

2）板牙套螺纹时歪斜太多，强行校正。
3）未根据工件材料进行必要的冷却润滑。
4）板牙未经常倒转进行断屑等情况会出现螺纹乱牙。
5）板牙磨损或损坏，切削阻力加大，导向不准。

6. 学习结果评价

套螺纹加工评价表见表 B-6-8。

表 B-6-8 套螺纹加工评价表

班级：________ 姓名：________ 学号：________ 成绩：________

序号	评价内容	评价标准	评价结果（优、良、合格、不合格）
1	板牙	能概述板牙的结构及作用	
2	套螺纹操作	能正确安装板牙	
		能正确在圆杆上倒角	
		能正确进行套螺纹操作	
3	安全文明	无安全隐患，无违章操作	

五、课后作业

1. 简答题

简述套螺纹时产生废品的形式及产生原因，将结果填入表 B-6-9。

表 B-6-9 套螺纹时产生废品的形式及产生原因

废品形式	产生原因
烂牙	
螺纹歪斜	
螺纹中经小（齿形瘦）	
螺纹牙深不够	

2. 套螺纹操作练习

基于图 B-6-24 所示加工要求完成套螺纹操作练习。

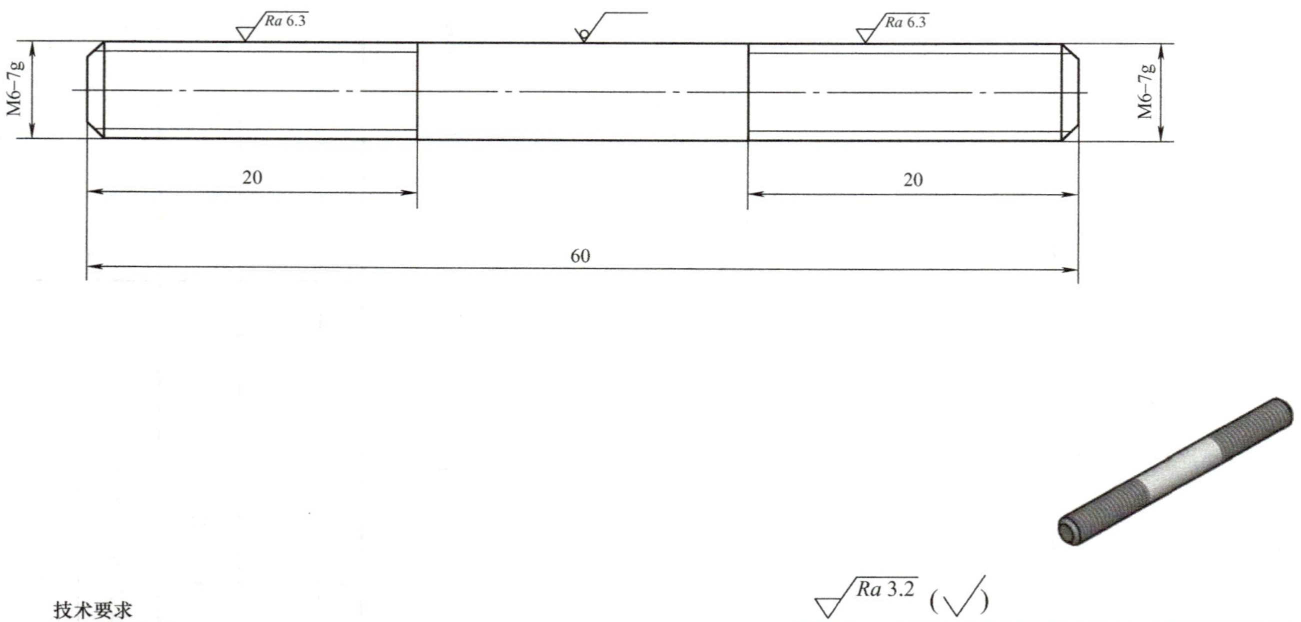

技术要求
1. 未注倒角$C1$；
2. 未注尺寸公差按GB/T 1804–m。

连接轴			比例	材料	图号
			1∶1	Q235	A4
制图		数量			
审核		1			

图 B-6-24　连接轴零件图纸

工作任务 B-7
钳工综合零件加工

职业能力 B-7-1　能根据加工图样合理制定加工工艺并进行配合件加工

一、核心概念

锉配　　锉配原则　　锉配基准选择原则

二、学习目标

1. 能简述锉配的原则。
2. 能简述锉配基准的选择原则。
3. 培养学生科学、严谨、细致的学习态度，不断提高自身技能水平和产品质量。

三、基础知识

1. 锉配

通过锉削，使一个零件（配合件）能放入另一个零件（基准件）的孔或槽内，且配合精度符合要求。广泛地应用在机器装配、修理以及工模具的制造上。

2. 锉配原则

锉配的原则是先把镶配的两个零件中的一个加工至符合图样要求，再根据已加工好的零件锉配另一个。因为一般外表面容易加工和测量，所以应先锉好外表面的零件，然后锉配内表面的零件，但在有些情况下，也有相反的情况，要分析判断。

3. 锉配基准的选择原则

1）选用已加工的最大平整面做锉削基准。
2）选用锉削量最少的面做锉削基准。
3）选用划线基准、测量基准做锉削基准。
4）选用加工精度最高的面做锉削基准。

四、能力训练

1. 任务描述

根据图 B-7-1 所示的凹凸锉配件图，用图 B-7-2 所示的毛坯，加工图 B-7-3 和图 B-7-4 所示的两个零件，完成凹凸锉配加工，保证达到锉配精度，并能转位互换配合。

任务要求：

1）在毛坯件上按图样要求划线。
2）按所划的线进行锯削、锉削和孔加工。
3）能达到锉配精度要求。

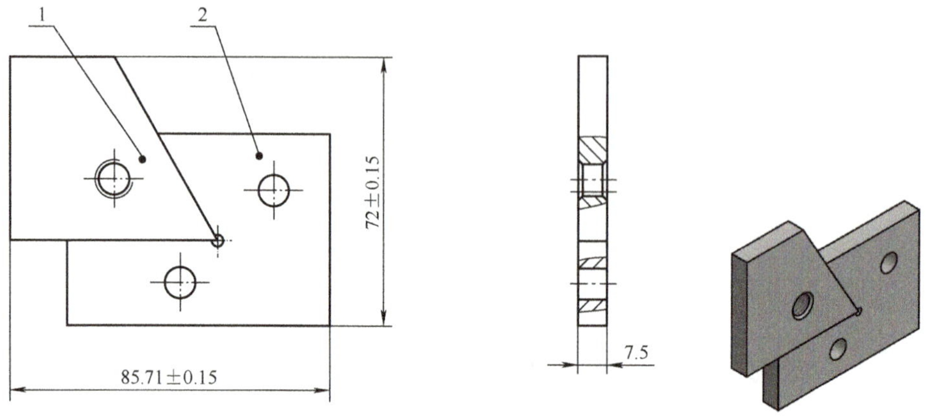

2	凹锉配件	1	Q235	
1	凸锉配件	1	Q235	
序号	零件代号	数量	材料	注释
凹凸锉配件		比例	材料	图号
		1:1		A4
制图		数量		
审核		1		

技术要求
件1和件2配合间隙小于等于0.06mm(2处)。

图 B-7-1　凹凸锉配件图

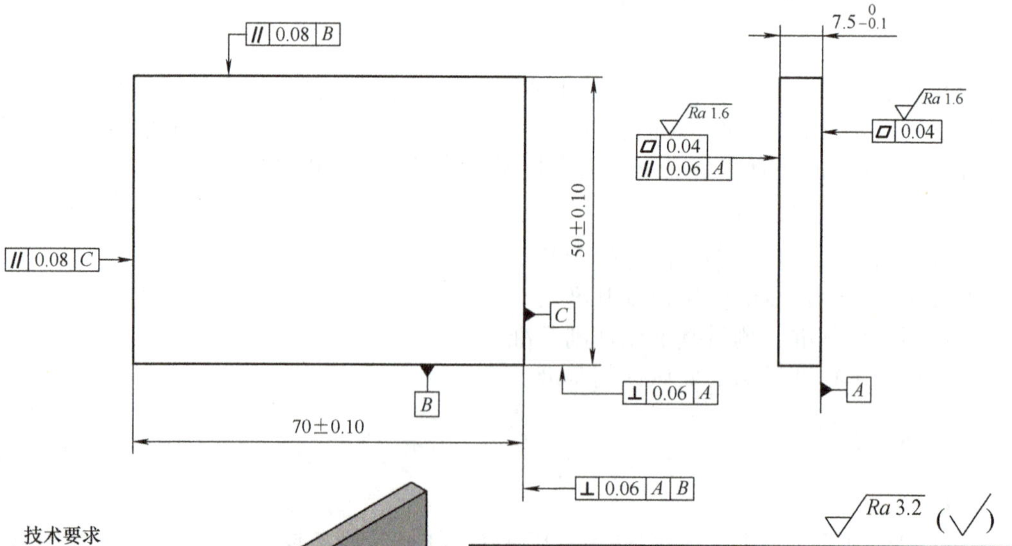

技术要求
1. 锐边倒钝；
2. 零件加工不得去除印记号。

锉配件毛坯		比例	材料	图号
		1:1	Q235	A4
制图		数量		
审核		2		

图 B-7-2　锉配件毛坯图

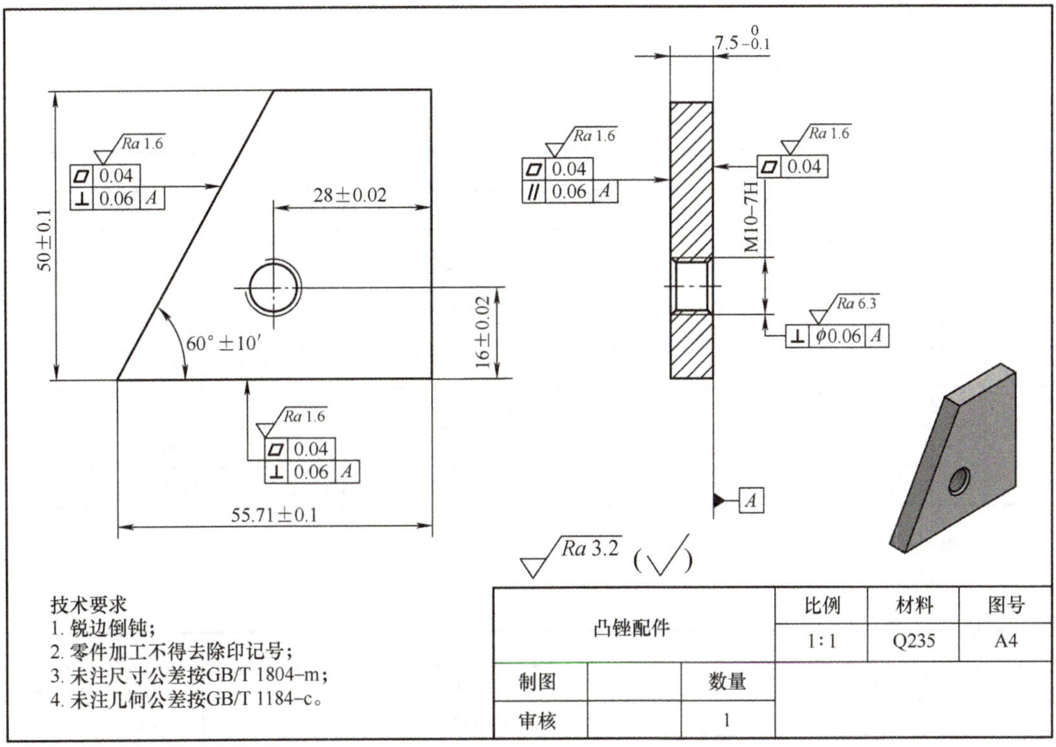

图 B-7-3　凸锉配件零件图

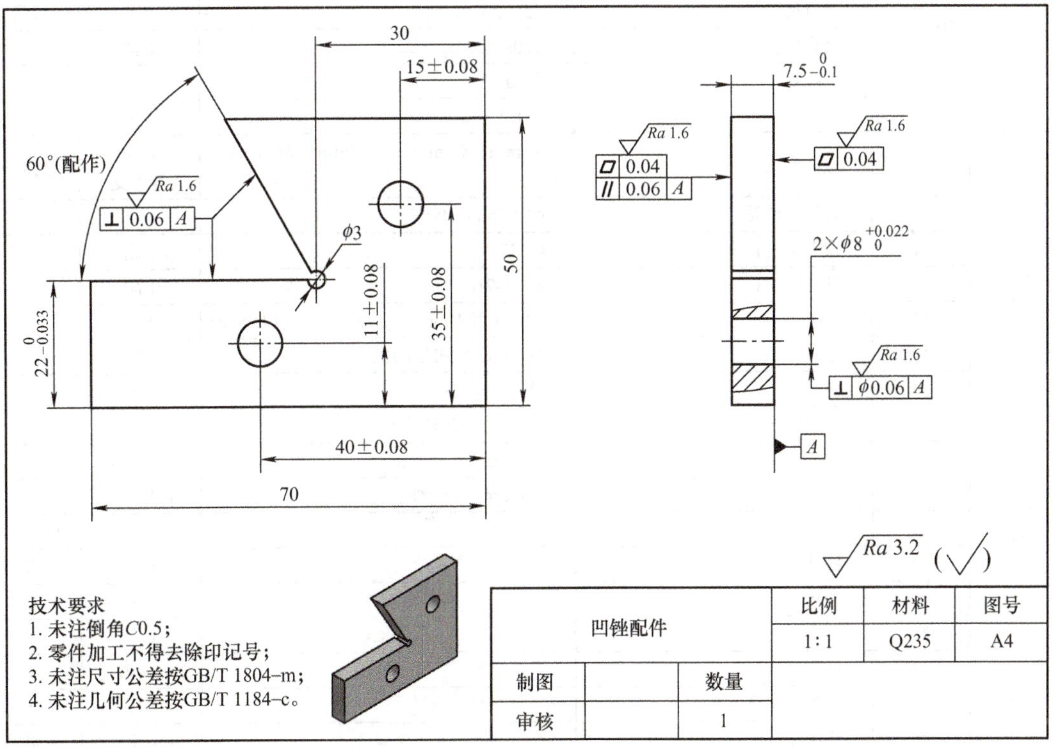

图 B-7-4　凹锉配件零件图

2. 操作条件

设备清单见表 B-7-1。

表 B-7-1　设备清单

序号	设备名称	规格 /mm	数量	备注
1	划线平台	600 × 800	每 4 ～ 6 人 1 块	或 300 × 300 小型平台，每人 1 块
2	方箱	200 × 200 × 200	每 4 ～ 6 人 1 个	或 90° 靠铁、100 × 100 × 100 小方箱，每人 1 块
3	台式钻床	Z4112	每 3 ～ 4 人 1 台	或同类钻床
4	机用虎钳	125	每 3 ～ 4 人 1 个	与台钻配套
5	虎钳	125	根据考试人数定	工位中间设安全网
6	软钳口		每人虎钳 1 副	
7	台式砂轮机	250	共 2 ～ 4 台	白钢玉砂轮
8	游标高度尺	0 ～ 300（或 0 ～ 200）	每个方箱配 2 把	划线用，若使用小型平台每人 1 把

工、量、刀具清单见表 B-7-2。

表 B-7-2　工、量、刀具清单

类别	序号	名称	规格	数量	备注
量具	1	游标卡尺	0 ～ 150mm（0.02）	1 把	成量
	2	游标深度卡尺	0 ～ 200mm（0.02）	1 把	成量
	3	直角尺	100mm × 63mm（一级）	1 把	成量
	4	游标万能角度尺	0 ～ 320°（2′）	1 把	成量
	5	刀口尺	125mm（一级）	1 把	成量
	6	钢直尺	150mm	1 把	
	7	螺纹规	M10	1 个	
	8	极限量规	ϕ8H7	1 个	
工具刀具	9	直柄麻花钻	ϕ3mm、ϕ5mm、ϕ7.7mm、ϕ9.7mm、ϕ10mm	其余各 1 支	已刃磨
	10	直柄倒角钻	ϕ12.4mm（90°）	1 支	
	11	铰刀（配铰杠）	ϕ8H7	1 副	
	12	丝锥（配铰杠）	M10−7H	1 副	
	13	锯条	中齿（每 25mm 长度 18 牙，齿距 1.4mm）	4 条	
	14	锯弓	300mm 可调式手用锯弓	1 把	
	15	锤子	圆头，0.45kg	1 把	
	16	锉刀刷	细铜丝（或细钢丝）刷	1 个	
工具刀具	17	平锉	300mm（1 号纹）	1 把 / 人	
	18	平锉	200mm（3 号纹）	1 把 / 人	
	19	划针		1 个	已刃磨
	20	样冲		1 个	已刃磨
	21	分规		1 个	已刃磨
其他	22	毛刷		1 个	
	23	电刻笔		1 台 / 考场	
	24	蓝油（淡金水）		若干	
	25	机油壶		1 个	装机油
	26	记号笔		1 支	油性

3. 操作过程

（1）识读图样

图 B-7-3 所示为凸锉配件零件图，材料为 Q235。尺寸公差为 28 ± 0.02 和 16 ± 0.02。角度公差为 60° ± 10′。几何公差为平面度 0.04、垂直度 0.06。表面粗糙度为 *Ra*6.3、*Ra*3.2 和 *Ra*1.6。

图 B-7-4 所示为凹锉配件零件图，材料为 Q235。长度方向公差为 40 ± 0.08 和 15 ± 0.08。高度方向公差为 11 ± 0.08、$22_{-0.033}^{\ 0}$ 和 35 ± 0.08。孔公差为 $\phi8_{\ 0}^{+0.022}$。几何公差为垂直度 0.06。表面粗糙度为 *Ra*3.2 和 *Ra*1.6。

图 B-7-1 所示为凹凸锉配件图，要求两零件配合间隙≤0.06mm。

（2）编制工艺

凸锉配件工艺流程和凹锉配件工艺流程见表 B-7-3 和表 B-7-4。

表 B-7-3　凸锉配件工艺流程

序号	工序内容		工具	刀具	量具	备注
1	核对工、量、刀具 检查毛坯尺寸	按照清单检查工位				
		校验量具、工具和刀具	校验棒			
		检查毛坯尺寸、去毛刺		粗锉刀：平锉 300mm（1 号纹）	游标卡尺、直角尺	
2	涂蓝油，划线	划直线、角度线和辅助线	划线平台、V 形铁、划针		游标高度卡尺、游标万能角度尺、游标卡尺	
3	打样冲眼	“十”字中心线位置	样冲、锤子			
4	孔加工	钻 ϕ5mm 底孔	钻头装夹钥匙、台钻	钻头：ϕ5mm	游标卡尺	
		扩孔至 ϕ9.7mm	钻头装夹钥匙、台钻	钻头：ϕ9.7mm	游标卡尺	
		正反面倒角	钻头装夹钥匙、台钻	钻头：倒角钻		
		攻 M10 螺纹	铰杠	丝锥：M10	螺纹规	
5	锯削	按划线要求锯削，预留 0.5 ～ 1.5mm 余量	锯弓	锯条		
6	锉削	粗锉锯削面，预留精加工余量 0.1 ～ 0.15mm		粗锉刀：平锉 300mm（1 号纹）	游标卡尺、游标深度卡尺	
		精锉锯削面，保证平面度 0.04mm，垂直度 0.06mm，控制角度 60° ± 10′		精锉刀：平锉 200mm（3 号纹）	直角尺、角度样板	

（续）

序号	工序内容		工具	刀具	量具	备注
7	测量尺寸	使用角度样板测量加工尺寸 60° ± 10′			角度样板	
8	后处理	去毛刺				

表 B-7-4　凹锉配件工艺流程

序号	工序内容		工具	刀具	量具	备注
1	核对工、量、刀具，检查毛坯尺寸	按照清单检查工位				
		校验量具、工具和刀具	校验棒			
		检查毛坯尺寸、去毛刺		粗锉刀：平锉 300mm（1 号纹）	游标卡尺、直角尺	
2	涂蓝油划线	划直线、角度线和辅助线	划线平台 V 形铁、划针		游标高度卡尺 游标万能角度尺 游标卡尺	
3	打样冲眼	“十”字中心线位置	样冲、锤子			
4	孔加工	钻 ϕ3mm 工艺孔、钻 ϕ5mm 底孔	钻头装夹钥匙、台钻	钻头：ϕ3mm、ϕ5mm	游标卡尺	
		扩孔至 ϕ7.7mm	钻头装夹钥匙、台钻	钻头：ϕ7.7mm	游标卡尺	
		正反面倒角	钻头装夹钥匙、台钻	钻头：倒角钻		
		铰孔至 ϕ8H7	铰杠	铰刀：ϕ8H7	极限量规	
5	锯削	按划线要求锯削，预留 0.5 ~ 1.5mm 余量	锯弓	锯条	游标万能角度尺	
6	锉削	粗锉锯削面，预留精加工余量 0.1 ~ 0.15mm		粗三角锉刀	游标卡尺、游标深度卡尺、直角尺	
		精锉锯削面，保证垂直度 0.06mm，控制尺寸 $22_{-0.033}^{\ 0}$		精三角锉刀		
7	锉配	以凹槽底面为基准，用凸件适配凹槽角度，至间隙达到要求为止，并保证其他技术要求		精三角锉刀	塞尺	
8	后处理	去毛刺				

（3）凸锉配件加工操作

凸锉配件加工操作步骤见表 B-7-5。

表 B-7-5　凸锉配件加工操作步骤

序号	步骤	操作方法及使用说明	质量标准
1	核对工、量、刀具，检查毛坯尺寸	按照清单检查工位，校验量具、工具和刀具 检查毛坯尺寸、去毛刺	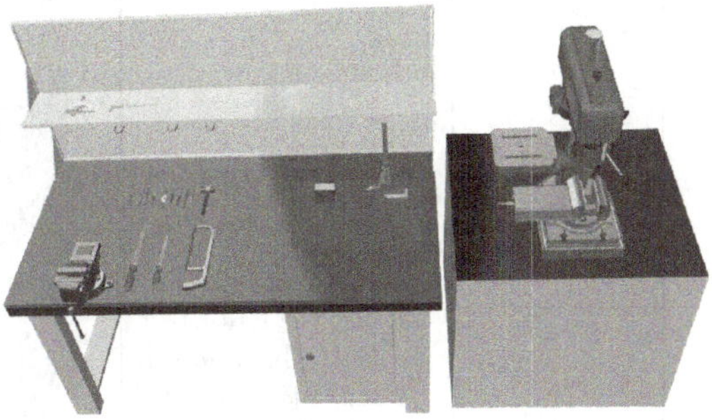 毛坯无磨损
2	涂蓝油	将蓝油均匀涂抹在工件表面	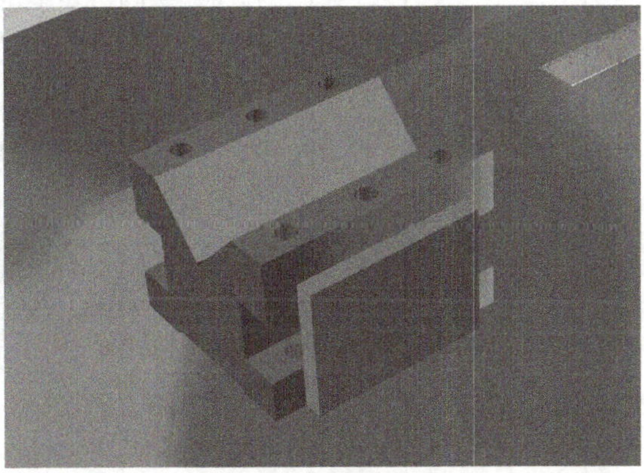 涂料要涂得薄而均匀
3	划线	划直线、角度线和辅助线	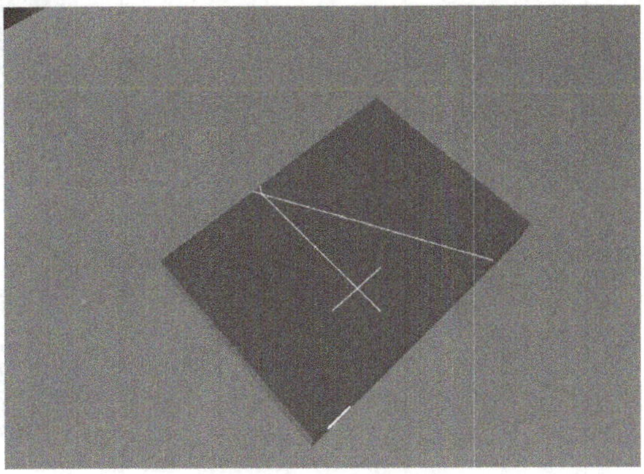 划线清晰、准确

（续）

序号	步骤	操作方法及使用说明	质量标准
4	打样冲眼	使用锤子垂直敲击样冲头，先打一小点，从十字中心线的不同方向仔细检查，确保样冲眼在十字中心线的交叉点上，最后把样冲眼用力打正并且要打圆、打大，以便准确落钻定心，工件表面的锥坑要大小均匀	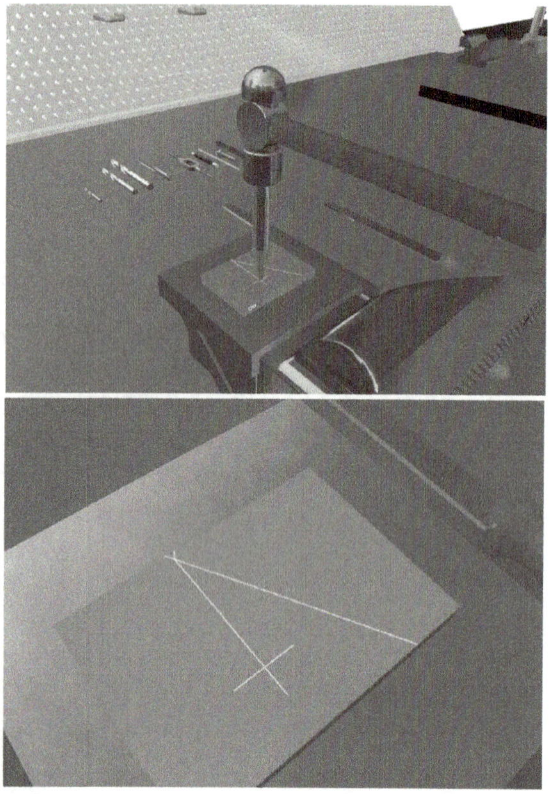 锥坑大小均匀
5	钻孔	使用 ϕ5mm 麻花钻，钻 ϕ5mm 底孔	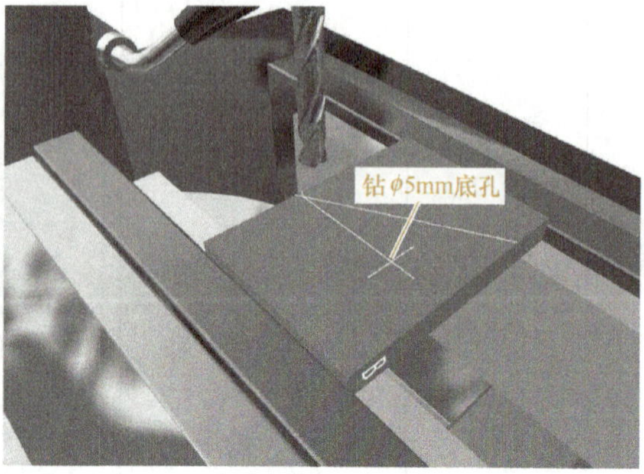 操作规范，注意排屑

（续）

序号	步骤	操作方法及使用说明	质量标准
6	扩孔	使用ϕ9.7mm扩孔钻扩孔	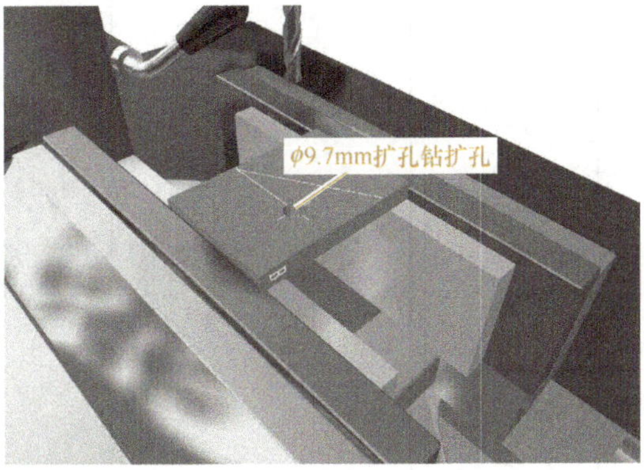操作规范，注意排屑
7	倒角	正反面倒角	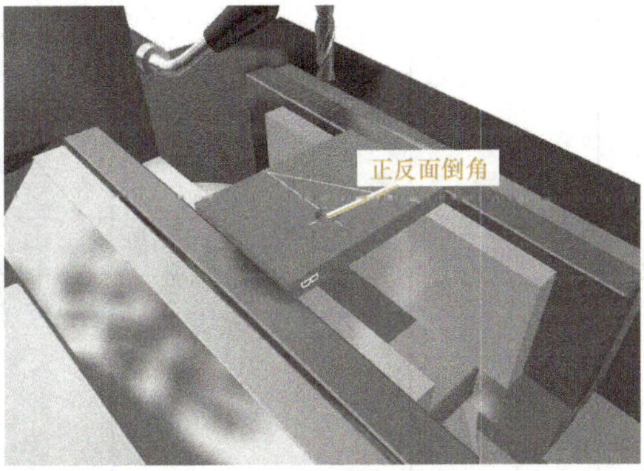操作规范
8	攻螺纹	铰杠夹紧M10丝锥，攻螺纹	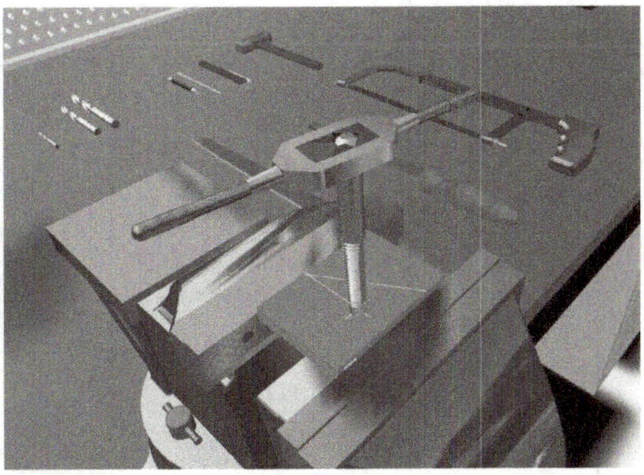操作规范

（续）

序号	步骤	操作方法及使用说明	质量标准
9	锯削	按划线要求锯削，预留 0.5 ～ 1.5mm 余量	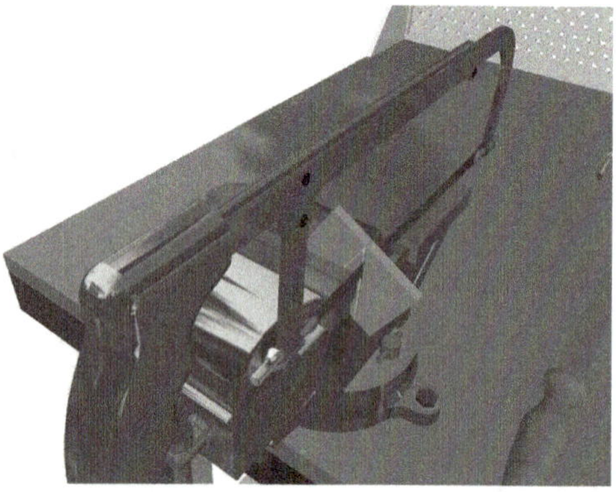 操作规范
10	粗锉锯削面	粗锉锯削面，预留精加工余量 0.1 ～ 0.15mm	 锉削动作规范
11	精锉锯削面	精锉锯削面，保证平面度 0.04mm，垂直度 0.06mm，控制角度 60°±10′	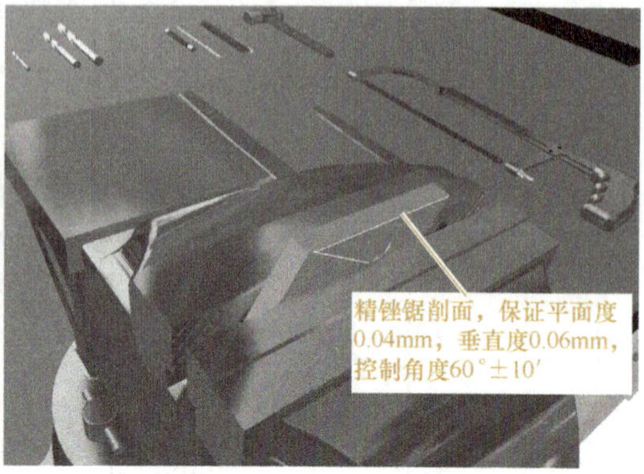 锉削动作规范

（续）

序号	步骤	操作方法及使用说明	质量标准
12	测量尺寸	使用角度样板测量加工尺寸 60°±10′	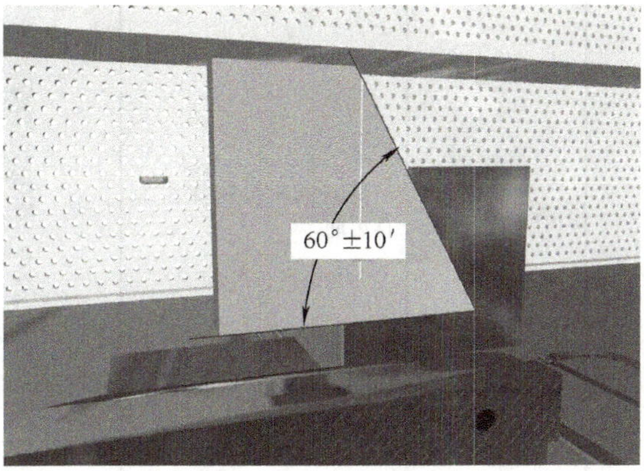尺寸公差在图样要求范围内
13	后处理	去毛刺	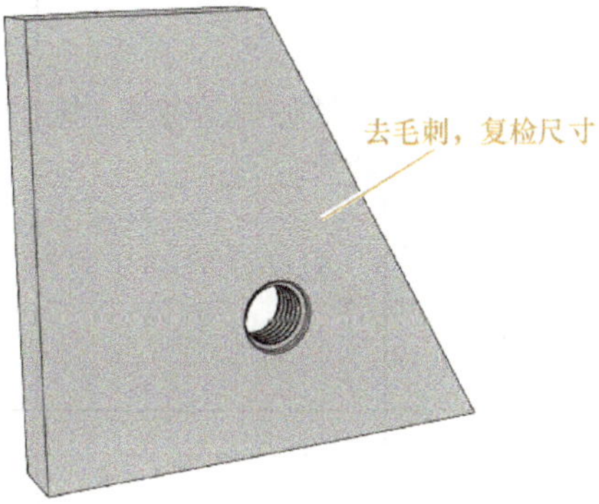零件无磨损

（4）凹锉配件加工操作

凹锉配件加工操作步骤见表 B-7-6。

表 B-7-6　凹锉配件加工操作步骤

序号	步骤	操作方法及使用说明	质量标准
1	核对工、量、刀具，检查毛坯尺寸	按照清单检查工位；校验量具、工具和刀具；检查毛坯尺寸、去毛刺	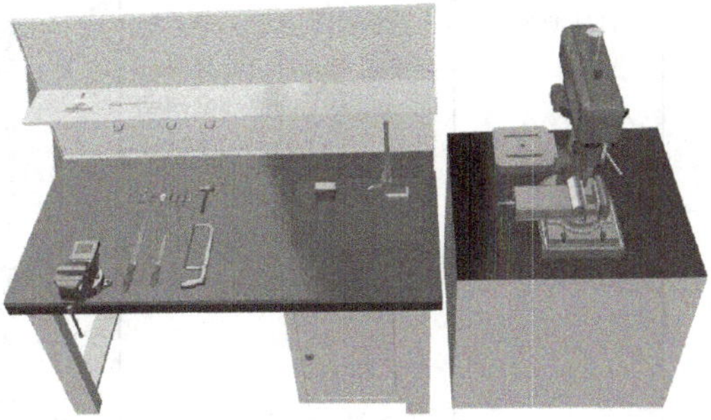毛坯无磨损

（续）

序号	步骤	操作方法及使用说明	质量标准
2	涂蓝油	将蓝油均匀涂抹在工件表面	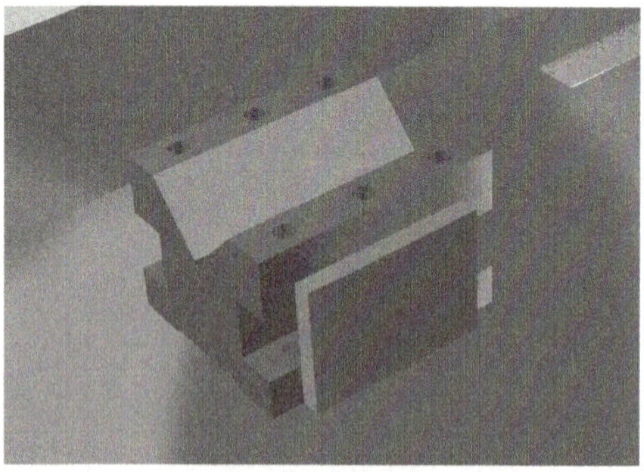 涂料要涂得薄而均匀
3	划线	划直线、角度线和辅助线	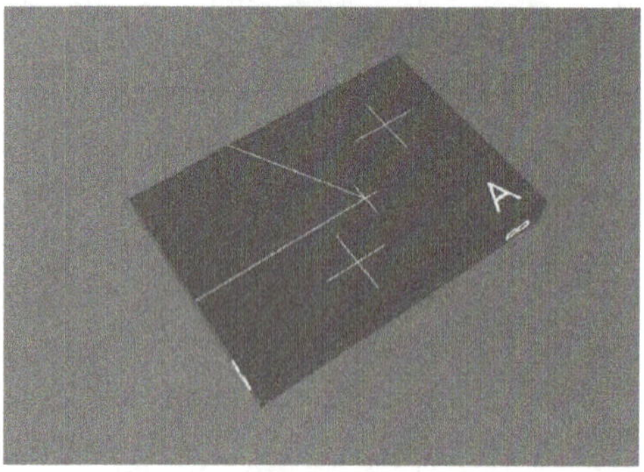 划线清晰、准确
4	打样冲眼	使用锤子垂直敲击样冲头，先打一小点，从十字中心线的不同方向仔细检查，确保样冲眼在十字中心线的交叉点上，最后把样冲眼用力打正并且要打圆、打大，以便准确落钻定心，工件表面的锥坑要大小均匀	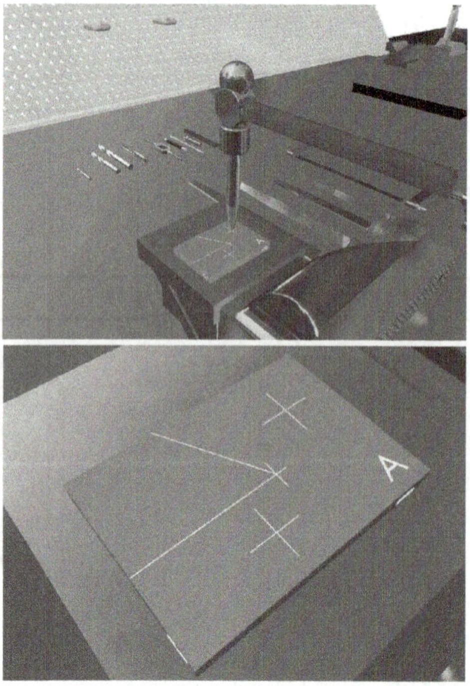 锥坑大小均匀

（续）

序号	步骤	操作方法及使用说明	质量标准
5	钻孔	使用 ϕ3mm 麻花钻，钻 ϕ3mm 工艺孔	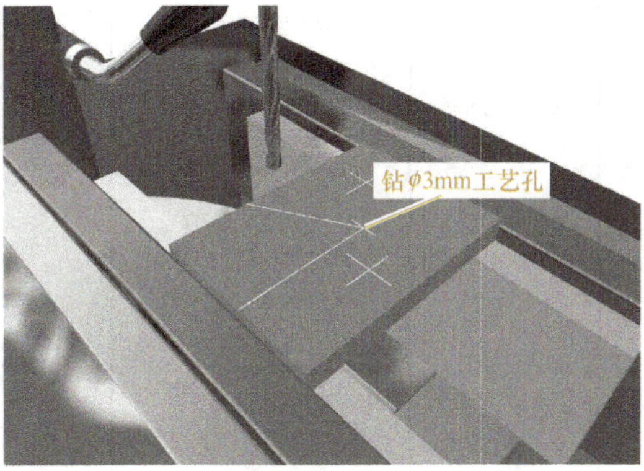 操作规范，注意排屑
6	钻孔	使用 ϕ5mm 麻花钻，钻 ϕ5mm 底孔	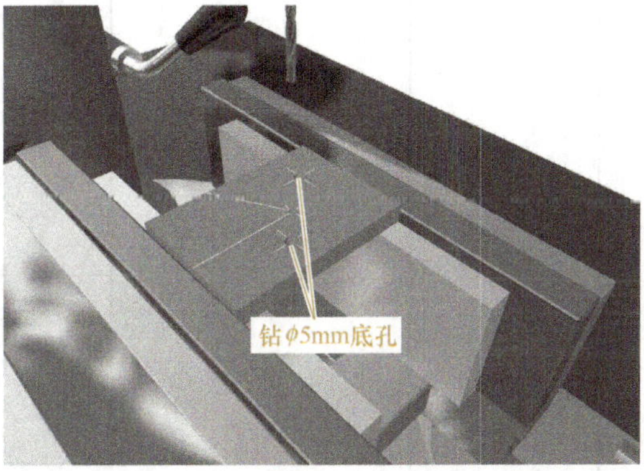 操作规范，注意排屑
7	扩孔	使用 ϕ7.7mm 扩孔钻扩孔	 操作规范，注意排屑

（续）

序号	步骤	操作方法及使用说明	质量标准
8	倒角	正反面倒角	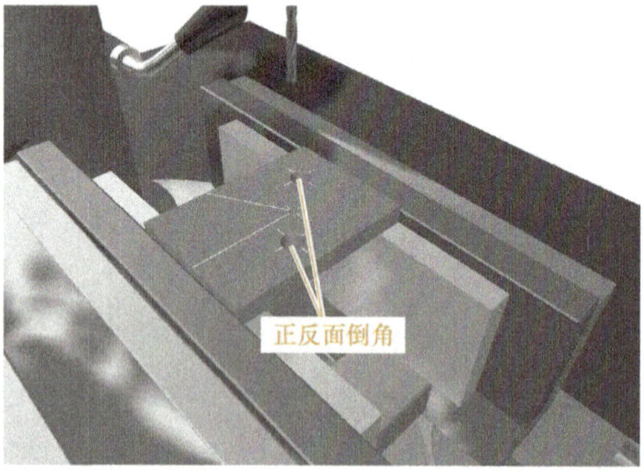操作规范
9	铰孔	铰杠夹紧 ϕ8H7 铰刀，实施铰孔	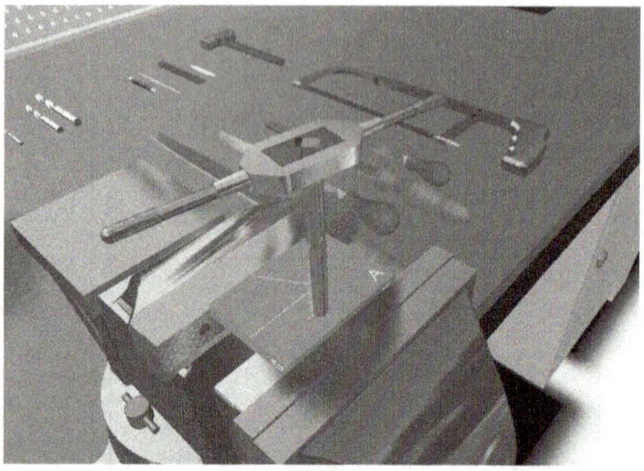操作规范
10	锯削	按划线要求锯削，预留 0.5 ～ 1.5mm 余量	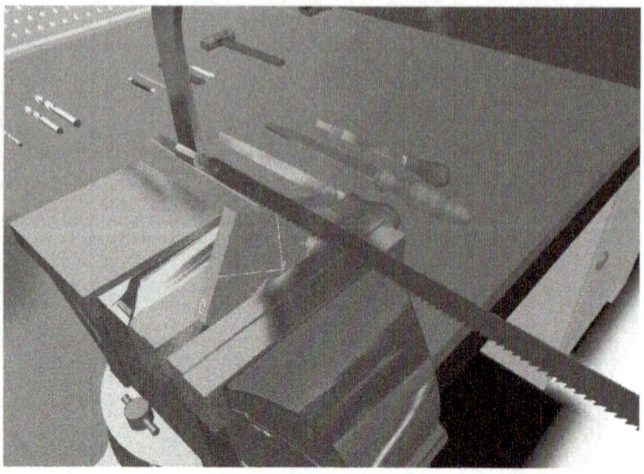操作规范

（续）

序号	步骤	操作方法及使用说明	质量标准
11	粗锉锯削面	粗锉锯削面，预留精加工余量 0.1 ～ 0.15mm	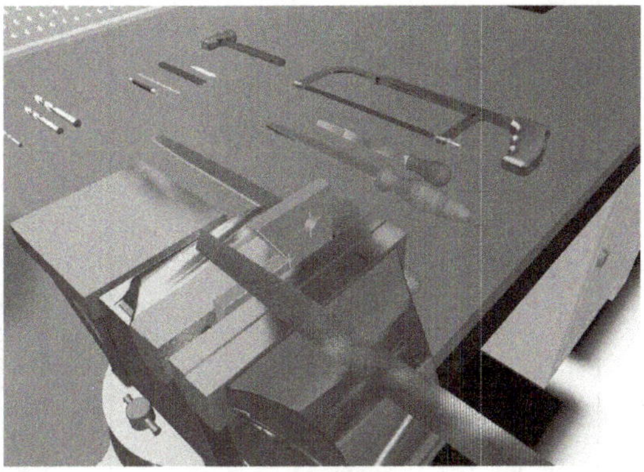 锉削姿势规范
12	精锉锯削面	精锉锯削面，保证垂直面 0.06mm，控制尺寸 $22_{-0.033}^{\ 0}$mm	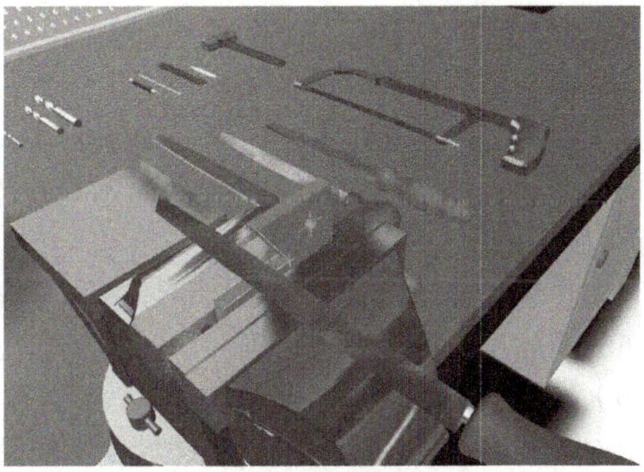 锉削姿势规范
13	锉配	以凹槽底面为基准，用凸件适配凹槽角度，至间隙达到要求为止，并保证其他技术要求	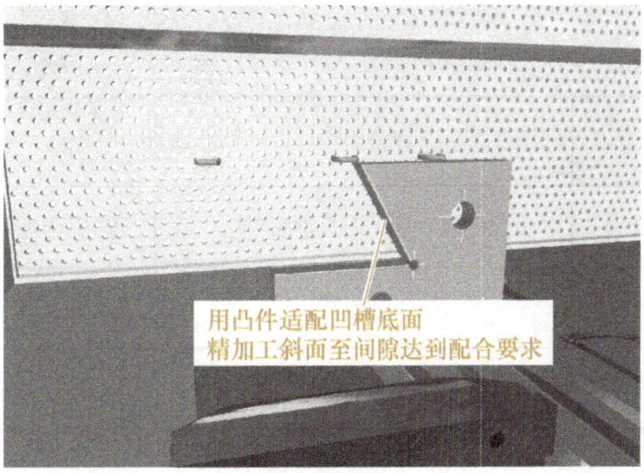 锉削姿势规范

（续）

序号	步骤	操作方法及使用说明	质量标准
14	后处理	去毛刺	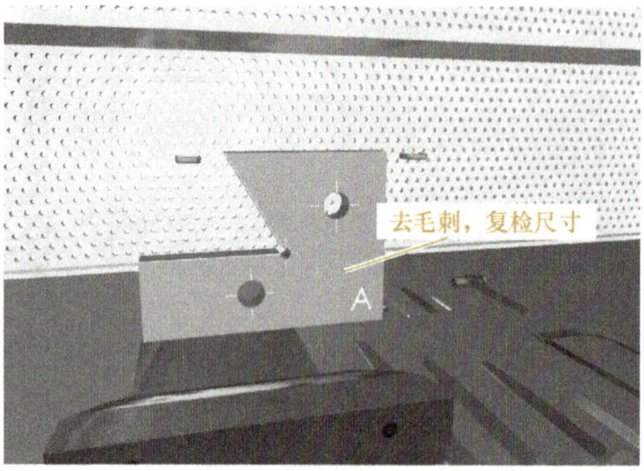 零件无磨损

4. 注意事项

1）安全文明操作。

2）根据图样技术要求制订出合理的加工步骤。

3）合理选择切削用量，工件表面不允许用砂纸抛光或研磨加工，并注意工件表面不能有明显压痕。

4）涂色或透光检查后，再从整体情况考虑锉配部位，以避免造成局部间隙过大。

5）实际尺寸测量必须正确。

6）先加工凸件，再加工凹件。

7）凹件的加工，必须根据凸件尺寸来控制。

5. 学习结果评价

工、量、刀具准备和工艺流程评价表见表 B-7-7。凹凸锉配件评价表见表 B-7-8。

表 B-7-7　工、量、刀具准备和工艺流程评价表

班级：________　姓名：________　学号：________　成绩：________

序号	评价内容	评价标准	评价结果（优、良、合格、不合格）
1	工、量、刀具准备	选用合理	
2	工艺流程	顺序合理	
3	安全文明	无安全隐患，无违章操作	

表 B-7-8 凹凸锉配件评价表

班级：________ 姓名：________ 学号：________ 成绩：________

鉴定项目	序号	检测内容	配分	实测结果	得分
凸锉配件	1	28 ± 0.02	5 分		
	2	16 ± 0.02	5 分		
	3	▱ 0.04（4 处）	12 分		
	4	⊥ 0.06 A（2 处）	6 分		
	5	⊥ ϕ0.06 A	3 分		
	6	孔壁表面粗糙度 $Ra6.3$	3 分		
	7	锉削表面粗糙度 $Ra1.6$	2 分		
凹锉配件	1	40 ± 0.08	5 分		
	2	35 ± 0.08	5 分		
	3	$22_{-0.033}^{\ 0}$	6 分		
	4	15 ± 0.08	5 分		
	5	11 ± 0.08	5 分		
	6	2 × $\phi8_{\ 0}^{+0.022}$	10 分		
	7	⊥ 0.06 A（2 处）	6 分		
	8	⊥ ϕ0.06 A	3 分		
	9	孔壁表面粗糙度 $Ra1.6$	3 分		
	10	锉削表面粗糙度 $Ra3.2$	2 分		
凹凸锉配件	1	件 1 和件 2 配合间隙 ≤ 0.06mm（2 处）	6 分		
	2	72 ± 0.15	4 分		
	3	85.71 ± 0.15	4 分		
合计			100 分		

五、课后练习

基于图 B-7-5 ～ 图 B-7-8 所示加工要求，完成凹凸锉配件加工练习。

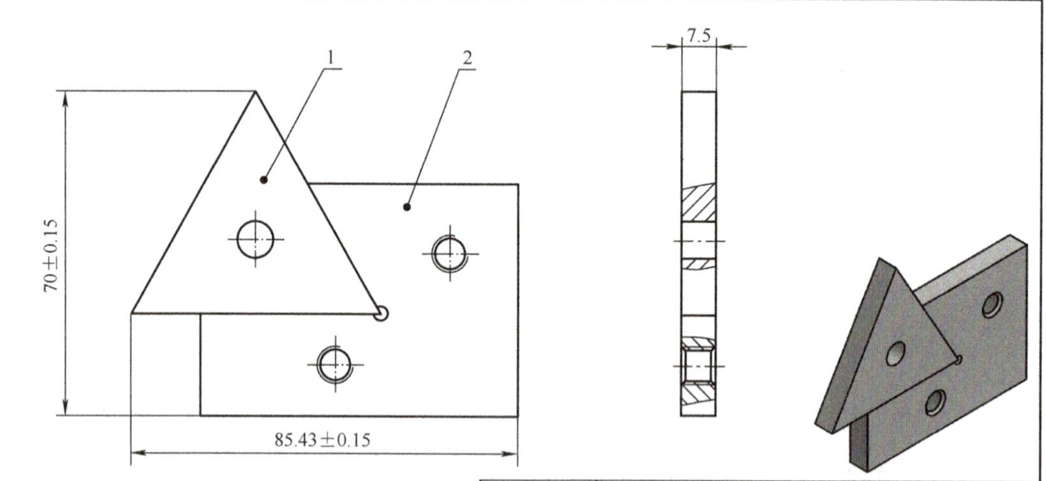

2	凹锉配件	1	Q235	
1	凸锉配件	1	Q235	
序号	零件代号	数量	材料	注释

凹凸锉配件		比例	材料	图号
		1:1		A4
制图		数量		
审核		1		

技术要求
1. 件1和件2配合间隙小于等于0.06mm(2处);
2. 件1旋转(120°和240°)两次和件2配合间隙小于等于0.06mm(4处)。

图 B-7-5　凹凸锉配件图

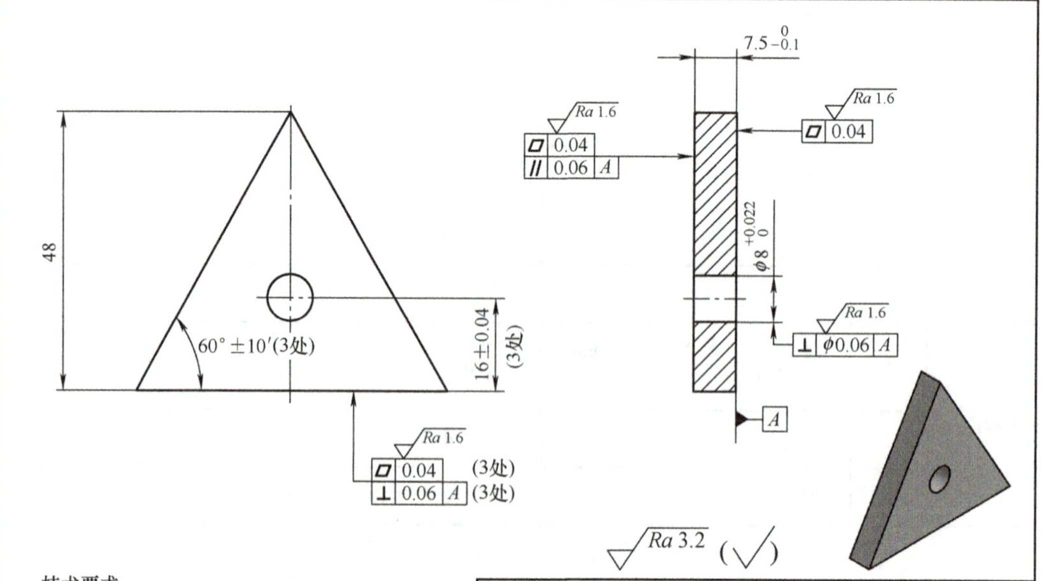

技术要求
1. 未注倒角C0.5;
2. 零件加工不得去除印记号;
3. 未注尺寸公差按GB/T 1804–m;
4. 未注几何公差按GB/T 1184–c。

凸锉配件		比例	材料	图号
		1:1	Q235	A4
制图		数量		
审核		1		

图 B-7-6　凸锉配件零件图

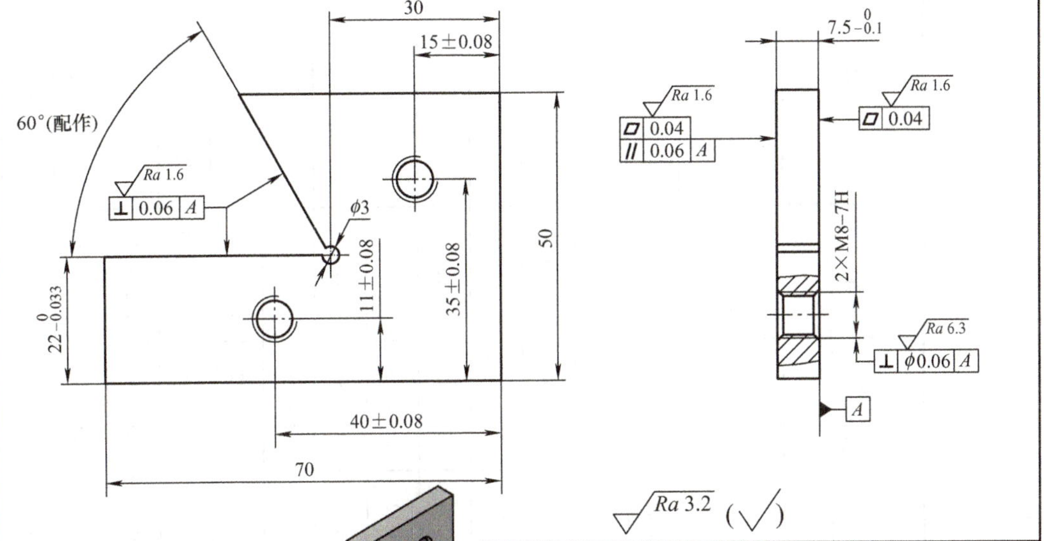

技术要求
1. 未注倒角C0.5;
2. 零件加工不得去除印记号;
3. 未注尺寸公差按GB/T 1804–m;
4. 未注几何公差按GB/T 1184–c。

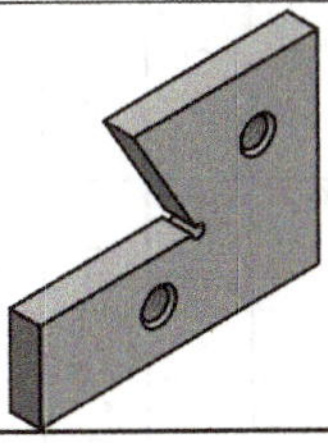

凹锉配件		比例	材料	图号
		1∶1	Q235	A4
制图		数量		
审核		1		

图 B-7-7　凹锉配件零件图

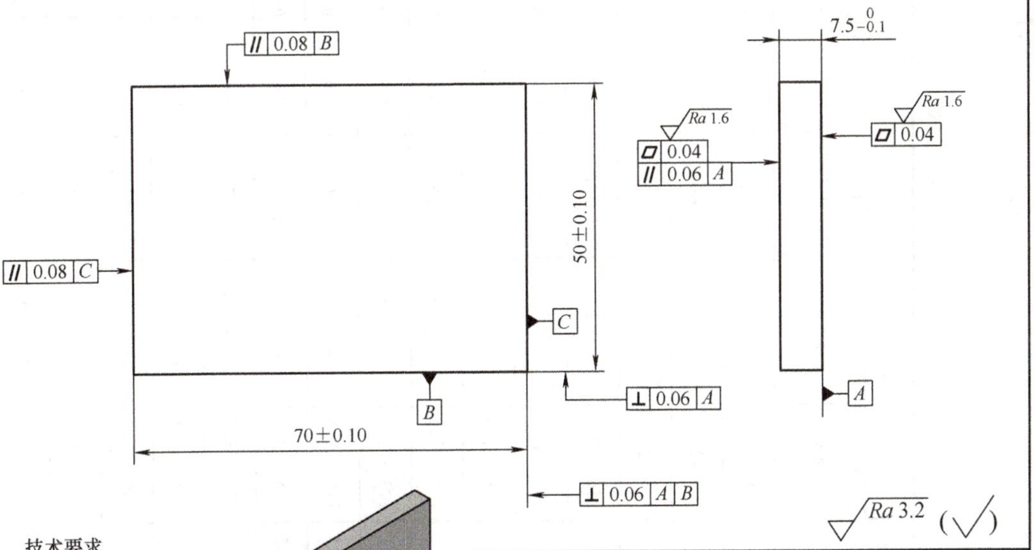

技术要求
1. 锐边倒钝;
2. 零件加工不得去除印记号。

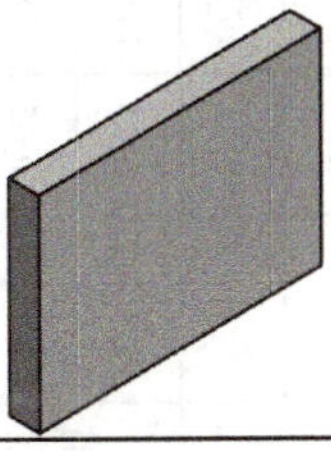

锉配件毛坯		比例	材料	图号
		1∶1	Q235	A4
制图		数量		
审核		2		

图 B-7-8　锉配件毛坯图

附　　录

附表 1　高速工具钢钻头切削不同材料的切削用量

加工材料		硬度		切削速度 v / (m / min)	钻头直径 d_0 / mm					钻头螺旋角 / (°)	锋角 / (°)	备注
		HBW	HRB		<3	3 ~ 6	6 ~ 13	13 ~ 19	19 ~ 25			
					进给量 f / (mm / r)							
铝及铝合金		40 ~ 105	≈ 62	105	0.08	0.15	0.25	0.40	0.48	32 ~ 42	90 ~ 118	
铜及铜合金	高加工性	≈ 124	10 ~ 70	60	0.08	0.15	0.25	0.40	0.48	15 ~ 40	118	
	低加工性	≈ 124	10 ~ 70	20	0.08	0.15	0.25	0.40	0.48	0 ~ 25	118	
镁及镁合金		50 ~ 90	≈ 52	45 ~ 120	0.08	0.15	0.25	0.40	0.48	25 ~ 35	118	
锌合金		80 ~ 100	41 ~ 62	75	0.08	0.15	0.25	0.40	0.48	32 ~ 42	118	
碳钢	$w_C \approx 0.25$	125 ~ 175	71 ~ 88	24	0.08	0.13	0.20	0.26	0.32	25 ~ 35	118	
	$w_C \approx 0.50$	175 ~ 225	88 ~ 98	20	0.08	0.13	0.20	0.26	0.32	25 ~ 35	118	
	$w_C \approx 0.90$	175 ~ 225	88 ~ 98	17	0.08	0.13	0.20	0.26	0.32	25 ~ 35	118	
合金钢	w_C=0.12 ~ 0.25	175 ~ 225	88 ~ 98	21	0.08	0.15	0.20	0.40	0.48	25 ~ 35	118	
	w_C=0.30 ~ 0.65	175 ~ 225	88 ~ 98	15 ~ 18	0.05	0.09	0.15	0.21	0.26	25 ~ 35	118	
马氏体时效钢		275 ~ 325	28 ~ 35HRC	17	0.08	0.13	0.20	0.26	0.32	25 ~ 32	118 ~ 135	
不锈钢	奥氏体型	135 ~ 185	75 ~ 90	17	0.05	0.09	0.15	0.21	0.26	25 ~ 35	118 ~ 135	用含钴高速工具钢
	铁素体型	135 ~ 185	75 ~ 90	20	0.05	0.09	0.15	0.21	0.26	25 ~ 35	118 ~ 135	
	马氏体型	135 ~ 185	75 ~ 88	20	0.08	0.15	0.25	0.40	0.48	25 ~ 35	118 ~ 135	用含钴高速工具钢
	沉淀硬化型	150 ~ 200	82 ~ 94	15	0.08	0.09	0.15	0.21	0.26	25 ~ 35	118 ~ 135	用含钴高速工具钢

（续）

加工材料		硬度		切削速度	钻头直径 d_0 / mm					钻头螺旋角 / (°)	锋角 / (°)	备注
		HBW	HRB	v / (m / min)	<3	3 ~ 6	6 ~ 13	13 ~ 19	19 ~ 25			
					进给量 f / (mm / r)							
工具钢		196	94	18	0.08	0.13	0.20	0.26	0.32	25 ~ 35	118	
		241	24HRC	15	0.08	0.13	0.20	0.26	0.32	25 ~ 35	118	
灰铸铁	软	120 ~ 150	≈ 80	43 ~ 46	0.08	0.15	0.25	0.40	0.48	20 ~ 30	90 ~ 118	
	中硬	160 ~ 220	80 ~ 97	24 ~ 34	0.08	0.13	0.20	0.26	0.32	14 ~ 25	90 ~ 118	
可锻铸铁		112 ~ 126	≈ 71	27 ~ 37	0.08	0.13	0.20	0.26	0.32	20 ~ 30	90 ~ 118	
球墨铸铁		190 ~ 225	≈ 98	18	0.08	0.13	0.20	0.26	0.32	14 ~ 25	90 ~ 118	
高温合金	镍基	150 ~ 300	≈ 32	6	0.04	0.08	0.09	0.11	0.13	28 ~ 35	118 ~ 135	用含钴高速工具钢
	铁基	180 ~ 230	89 ~ 99	7.5	0.05	0.09	0.15	0.21	0.26	28 ~ 35	118 ~ 135	
	钴基	180 ~ 230	89 ~ 99	6	0.04	0.08	0.09	0.11	0.13	28 ~ 35	118 ~ 135	
钛及钛合金	纯钛	110 ~ 200	≈ 94	30	0.05	0.09	0.15	0.21	0.26	30 ~ 38	135	
	α 及 α+β	300 ~ 360	31 ~ 39HRC	12	0.08	0.13	0.20	0.26	0.32	30 ~ 38	135	用含钴高速工具钢
	β	275 ~ 350	29 ~ 38HRC	7.5	0.04	0.08	0.09	0.11	0.13	30 ~ 38	135	
碳		—	—	18 ~ 21	0.04	0.08	0.09	0.11	0.13	25 ~ 35	90 ~ 118	
塑料		—	—	30	0.08	0.13	0.20	0.26	0.32	15 ~ 25	118	
硬橡胶		—	—	30 ~ 90	0.05	0.09	0.15	0.21	0.26	10 ~ 20	90 ~ 118	

附表 2　硬质合金钻头钻削不同材料的切削用量

加工材料	抗拉强度 R_m / MPa	硬度 HBW	钻头直径 d_0/mm 3～8	8～20	20～40	3～8	8～20	20～40	锋角 / (°)	切削液
			进给量 f / (mm / r)			切削速度 v / (m / min)				
工具钢、热处理钢	850～1200		0.02～0.04	0.04～0.08	0.08～0.12	25～32	30～38	35～40	115～120	非水溶性切削液
	1200～1800		0.02	0.02～0.04		10～15	12～18			
淬硬钢		≥50HRC	0.01～0.02	0.02～0.03		8～10	10～12		120～140	
高锰钢（ω_{Mn} =12%～14%）				0.03～0.05			10～16			
铸钢	≥700		0.02～0.05	0.05～0.12	0.12～0.18	25～32	30～38	35～40	115～120	
不锈钢			0.08～0.12	0.12～0.2		25～27	27～35			
耐热钢			0.01～0.05	0.05～0.1		3～6	5～8			
镍铬钢	1000	300	0.08～0.12	0.12～0.2		35～40	40～45			
	1400	420	0.04～0.05	0.05～0.08		15～20	20～25			
灰铸铁		≤250	0.04～0.08	0.08～0.16	0.16～0.3	40～60	50～70	60～80		干切或乳化液
合金铸铁		250～350 350～450	0.02～0.04 0.02～0.04	0.03～0.08 0.03～0.06	0.06～0.16 0.05～0.1	20～40 8～20	25～50 10～25	30～60 12～30		非水溶性切削油或乳化液
冷硬铸铁		65～85HS	0.01～0.03	0.02～0.04	0.03～0.06	5～8	6～10	8～12	120～140	
可锻铸铁、球墨铸铁			0.03～0.05	0.05～0.1	0.1～0.2	40～45	45～50	50～60	115～120	干切或乳化液
黄铜			0.06～0.1	0.1～0.2	0.2～0.3	80～100	90～110	100～120	115～125	
铸造青铜			0.06～0.08	0.08～0.12	0.12～0.2	50～70	55～75	60～80		
磷青铜			0.15～0.2	0.2～0.5		50～85	80～85			

（续）

加工材料	抗拉强度 R_m / MPa	硬度 HBW	钻头直径 d_0/mm						锋角 / (°)	切削液
			3 ~ 8	8 ~ 20	20 ~ 40	3 ~ 8	8 ~ 20	20 ~ 40		
			进给量 f / (mm / r)			切削速度 v / (m / min)				
铝合金		≥80	0.06 ~ 0.1	0.1 ~ 0.18	0.18 ~ 0.25	100 ~ 120	110 ~ 130	120 ~ 140	115 ~ 120	乳化液或 水溶性切削液
硅铝合金 （ω_{Si} ≥14%）			0.03 ~ 0.06	0.06 ~ 0.08	0.08 ~ 0.12	50 ~ 60	55 ~ 70	60 ~ 80		
硬质纸			0.08 ~ 0.12	0.12 ~ 0.18	0.18 ~ 0.25	60 ~ 100	80 ~ 120	100 ~ 140	90	—
热固性树脂 （加入填充物）			0.04 ~ 0.06	0.06 ~ 0.12	0.12 ~ 0.2	60 ~ 80	70 ~ 90	80 ~ 100	80 ~ 130	
玻璃			手动进给	手动进给	手动进给	9 ~ 10	10 ~ 11	11 ~ 12	玻璃锥	煤油、水
陶瓷器			手动进给	手动进给	手动进给	5 ~ 8	7 ~ 10	9 ~ 12	90	—
大理石、石板、砖			手动进给	手动进给	手动进给	18 ~ 24	21 ~ 27	24 ~ 30	大理石锥	
硬质岩混凝土			手动进给	手动进给	手动进给	3 ~ 5	4 ~ 6	5 ~ 8	90	水
塑料、胶木			手动进给	手动进给	手动进给	50 ~ 55	55 ~ 60	60 ~ 70	118	
硬橡胶			0.05 ~ 0.06	0.06 ~ 0.15	0.12 ~ 0.22	18 ~ 21	21 ~ 24	24 ~ 26	60 ~ 70	
硬质纤维			0.2 ~ 0.4			80 ~ 150			140	
酚醛树脂			0.2 ~ 0.4			100 ~ 120			70 ~ 80	
玻璃纤维复合材料			0.063 ~ 0.127			198			118 ~ 130	
贝壳			手动进给			30 ~ 60			60 ~ 70	

附表 3　硬质合金钻头钻削不同材料的切削用量

D_0/mm	碳结构钢 R_m = 650MPa（加切削液）							灰铸铁（195HBW）						
	f/（mm/r）	d=10mm		d=15mm		d=20mm		f/(mm/r)	d=10mm		d=15mm		d=20mm	
		v/m/min	n/r/min	v/m/min	n/r/min	v/m/min	n/r/min		v/m/min	n/r/min	v/m/min	n/r/min	v/m/min	n/r/min
25	≤0.2	45.7	581	48.8	621	—	—	0.2	43.9	559	45.7	581	—	—
	0.3	37.3	474	39.9	507	—	—	0.3	37.3	475	38.8	495	—	—
	0.4	32.3	411	34.5	439	—	—	0.4	33.2	423	34.6	441	—	—
	0.5	28.8	368	30.9	392	—	—	0.6	29.3	360	29.5	375	—	—
	0.6	26.3	336	28.1	359	—	—	0.8	25.2	320	26.3	334	—	—
	0.8	22.8	290	24.4	310	—	—	1.0	23.1	294	24	305	—	—
	1.0	20.4	260	21.8	278	—	—	1.2	21.4	272	22.3	284	—	—
	1.2	18.6	237	19.9	254	—	—	1.4	20.1	256	21	267	—	—
	—	—	—	—	—	—	—	1.6	19.1	243	19.8	253	—	—
30	f/（mm/r）	d=10mm		d=15mm		d=20mm		f/(mm/r)	d=10mm		d=15mm		d=20mm	
		v/m/min	n/r/min	v/m/min	n/r/min	v/m/min	n/r/min		v/m/min	n/r/min	v/m/min	n/r/min	v/m/min	n/r/min
	≤0.2	46.4	491	49.1	520	53.5	566	0.2	44.6	473	15.9	487	47.8	507
	0.3	37.8	401	40.1	425	43.4	461	0.3	37.9	402	39.1	414	40.7	437
	0.4	33.8	348	34.7	368	37.6	400	0.4	33.8	359	34.8	369	36.2	384
	0.5	29.3	312	31.1	329	33.6	357	0.6	28.7	305	29.5	314	30.8	327
	0.6	26.8	284	29.3	301	30.7	326	0.8	25.6	271	26.3	279	27.5	291
	0.8	23.1	246	24.6	261	26.6	282	1.0	23.4	248	24.1	256	25.1	266
	1.0	20.7	219	22	233	23.9	252	1.2	21.8	231	22.4	238	23.3	247
	1.2	19	200	20	213	21.7	231	1.4	20.5	217	21.2	223	22	233
	—	—	—	—	—	—	—	1.6	19.4	206	20	212	20.8	221

（续）

D_0/mm	碳结构钢 R_m = 650MPa（加切削液）							灰铸铁（195HBW）						
40	f/（mm/r）	d=15mm		d=20mm		d=30mm		f/(mm/r)	d=15mm		d=20mm		d=30mm	
		v/m/min	n/r/min	v/m/min	n/r/min	v/m/min	n/r/min		v/m/min	n/r/min	v/m/min	n/r/min	v/m/min	n/r/min
	≤0.2	43.4	346	48.6	387	55.8	444	0.3	38.2	304	39.1	311	41.9	334
	0.3	35.5	282	39.7	316	45.6	363	0.4	34.1	271	34.8	277	37.4	297
	0.4	30.7	245	34.4	273	39.5	314	0.6	28.9	231	29.6	236	31.8	253
	0.5	27.5	219	30.7	245	35.3	281	0.8	25.8	206	26.4	210	28.3	225
	0.6	25.1	199	28	223	35.2	256	1.0	23.6	188	24.1	192	25.9	206
	0.8	21.7	173	24.3	193	27.9	223	1.2	22	174	22.4	179	24	191
	1.0	19.4	155	21.7	173	25	198	1.4	20.6	165	21.1	168	22.6	180
	1.2	17.7	142	19.8	158	22.8	182	1.6	19.6	156	20	159	21.4	171
	—	—	—	—	—	—	—	1.8	18.7	149	19	152	20.5	163
50	f/（mm/r）	d=20mm		d=30mm		d=40mm		f/(mm/r)	d=20mm		d=30mm		d=40mm	
		v/m/min	n/r/min	v/m/min	n/r/min	v/m/min	n/r/min		v/m/min	n/r/min	v/m/min	n/r/min	v/m/min	n/r/min
	0.2	46.6	296	50.6	321	58	369	0.3	38.4	245	40.1	255	12.9	273
	0.3	38.1	242	11.3	263	47.4	302	0.4	34.3	218	35.7	227	38.3	244
	0.4	32.9	210	35.8	228	41	262	0.6	29.1	185	30.3	192	32.5	207
	0.5	29.5	188	32	204	36.8	234	0.8	26	166	27.1	172	29	184
	0.6	26.9	171	29.2	186	33.6	214	1.0	23.8	151	24.7	158	26.5	169

（续）

D_0/mm	碳结构钢 R_m = 650MPa（加切削液）							灰铸铁（195HBW）						
	f/（mm/r）	d=20mm		d=30mm		d=40mm		f/(mm/r)	d=20mm		d=30mm		d=40mm	
		v/m/min	n/r/min	v/m/min	n/r/min	v/m/min	n/r/min		v/m/min	n/r/min	v/m/min	n/r/min	v/m/min	n/r/min
50	0.8	23.3	149	25.3	161	29	185	1.2	22.1	141	23	147	24.7	157
	1.0	20.8	133	22.6	144	26	166	1.4	20.7	133	21.6	138	23.1	148
	1.2	19	123	20.6	132	23.7	151	1.6	19.7	125	20.5	131	22	140
	1.4	17.6	112	19.5	122	22	140	1.8	18.8	119	19.6	125	20.9	134
	f/（mm/r）	d=30mm		d=40mm		d=50mm		f/(mm/r)	d=30mm		d=40mm		d=50mm	
		v/m/min	n/r/min	v/m/min	n/r/min	v/m/min	n/r/min		v/m/min	n/r/min	v/m/min	n/r/min	v/m/min	n/r/min
60	0.3	39.3	208	12.6	220	19.1	261	0.4	35	186	36.4	193	39.1	207
	0.4	34.1	180	36.9	196	42.5	225	0.6	29.7	158	31	165	33.2	176
	0.5	30.4	162	33	175	38	202	0.8	26.5	141	27.6	147	29.6	157
	0.6	27.8	148	30.2	160	34.7	184	1.0	24.2	129	25.3	134	27.1	143
	0.8	24.1	128	26.1	139	30.1	159	1.2	22.5	119	23.5	125	25.2	134
	1.0	21.5	114	23.3	124	26.9	142	1.4	21.2	112	22.1	117	23.7	125
	1.2	19.7	104	21.4	113	24.6	130	1.6	20.1	107	20.9	111	22.4	119
	1.4	18.2	96	19.8	105	22.7	120	1.8	19.1	101	19.9	106	21.4	113
	1.6	17.1	90	18.4	98	21.3	113	2.0	18.4	98	19.1	101	20.5	109

附表 4　高速工具钢及硬质合金钻加工的切削用量

加工材料	高速工具钢锪钻		硬质合金锪钻	
	进给量 f / (mm / r)	切削速度 v / (m / min)	进给量 f / (mm / r)	切削速度 v / (m / min)
铝	0.13 ～ 0.38	120 ～ 245	0.15 ～ 0.30	150 ～ 215
黄铜	0.13 ～ 0.25	45 ～ 90	0.15 ～ 0.30	120 ～ 210
软铸铁	0.13 ～ 0.18	37 ～ 43	0.15 ～ 0.30	90 ～ 107
软钢	0.08 ～ 0.13	23 ～ 26	0.10 ～ 0.20	75 ～ 90
合金钢及工具钢	0.08 ～ 0.13	12 ～ 34	0.10 ～ 0.20	55 ～ 60

参考文献

[1] 罗兰・葛麦陵等 . 简明机械手册 [M]. 杨祖群，译 . 3 版 . 长沙：湖南科学技术出版社，2019.
[2] 尤尔根・布尔麦斯特等 . 机械制造工程基础 [M]. 杨祖群，译 . 3 版 . 长沙：湖南科学技术出版社，2019.
[3] 汪哲能 . 钳工工艺与技能训练 [M]. 3 版 . 北京：机械工业出版社，2019.
[4] 唐琼英 . 金工实训 [M]. 北京：机械工业出版社，2020.
[5] 杨国勇 . 钳工技能实训 [M]. 北京：机械工业出版社，2021.